U0268490

SQL Server 2008 数据库应用与开发

李新德　主编

北京理工大学出版社
BEIJING INSTITUTE OF TECHNOLOGY PRESS

内容简介

本书全面介绍了微软 SQL Server 2008 数据库管理系统所涉及的各种概念、原理以及操作技能，内容包括：数据库基础、数据库和数据表、数据表的查询操作、视图和游标、T-SQL 语言、索引与数据完整性、存储过程和触发器、数据库的数据管理、数据库的安全管理等。

本书还用相当篇幅介绍了著名的数据库前端开发工具 PowerBuilder 语言和 C#语言，并运用这两种语言与 SQL Server 2008 数据库连接，综合运用所介绍的数据库技术，完成数据库应用软件“学生成绩管理系统”实例的开发。该软件系统的开发，不仅可让学生掌握相关语言的开发技能，消除对软件开发的恐惧感和神秘感，而且还可以举一反三，让学生独立应付其他小型数据库软件的程序设计，轻松面对社会生活中软件开发的需求，大大提升学生在软件行业就业的信心。

作者在多年的数据库教学经验的基础上，根据 IT 行业软件工程师和数据库管理员的岗位能力要求，结合高职院校学生的学习认知规律，精心组织了本教材的内容，通过一个数据库应用程序“学生成绩管理系统”所涉及的数据构建数据库，并以项目和任务的形式详细介绍 SQL Server 2008 的管理和开发技术，真实体现了在“做”的过程中让学生“学”的教学理念。

本书可作为高职高专软件专业、网络专业、计算机应用专业和电子商务等专业的教材，也可作为本科院校计算机软件专业的教材、计算机培训教材及自学教材。

图书在版编目（CIP）数据

SQL Server 2008 数据库应用与开发 / 李新德主编. —北京：北京理工大学出版社，2017.8（2021.8 重印）

ISBN 978-7-5682-4795-5

Ⅰ. ①S…　Ⅱ. ①李…　Ⅲ. ①关系数据库系统　Ⅳ. ①TP311.138

中国版本图书馆 CIP 数据核字（2017）第 209307 号

出版发行 / 北京理工大学出版社有限责任公司
社　　址 / 北京市海淀区中关村南大街 5 号
邮　　编 / 100081
电　　话 /（010）68914775（总编室）
（010）82562903（教材售后服务热线）
（010）68944723（其他图书服务热线）
网　　址 / http://www.bitpress.com.cn
经　　销 / 全国各地新华书店
印　　刷 / 三河市华骏印务包装有限公司
开　　本 / 787 毫米×1092 毫米　1/16
印　　张 / 18.5
字　　数 / 433 千字
版　　次 / 2017 年 8 月第 1 版　2021 年 8 月第 6 次印刷
定　　价 / 43.00 元

责任编辑 / 钟　博
文案编辑 / 钟　博
责任校对 / 周瑞红
责任印制 / 李志强

图书出现印装质量问题，请拨打售后服务热线，本社负责调换

前　　言

SQL Server 2008 是由微软公司于 2008 年推出的大型关系型数据库管理系统，它很好地兼容了 SQL Server 2005 系统，并在一些功能上进行了扩充和加强。SQL Server 2008 数据库管理系统被广泛应用在各行各业的生产、管理实践中，具有良好的口碑和普及性，各大院校都将其列为必修的课程。

本书是作者在总结了多年的数据库应用程序开发和一线教学经验的基础上编撰而成的，其内容的选取贯彻“必须够用”的原则，剔除了许多在实际应用中基本不用的内容。本书以一个数据库应用程序“学生成绩管理系统”为例，利用其数据全面、翔实地介绍了应用 SQL Server 2008 数据库管理系统进行数据库管理的各种操作以及数据库应用程序开发所需的各种知识和技能。通过对本书的学习和具体的操作实践，读者可以快速、全面地掌握 SQL Server 2008 数据库管理系统中常用的技术和技能，为将来在实际工作中从事信息化相关技术工作打下坚实的基础。

本书的编写具有以下特点：

（1）以章、项目、任务为线索，从大标题到具体任务层层细化，内容的部署既保留了传统教材以章节为主线的编写模式，便于知识的查询和检索，又组织了以项目、任务为结构的实践操作模块，适合以操作为主的实训训练，十分契合面向高职院校的专业课程教学。

（2）以实际应用为宗旨，省略了许多生疏语法的内容，代之以用界面操作来实现功能，使许多知识和技能简单易学，去掉了难学、难记忆而实际上越来越用不到的语法。

（3）加强了数据库应用软件、数据库设计等方面的内容，目的是让读者对数据库技术在整个应用软件开发过程中所处的环节、地位以及数据库应用程序的整体框架有一个全面的了解，明白数据库技术的作用，以便明确学习目的和意义。

（4）在最后两章安排了数据库应用程序的开发，分别采用著名的数据库前台开发工具 PowerBuilder 语言和 C#语言，通过实际应用系统的开发，使读者对数据库技术和数据库应用程序有全面、深刻的理解和掌握。第十章完整、详细地介绍了“学生成绩管理系统”的开发，具有广泛的迁移价值，读者只要更换数据库表数据，就可以轻易地构成其他数据库应用系统。

本书由江苏省联合职业技术学院南京工程分院（南京工程高等职业学校）李新德老师组织编写，江苏省联合职业技术学院徐州经贸分院的赵作辉老师协同编写。参加教材编写的老师有李新德、赵作辉、蒋继冬、任莉等。本教材共分为十一章，其中，第一、四、五、十章由李新德老师编写，第二、三、八、十一章由蒋继冬老师编写，第六、七、九章由任莉老师编写，李新德老师统编了全书。另外，南京工程高等职业学校信息系软件教研室的张智国老师、纪慧蓉老师对本书的编写给予了大力支持。

由于时间仓促以及编写水平有限，书中难免有错误和疏漏之处，欢迎广大读者和同仁提出宝贵意见和建议。

编　者

2017 年 5 月

参考授课计划或学习计划

章名	项　目	任　务	安排课时
第一章　数据库基础	项目一　需求分析与数据库设计	任务一　针对“学生成绩管理系统”进行需求分析和数据库的概念设计	4
		任务二　针对“学生成绩管理系统”进行数据库的逻辑设计	4
	项目二　数据库应用程序与数据库管理系统的安装	任务　学会 SQL Server 2008 的安装与使用	4
第二章　数据库和数据表	项目三　创建数据库和表	任务一　创建数据库	4
		任务二　数据表的物理设计	4
		任务三　表的创建、修改和删除	4
		任务四　表记录的创建、修改和删除	4
第三章　数据表查询	项目四　查询表中的数据	任务一　对数据表的简单查询	8
		任务二　对数据表的复杂查询	8
		任务三　表数据的排序与汇总	8
第四章　视图和游标	项目五　创建并使用视图	任务　视图的创建和查询	4
	项目六　声明并使用游标	任务　游标的使用	4
第五章　T–SQL 程序设计	项目七　在数据库系统中编程	任务一　常量、变量、自定义数据类型、运算符的使用	4
		任务二　流程控制语句的使用	4
		任务三　系统函数的使用	4
以上为第一个学期的教学参考课时量，共 72 课时			
第六章　索引与数据完整性	项目八　索引的创建和删除	任务　索引的创建和删除	4
	项目九　数据约束和数据完整性	任务一　设置默认值约束、unique 约束、CHECK 约束和 identity 属性	4
		任务二　创建主键、外键并实现参照完整性	4
第七章　存储过程和触发器	项目十　存储过程的创建与使用	任务　存储过程的创建与使用	4
	项目十一　触发器的创建与使用	任务　触发器的创建与使用	4
第八章　数据库的数据管理	项目十二　数据的导入与导出	任务　数据的导入与导出	4
	项目十三　数据库的备份与还原	任务　数据库的备份与还原	8

续表

章名	项　目	任　务	安排课时
第九章　数据库的安全管理	项目十四　在两种身份验证模式下建立系统账户	任务一　在 Windows 身份验证模式下创建 SQL Server 系统的账户	2
		任务二　在混合身份验证模式下创建 SQL Server 系统的账户	2
	项目十五　建立数据库用户和角色	任务　为数据库 STUDY 创建数据库用户、数据库角色等	4
	项目十六　给角色和用户授权	任务　给角色和用户授权	4
第十章　PB/SQL Server 开发——“学生成绩管理系统”	项目十七　利用开发工具 PB 构建一个完整的数据库系统	任务一　实现 PB 开发环境与数据库的静态连接	4
		任务二　实现应用程序与数据库的动态连接	4
	项目十八　设计开发“学生成绩管理系统”——添加记录模块	任务一　窗口设计、控件使用，完成系统总体框架	4
		任务二　程序开发，实现记录的滚动、添加和更新	4
	项目十九　设计开发“学生成绩管理系统”——删除记录模块	任务　事件中编程，实现选中记录的删除	4
	项目二十　设计开发“学生成绩管理系统”——查询成绩模块	任务一　利用带参数的数据对象实现多表复合查询功能	4
		任务二　排序功能和 SQL 语句的灵活运用	2
	项目二十一　设计开发“学生成绩管理系统”——图形显示模块	任务　成绩图形显示的设计和实现	2
第十一章　C#/SQL Server 开发“学生成绩管理系统”	项目二十二　利用 C#操作数据库	任务一　建立与数据库的连接	4
		任务二　通过复杂绑定实现数据查询	4
		任务三　通过简单数据绑定实现数据查询	4
		任务四　条件查询与数据编辑	4
	项目二十三　“学生成绩管理系统”的开发	项目实施	12
以上为第二个学期的教学参考课时量，共 72 课时（第十章和第十一章可以任选）			
本教材需两个学期学完，总计参考课时量为 144 课时			

目　　录

第一章

数据库基础

项目一　需求分析与数据库设计

项目需求

某学校有众多学生，划分若干专业，开设许多课程，每名学生可选修多门课程，现需开发应用程序“学生成绩管理系统”，请进行需求分析，并完成数据库的设计。

完成项目的条件

（1）需要学会数据库需求分析的方法，能够准确找出实体及其属性；
（2）需要掌握数据库的概念设计方法，能够画实体联系 E–R 图；
（3）需要掌握数据库设计规范的三个范式；
（4）需要掌握数据库的逻辑设计的方法，正确处理实体之间的关系。

方案设计

要完成“学生成绩管理系统”的数据库设计，首先，需要对该系统的需求进行详细的需求分析，针对客户提出的需求和需求调查的结果，将所涉及的各种信息进行归纳和分类，以确定这些信息名词中哪些可以作为实体，哪些可以作为实体的属性。

其次，要进行概念设计，将实体和属性用图形画出来，并加入必要的元素构成 E–R 图，继而确定实体之间的关系，再利用数据库设计的三个范式来检验概念设计是否合理。

最后，运用数据库逻辑设计的方法将概念设计的结果转化为逻辑设计的结果，即关系表。

完整的数据库设计还包含数据库的物理设计，由于需要用到后面的知识，本项目先不涉及，留待后面补充。

相关知识和技能

一、数据库技术概述

随着社会生产技术的不断发展，人们所面对的信息量越来越大，如何快速、高效地去处理数据信息是摆在人们面前的一项重要课题。伴随着计算机技术快速发展起来的数据库技术已经成为数据处理的有力工具，成为信息技术中的一个重要支撑。

数据处理技术经历了“人工管理—文件系统—数据库系统”的历程。早期的数据处理是依靠手工或算盘来进行的，以后逐步代之以计算器、手摇计算机和电动计算机，数据存储形式也从手写、纸质打孔，逐渐发展到数据文件系统。20 世纪 60 年代后，随着数据库技术的出现，数据存储采用规范、高效的数据库形式，高效率存储设备的广泛使用，使数据处理工作发生了革命性的改变，计算机应用也从科学研究部门逐渐渗透到了各行各业。

数据库技术主要用于各种数据处理，即对各种形式的数据进行收集、组织、加工、存储、抽取和传播等工作，其主要目的是从大量的、杂乱无章的，甚至难以理解的数据中抽取，并加工、推导出具有特定价值的数据，从而为进一步的活动提供决策依据。可以这样认为：没有数据库技术，人们在浩瀚的信息世界中将手足无措。

到了 21 世纪，利用数据库技术开发的数据库应用程序（人们常称之为“应用软件”）已经无处不在，哪里有大量的数据信息处理的需要，哪里就会出现数据库技术的“身影”，现在的数据库技术已经发展成为一门以数据库管理系统为核心，内容丰富、领域宽广的新学科，它广泛地渗透到了社会方方面面的应用领域中，正发挥着巨大的数据处理作用和组织决策作用，数据库应用程序的开发更带动了一个巨大的软件产业的发展。

掌握了数据库技术以及开发方法，人们不仅可以利用数据库管理系统方便地操作数据，实现数据和使用者的有效管理，胜任合格的数据库管理员的职责，而且还可以在广泛的领域就业，从事数据的信息化开发和管理工作，如为企业开发、维护数据库应用程序；帮助企业挖掘信息，实现信息的有效利用并辅助决策；解决企业的信息孤岛问题，实现数据接口间相互转换的难题等。掌握了数据库技术，人们可以从事软件开发、软件维护、信息服务、接口转换、系统集成等工作。

二、数据库与数据库管理系统

数据库技术的基础是数据库（DataBase，DB）和数据库管理系统（DataBase Management System，DBMS）。

数据库是存放数据的仓库，只不过这些数据存在一定的关联，并按一定的格式存放在计算机上。数据库中的数据不仅包含数字和文字，还可以包含图像、时间、音频及视频等。例如，把一个学校的学生、课程、学生成绩等数据，按照一定的关系、一定的格式组织在一起，存放在计算机内，就可以构成一个数据库。因此，数据库是长期存储在计算机内有结构的共享数据的集合。这些数据存储在计算机的存储介质中，不会随计算机关机或死机而丢失，它可以供各种用户共享，并具有较小的冗余度和较高的数据独立性。

数据库管理系统是位于用户与操作系统之间的一个以统一的方式管理、维护数据库中数据的一系列软件的集合。数据库与数据库管理系统的关系如图 1–1 所示。

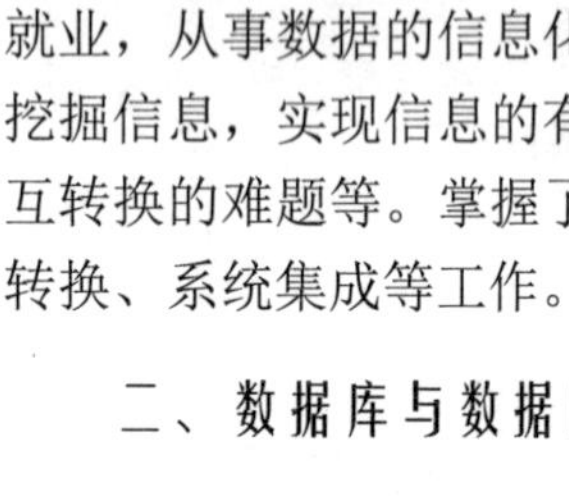

数据库管理系统（DBMS）

数据库（DB）

图 1–1　数据库与数据库管理系统的关系

数据库管理系统提供如下功能：

（1）数据定义功能：可定义数据库中的数据对象。

（2）数据操作功能：可对数据库表进行基本操作，如插入、删除、修改和查询等。

（3）数据的完整性检查功能：保证用户输入的数据满足相应

的约束条件。

（4）数据库的安全保护功能：保证只有被赋予权限的用户才能访问数据库中的数据。

（5）数据的开发控制功能：使多个应用程序可在同一时刻同时访问数据库中的数据。

（6）数据库系统的故障恢复功能：在数据库运行出现故障时进行数据库恢复，以保证数据库可靠运行。

（7）在网络环境下访问数据库的功能。

（8）方便、有效地存取数据库信息的接口和工具。编程人员使用软件开发工具与数据库的接口编写数据库应用程序，数据库系统管理员（DataBase Administrator，DBA）通过提供的工具对数据库进行管理。

自 20 世纪 70 年代提出数据的关系模型后，商用数据库系统迅速采用了这种模型，涌现出了很多优良的关系数据库管理系统（Relational DataBase Management System，RDBMS），并成为市场上的主导产品，主流的大型关系数据库管理系统包括 Oracle、Sybase、SQL Server、DB2、Informix、Ingres 等，小型的关系数据库管理系统包括 MySQL、Access、Visual FoxPro、Adaptive Server Anywhere 等。

三、数据模型

数据库管理系统根据数据模型对数据进行存储和管理。数据库管理系统采用的数据模型主要有层次模型、网状模型和关系模型。

1. 层次模型

层次模型以树形层次结构组织数据，它属于格式化数据模型。图 1–2 所示为某学校按层次模型组织的数据。

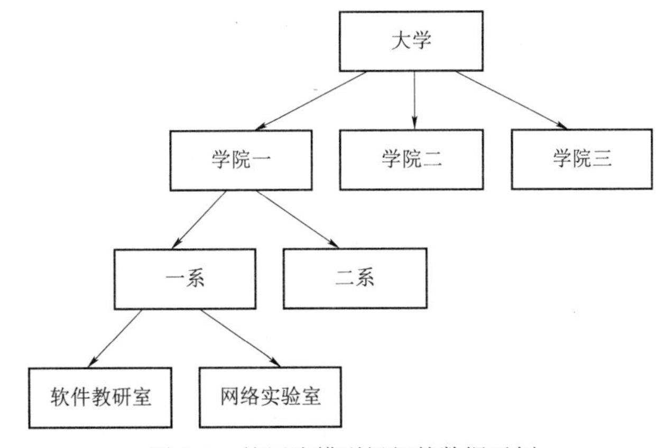

图 1–2 按层次模型组织的数据示例

2. 网状模型

网状模型又叫网络模型，它也属于格式化数据模型，每一个数据用一个节点表示，每个节点与其他节点都有联系，这样的数据库中的所有数据节点就构成了一个复杂的网络。图 1–3 所示为按网状模型组织的数据，每个部门都销售所有 5 种产品。

3. 关系模型

关系模型以二维表格（关系表）的形式组织数据库中的数据，它不同于格式化模型的风

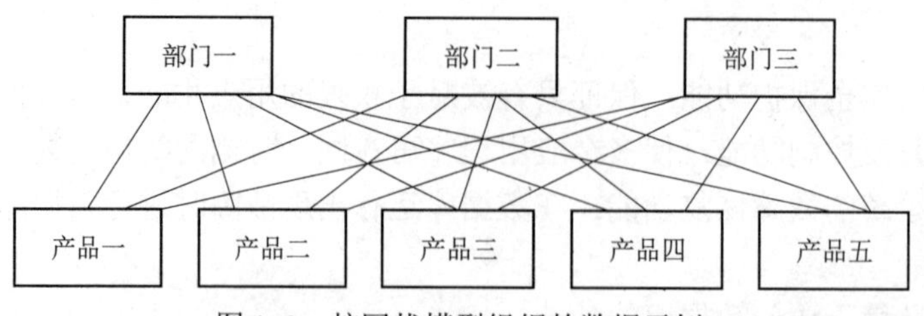

图 1–3　按网状模型组织的数据示例

格和理论基础，是一种数学化的模型，关系模型的基本组成是关系，如图 1–4 所示。

学号	姓名	性别	出生时间	专业	总学分	备注
081101	王林	男	1990–02–10	计算机	50	
081103	王燕	女	1989–10–06	计算机	50	
081108	林一帆	男	1989–08–05	通信工程	52	已提前修完一门

图 1–4　按关系模型组织的数据示例

图 1–4 中的二维表显示了每个学生的情况，表中的每一行是一个记录，也称为一个元组，每一列是记录中的一个字段，表示其中的一个属性。

四、数据库设计

数据库的设计建立在详细的需求分析的基础上，随后还必须经过 3 个过程，它们是概念设计、逻辑设计和物理设计。

1. 需求分析

需求分析，即根据对客户的需求调查和客户提供的需求说明书进行判断和分析，确定客户需要利用何种信息达成何种功能，以及从哪里取得数据，需要进行怎样的处理，最后以怎样的形式反映出来等。

开始数据库设计前，需要先进行需求分析，针对客户提出的需求和需求调查的结果，将所涉及的各种信息进行归纳和分类，以确定这些信息名词中哪些可以作为实体，哪些可以作为实体的属性。一开始应先设计出主要的几个数据库表，而后随着需求分析的深入，再将一些辅助性的数据库表设计出来。

2. 数据库的概念设计

概念设计的任务是在客户需求说明书的基础上，按照特定的方法将客户的需求抽象为一个不依赖任何具体计算机和软件系统数据的概念模型。进行数据库的概念设计需要了解以下知识。

1）实体、属性和实体集

实体是指独立存在并且可以相互区别的事物，属性是从属于实体的用于描述实体特性的信息。实体的具体个体集合称为实体集。

在现实中有时很难区分哪个是实体，哪个是属性，一个概念名词可能是实体，也可能只作为属性，这取决于其是否是被重点关注的对象，比如：医院的病房，对于病人这个实体来说，它是病人的属性（尽管病房这个属性还能再分，不符合第一范式），但如果要对病房进行

专门的管理，它则变成了被重点关注的对象，就应当分解开来把它作为实体，而将病房专业、地址、联系电话等作为病房的属性，若病房的地址也需要详细管理，则病房地址也应变成实体，再将病房所处的建筑物名、联系电话、值班人员等作为属性。

一个事物或信息到底作为实体还是作为属性，对此可以遵循这样的原则：凡是需求分析中需要重点关心的独立事物，就可以直接把它作为实体，而某种单纯的特性，如时间、地点、数量、大小、长度等，则通常只作为属性。

2）实体间的三种关系

（1）一对一关系（1:1），是指一个具体的实体只对应另一个具体的实体，如：某丈夫只对应某妻子、某班级只对应一个班长等。

（2）一对多关系（1:N），是指一个具体的实体对应（或属于）多个另一个具体的实体，如某工厂包含多个车间、某班级有很多学生等。

（3）多对多关系（M:N），是指多个具体的实体对应多个其他具体的实体，如学生与选修课程的关系、多个连锁店与众多销售商品的关系等。

在本例中，可确认学生实体与课程实体的关系是多对多的关系，因为一个学生可以选修多门课程，而一门课程也可以被多个学生选修。

3）E–R 图和主键

E–R 图即实体（Entity）–联系（Relational）图，其画法是：将实体用矩形框画出来，属性用圆角矩形表示，实体和其属性用线段连接起来，实体间的关系则用菱形来连接。

实体的所有对应属性中，如果某属性的值或最小属性组合的值能唯一标识（即唯一区分）该实体，则将该属性或属性组合称为键，对于每一个实体集，可指定其中一个键为主键。

4）规范数据库概念设计的三个范式

第一范式：每个实体的元组中的每一个属性都不可再分，如：

学校建筑
。建筑号
。名称
。地址
。教室

“教室”这个属性可以再分，不符合，应分解为：

学校建筑
。建筑号
。名称
。地址

＋

教室
。教室编号
。楼层
。面积

“教室”变成单独的实体，两元组都符合。

第二范式：每个实体的元组中不能存在与主关键字无关的属性，如：

书名
。读者姓名
。读者部门
。结束日期

“读者部门”与“书名”无关，不符合，应分解为：

书名
。读者姓名
。结束日期

\+

读者姓名
。读者部门

第三范式：每个实体的元组中非关键字属性间不存在依赖关系，如：

CD
。编号
。出版商
。年份
。店名
。店址

“店名”和“店址”均是“CD”的提供来源，“店名”和“店址”之间存在依赖关系，不符合，应分解为：

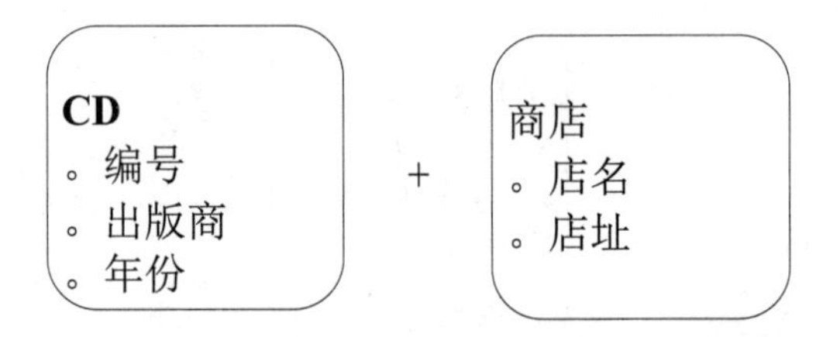

5）数据库概念设计的方法

数据库概念设计的方法可以归纳为：

（1）从需求分析中提取出所有的实体和属性。

（2）分析每个实体，确定实体间是否存在关系，若存在关系，确认是属于一对一关系、一对多关系，还是多对多关系。

（3）将实体、属性及实体之间的关系按照规范画出 E–R 图。

（4）在 E–R 图中为实体添加主键标识。

（5）按照三个范式对概念设计进行校验修正。

3. 数据库的逻辑设计

数据库的逻辑设计，即以 E–R 图为基础，根据实体与属性的联系、实体与实体之间的关系，实现概念模型向逻辑模型的转换。具体地讲，是要确定数据库中应包含哪些表，每个表

又有怎样的结构。

逻辑设计的方法，首先就是把每一个实体及其属性设计为一个表，定义表名，将实体的属性作为表中的字段，找到主键并用下划线表示出来，其形式为：

表名（属性 1，属性 2，属性 3，…）

其次，处理实体之间的关系，具体需要遵循以下原则：

（1）若表 A 和表 B 是一对一关系：可以合并，把表 A 的主键加到表 B 中当作外键。

（2）若表 A 和表 B 是一对多关系：必须把表 A 的主键加到表 B 中当作外键。

（3）若表 A 和表 B 是多对多关系：除了生成表 A 和表 B 外，还要生成一个关系表：表 A 主键+表 B 主键+多对多关系中自己的属性。

注：若表 B 中含有表 A 中的主键列，则其在表 B 中称为外键。

实际的数据库设计工作还会涉及数据库冗余的问题和数据库查询时的复杂性和效率问题，数据库冗余是指构成数据库的表中存在大量被浪费的存储空间，例如以下的逻辑模型就存在大量数据库冗余（图 1–5 的阴影部分）。

学号	姓名	性别	出生时间	专业	系别	总学分	备注
081101	王林	男	1990–02–10	计算机	信息系	50	提前修完一门
081102	袁芳	女	1990–08–24	计算机	信息系	52	
081301	张金玲	女	1991–02–16	信息管理	信息系	56	提前修完一门
081304	李晓军	男	1991–01–04	通信工程	信息系	54	

图 1–5 系别字段产生冗余

图 1–5 中，系别字段产生大量冗余，按照第三范式的规范，“专业”与“系别”存在依赖关系，应该拆分成两个表，这样就可以消除冗余，即将数据库表：

tb_student1（学号，姓名，性别，出生时间，专业，系别，总学分，备注）

拆分成以下两个表：

tb_student（学号，姓名，性别，出生时间，专业，总学分，备注）

tb_specialty（专业名称，系别）

是否图 1–5 中表的设计就不可取呢？实际情况并非如此，有时具有冗余的设计反而会带来软件开发的便利以及较小的软件维护成本。在图 1–5 中当需要查询某个系有多少学生时，只需一条简单的查询语句便可解决，而完全按照三个范式进行数据库设计，即消除了冗余后，需要进行两个表的组合查询才能达到目的。这里的冗余虽然浪费了存储空间，但减少了开发的复杂性和维护成本。因此，数据库的冗余问题需具体情况具体分析。

优秀的数据库设计并非最恰当的设计，纵观涉及计算机的所有设计，均离不开存储空间和运算效率这两方面的权衡。当为用户进行数据库设计和软件开发时，不可避免地会牵涉用户一方存储设备的投资预算的限制以及对软件运行效率的要求，对于软件公司一方来说，节省开发成本和未来的维护成本，是其首要考虑的因素，这些因素都影响着数据库的最终设计方案。

由上面的内容可知，冗余最小的设计并非最好的，数据库设计的三个范式也并非必须遵守的金科玉律。那么怎样的数据库设计才是最佳的呢？这需要根据实际情况进行综合评判。

4. 数据库的物理设计

数据库最终是要存储在物理设备上的。为一个给定的逻辑数据模型选取一个最适合应用环境的物理结构（存储结构与存取方法）的过程，就是数据库的物理设计。数据库的物理结构依赖于给定的数据库管理系统和硬件系统，因此设计人员必须充分了解所用数据库管理系统的内部特征，特别是存储结构和存取方法，充分了解应用环境，特别是应用的处理频率和响应时间要求，以及充分了解外存设备的特性。

具体来讲，数据库的物理设计需要确定数据库的存储结构、设计数据的存取路径、确定数据的存放位置、确定系统配置，最后需要对时间效率、空间效率、维护代价和各种用户要求进行权衡，其涉及表字段的数据类型、表的索引方法、数据库日志和备份的存储安排及数据库系统配置参数等。对于这些内容，后面章节将会逐步深入介绍。

任务一　针对“学生成绩管理系统”进行需求分析和数据库的概念设计

【任务目标】

（1）对“学生成绩管理系统”进行需求分析，确定实体及其属性；

（2）掌握数据库的概念设计方法，画出 E–R 图；

（3）掌握数据库设计规范的三个范式。

【任务分析】

要设计数据库，必须先对“学生成绩管理系统”进行需求分析，了解这个系统需要解决什么问题，达到什么功能，借此了解需重点关注的信息是哪些。

本系统需要对学生进行管理，那么学生是重点关注的信息，可以将之作为实体。本系统还需要对课程进行管理，那么课程就是实体。这样一下子就抓住了问题的主要矛盾，再以这两个实体为中心，就可以很快找出各自的属性。

浏览各实体对应的属性，观察这些属性是否可以涵盖本系统的用户需求，确认这些属性及其综合运算，是否可以达成用户所需的功能，如若不够，则需再增加属性，甚至增加实体。

将所有实体和属性用 E–R 图画出来，并考察各实体间的关系，在 E–R 图上标示出来，再分别寻找每个实体集的主键，用斜线标注在 E–R 图上。

用三个范式对 E–R 图中的概念设计结果进行检查，权衡冗余，进行综合判断，确保数据库的概念设计最适合实际情况。

【知识准备】

记录——表的每一行称为一条记录。

元组——表的每一行也称为一个元组。

字段——每一列是记录中的一个字段。

实体——独立存在并且可以相互区别的事物。

属性——从属于实体的用于描述实体特性的信息。

实体集——某实体的具体集合。

E–R 图——用线段将实体与其从属的特性联系起来所形成的关系图。

主键——每一个实体集中，能唯一区分实体的某属性或最小属性的组合。

数据库概念设计的方法：

（1）从需求分析中提取出所有的实体和属性。

（2）分析每个实体，确定实体间是否存在关系，若存在关系的话，确认是属于一对一关系、一对多关系，还是多对多关系。

（3）将实体、属性及实体之间的关系按照规范画出 E–R 图。

（4）在 E–R 图中为实体添加主键标识。

（5）对照三个范式，看概念设计是否符合范式规范，否则重新设计。

数据库概念设计的三个范式：

第一范式：每个实体的元组中每一个属性都不可再分。

第二范式：每个实体的元组中不能存在与主关键字无关的属性。

第三范式：每个实体的元组中非关键字属性间不存在依赖关系。

【任务实施】

按照数据库概念设计的方法，对“学生成绩管理系统”设计以下步骤：

（1）先进行需求分析。

经过分析确定，本系统需要对学生和课程进行管理，那么学生和课程就是重点关注的信息，可以作为实体，再以每个实体为中心，找出用于描述各自实体的属性。

描述学生实体的属性有：学号、姓名、性别、出生时间、专业等。

描述课程实体的属性有：课程号、课程名、开课学期、学时、学分等。

成绩也是本系统重点关注的信息，那么它属于实体还是属性呢？成绩不能独立存在，它依赖于特定的学生和特定的课程，也就是说，成绩是用来描述学生和课程的，因此，它只能作为属性，且是学生和课程的共同属性。

（2）确定实体之间的存在怎样的关系。可以发现，一个学生可以选修不同的课程，而同一课程也可以被多个学生选修，学生实体和课程实体之间存在的关系是多对多关系。

（3）画出实体与实体、实体与属性的 E–R 图。

将实体用矩形框画出来，属性用圆角矩形表示，实体和其属性用线段连接起来，实体间的关系则用菱形来连接。本例中的 E–R 图如图 1–6 所示。

（4）观察实体下的所有属性，能唯一标识学生实体的只有学号这个属性，故学号就是学生实体集的主键。同样，能唯一标识课程实体的只有课程号这个属性，故课程号成为课程实体集的主键。在对应的 E–R 图上主键用短斜线来表示，学生实体与课程实体存在的多对多关系则用 N 和 M 来表示，如图 1–7 所示。

（5）用三个范式进行校验。图 1–7 所示的数据库概念设计结果完全符合规范，否则重新修改设计。

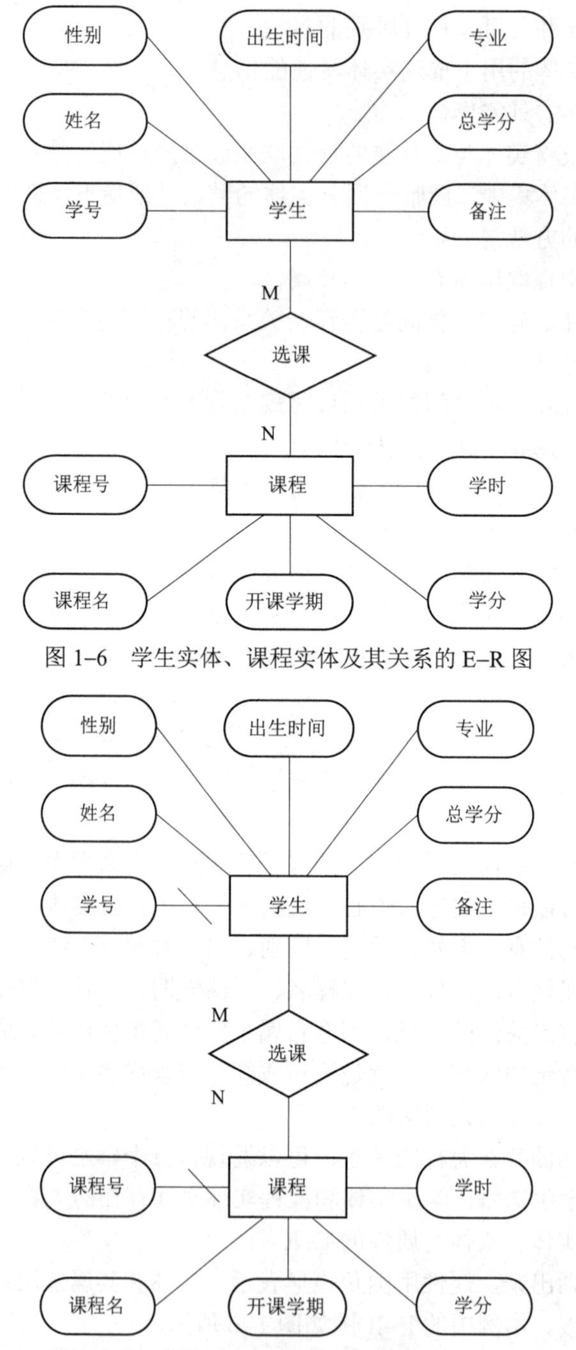

图 1–6　学生实体、课程实体及其关系的 E–R 图

图 1–7　学生实体、课程实体及其关系的 E–R 图（带主键标识）

【任务总结】

完成本任务具有一定难度，需要着重关注以下内容：

（1）在数据库设计中需要把握好用户需求的细腻度，以此为界找出重点信息，这样才能找到真正的实体。

（2）属性通常是用于描述实体的某种单一的特性和数值，寻找属性一定要以用户需求为

基础，通过这些属性最终要能够实现用户的功能需求。

（3）要认真分析比较，以唯一标识实体集这个特征来从属性中寻找该实体的主键。

（4）进一步分析，确定实体之间的相互关系，画出完整的E–R图。

（5）最终要按照三个范式进行检验，看设计是否符合规范。

任务二　针对“学生成绩管理系统”进行数据库的逻辑设计

【任务目标】

（1）完成“学生成绩管理系统”从数据库概念设计到逻辑设计的转换；

（2）解决数据库冗余的问题。

【任务分析】

数据库的逻辑设计，即将数据库概念设计的结果，依照特定的方法进行转换，其主要的工作是处理实体间的相互关系，根据实体之间的关系（一对一、一对多、多对多），分别按书上的方法进行转换。

复杂的转化需要根据用户的需求，分析数据的冗余、用户关注的功能、查询算法的简便性以及开发效率和成本问题等，经综合评判才能确定，常常需要反复权衡、反复设计才能最终确定。

【知识准备】

外键——表B中所含有的表A中的主键列，在表B中称为外键。

数据库冗余——构成数据库的表中所存在的大量被浪费的存储空间。

数据库逻辑设计的方法：

（1）一个实体及其属性对应一个表。

（2）若表A和表B是一对一关系：可以合并，把表A的主键加到表B中当作外键。

（3）若表A和表B是一对多关系：必须把表A的主键加到表B中当作外键。

（4）若表A和表B是多对多关系：除了生成表A和表B外，还要生成一个关系表：表A主键+表B主键+多对多关系中自己的属性。

【任务实施】

进行数据库的逻辑设计，需要依赖数据库概念设计的结果，它们是实体及其属性、实体之间的关系和主键等，就如E–R图中显示的那样。

根据数据库逻辑设计的方法（一个实体及其属性对应一个表），针对前面图1–6所示的概念设计结果，很容易就得到如下两个表：

```
tb_student（学号，姓名，性别，出生时间，专业，总学分，备注）
tb_course（课程号，课程名称，开课学期，学时，学分）
```

本例中，学生实体和课程实体之间是多对多关系，按照数据库逻辑设计的方法，需要将表 tb_student 的学号和表 tb_course 的课程号拿出来，再找出同时依赖于学生和课程的属性——成绩，以此构成具有 3 个字段的新表 tb_score：

```
tb_score（学号，课程号，成绩）
```

由于唯一能区分表 tb_score 中记录的只有学号和课程的组合，故可以将其联合作为该表的主键。

实际应用时，针对两个以上的属性共同作为主键这种情况，通常会增加一个“序号”属性来代替几个属性共同作为主键的情况，这时，成绩表 tb_score 就变成由 4 个字段组成的表了，如下所示：

```
tb_score（序号，学号，课程号，成绩）
```

至此，完整地设计出了 3 个表：

学生表为 tb_student，包含 7 个字段，其中学号字段为这个表的主键；

课程表为 tb_course，包含 5 个字段，课程号为这个表的主键；

成绩表为 tb_score，包含 4 个字段，人为增加的“序号”属性作为这个表的主键。

由于以上逻辑设计后的数据库表不存在冗余，不需要权衡得失并进行综合评判，故“学生成绩管理系统”的逻辑设计就完成了。

【任务总结】

在数据库的逻辑设计过程中，从 E–R 图到逻辑设计结果的转化比较简单，直接按照转换方法即可完成。

对于较复杂系统的数据库逻辑设计，需要考察用户的需求和开发成本效率等因素，综合考虑数据库的冗余问题，以取得最佳的数据库设计方案。

项目总结

本项目对“学生成绩管理系统”进行了需求分析，并完成了该系统的数据库设计。这是一个通用的方法，可以将其运用到其他软件系统的数据库设计中。

任何数据库应用程序的开发都需要先进行需求分析，再依次进行数据库的概念设计和逻辑设计。第二章将继续介绍数据库的物理设计，并在 SQL Server 2008 数据库管理系统中创建对应的数据库和表，数据库应用程序的开发将在第十、十一章中专门介绍。

项目二　数据库应用程序与数据库管理系统的安装

项目需求

对 SQL Server 2008 数据库管理系统进行安装，并简单地使用。

完成项目的条件

（1）软件要求：

① SQL Server 2008 开发版；

② Windows 7、Windows Server 2003、Windows Server 2008、Windows Vista、Windows XP；

③ Internet Explorer 6.0 SP1 或更高版本；

④ .net framework 3.5 简体中文版；

⑤ Windows Installer 4.5。

（2）硬件要求：

① 处理器：Pentium Ⅲ兼容处理器以上；

② 处理器速度：1.0 GHz 或更快；

③ 内存：建议 2.048 GB 或更大。

方案设计

检查计算机的硬件配置和软件配置，看其是否符合【完成项目的条件】中对硬件和软件的要求。

取得 SQL Server 2008 开发版，按书上给出的步骤安装 SQL Server 2008。

相关知识和技能

一、数据库应用程序

在本章项目一中，我们了解了数据库是长期存储在计算机内有结构的共享数据的集合，而数据库管理系统是一个以统一的方式管理、维护数据库中数据的软件集合。数据库应用程序，顾名思义，就是通过数据管理系统对数据库进行存取，以满足用户数据处理要求的应用软件。数据库应用程序与数据库、数据库管理系统之间的关系如图 1–8 所示。

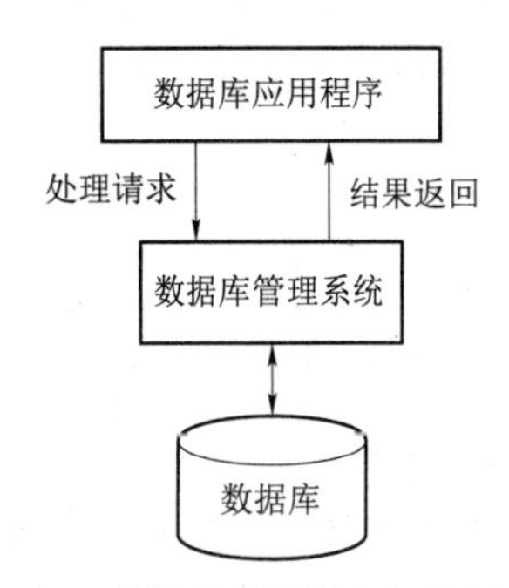

图 1–8　数据库应用程序与数据库、数据库管理系统之间的关系

从图 1–8 中可以看出，当应用程序需要处理数据库中的数据时，首先向数据库管理系统发送一个数据处理请求，数据库管理系统收到这一请求后，对其进行分析，然后执行数据操作，并把操作结果返回给应用程序。

数据、数据库、数据库管理系统与数据库应用程序，加上支撑它们的硬件平台、软件平台和与数据库有关的人员一起，构成了一个完整的数据库系统。

建立完整的数据库系统需要将软、硬件进行系统集成，这是一个复杂的系统工程，除了需要配置服务器和客户计算机（有时可合并为一台计算机），并安装操作系统外，还需要按一定的顺序开展工作。数据库系统开发所涉及的工作内容及相关工作岗位见表 1–2。

表 1–2　数据库系统开发所涉及的工作内容及相关工作岗位

工作顺序	工作内容	工作岗位名称
1	客户需求调查与分析	需求采集员、需求分析师
2	数据库设计	系统分析员、高级软件工程师、数据库设计师
3	使用数据库管理系统创建和管理数据库	数据库管理员
4	使用开发工具完成数据库应用程序的开发	软件研发工程师、软件测试工程师、数据接口开发工程师、软件维护工程师
5	客户操作数据库应用程序	业务操作员

从表 1–2 中可以看出，学习数据库技术相关技能可以从事的工作岗位中，简单一点的岗位有：需求采集员、数据库管理员、软件测试工程师、软件维护工程师、业务操作员等；高级一点的岗位有：需求分析师、软件研发工程师、系统分析员、高级软件工程师、数据库设计师等。随着全社会信息化应用的普及，凡涉及软件应用的单位、部门，都需要掌握数据库基本知识及技能的应用人才。

二、数据库应用程序的体系结构

数据库应用程序是为用户开发的，直接与用户打交道，而数据库管理系统是为软件编程人员开发的，不直接与用户打交道，所以应用程序被称为“前台”，而数据库管理系统被称为“后台”。由于应用程序是向数据库管理系统提出服务请求，故称为客户程序（Client），而数据库管理系统是为应用程序提供服务，所以称为服务器程序（Server），这种由客户程序请求服务器程序来进行数据库操作的模式称为客户/服务器体系结构，简称 C/S 结构。

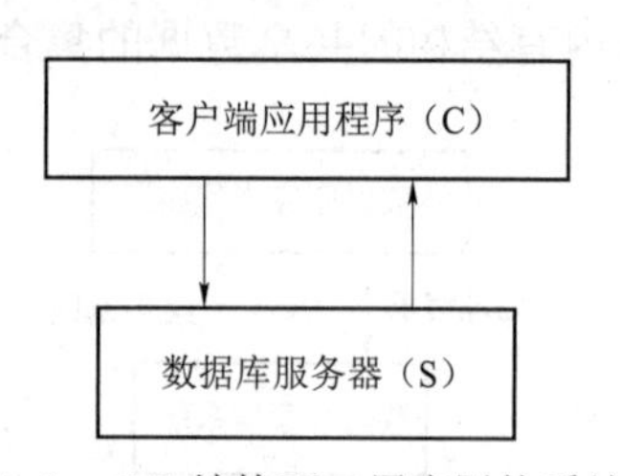

图 1–9　C/S 结构下二层应用体系结构

C/S 结构中，数据库应用程序为客户端程序，数据库管理系统为服务器端程序，它们构成了二层的应用体系结构，如图 1–9 所示。

以 C/S 结构开发数据库应用程序的主要开发工具有：PowerBuilder、Delphi、Visual C++、Visual Basic、Visual FoxPro 等，目前最流行的是 PowerBuilder 和 Delphi，及少量 Visual C++，而 Visual Basic 和 Visual FoxPro 等已逐渐退出历史舞台。

C/S 结构下开发的数据库应用程序可以在单机上运行（单机既作为客户机也作为服务器），也可以在局域网或广域网内的多台计算机上同时运行，此时，需要在每台客户机上都安装数据库管理系统的客户端软件和数据库应用程序，才能访问数据库服务器上的数据库，如

图 1–10 所示。

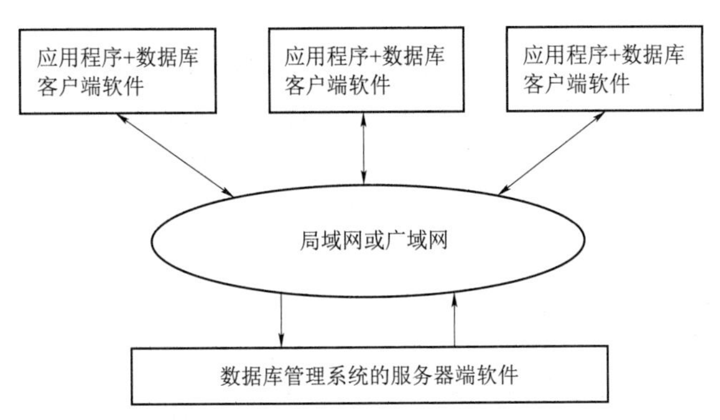

图 1–10　C/S 结构下多台客户机上同时运行数据库应用程序

基于 Web 的数据库应用程序采用三层客户/服务模式，也称 B/S 结构。第一层为浏览器（为客户端），第二层为 Web 服务器，第三层为数据库服务器（这里的服务器指的是提供特定服务的软件，而不是一台服务器设备）。

在 B/S 结构下，数据库应用程序的界面即浏览器的外观，里面设计了特定的按钮、栏目等，用户通过输入信息或其他操作向 Web 服务器提出请求，由 Web 服务器解析用户的需求并发送给数据库服务器，数据库服务器接收到来自 Web 服务器的请求后处理数据库中的数据，再将处理结果返回给 Web 服务器，Web 服务器最后将结果以适合浏览器显示的形式显示在浏览器中，这个过程如图 1–11 所示。

在 B/S 结构下，多台计算机上同时运行数据库应用程序的情形如图 1–12 所示。

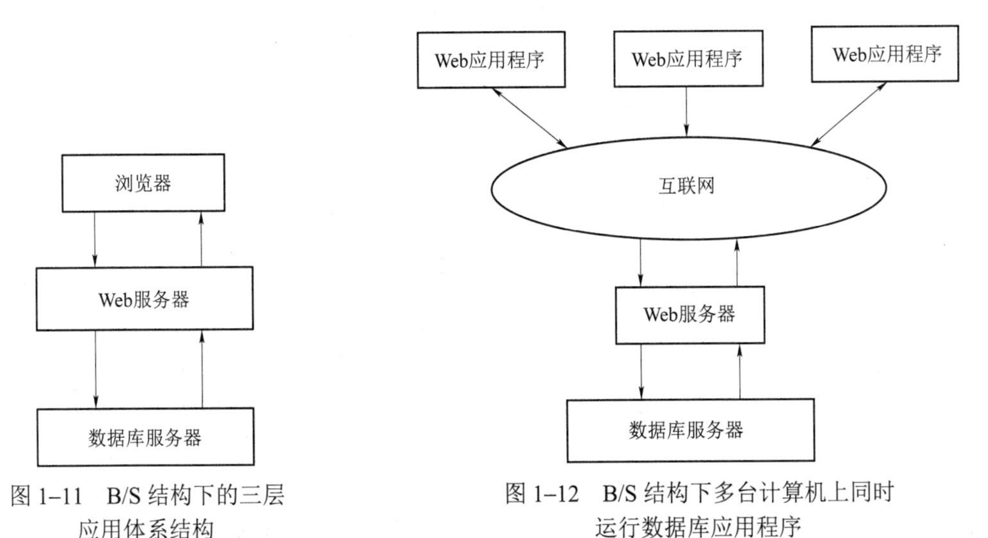

图 1–11　B/S 结构下的三层应用体系结构

图 1–12　B/S 结构下多台计算机上同时运行数据库应用程序

三、应用程序与数据库的接口

客户端应用程序或其他应用服务器向数据库服务器请求服务时，必须首先与数据库建立连接，虽然不同的关系数据库管理系统（RDBMS）都遵循 SQL 标准，但不同厂家开发的 RDBMS 略有差异，例如存在适应性和可移植性等方面的问题。因此，人们研究开发了用于连接不同 RDBMS 的通用方法、技术和软件。

1. ODBC 数据库接口

ODBC 即开放数据库互联（Open DatabBase Connectivity），是微软公司推出的一种实现应用程序和关系数据库之间通信的接口标准。符合标准的数据库就可以通过 SQL 语言编码的命令对数据库进行操作，但这只针对关系型数据库。目前所有的关系数据库都符合标准（如 Oracle、Sybase、SQL Server、Access、Excel 等）。

ODBC 本质上是一组数据库访问 API（应用程序编程接口），它由一组函数调用组成，核心是 SQL 语句，其结构如图 1–13 所示。

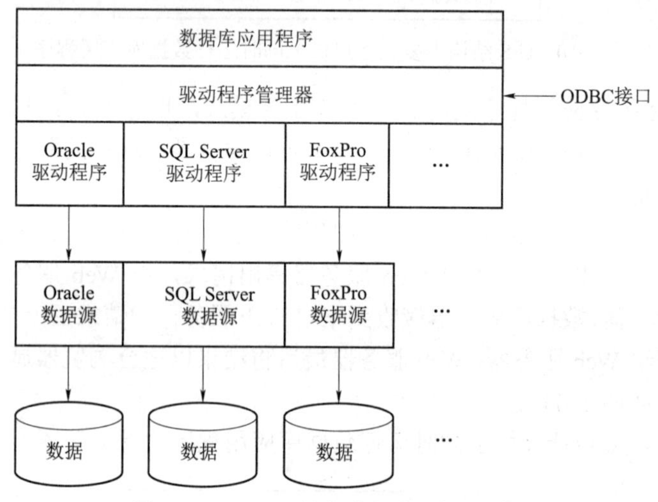

图 1–13　ODBC 访问数据库的接口模型

在具体操作时，首先必须用 ODBC 管理器注册一个数据源，管理器根据数据源提供的数据库位置、数据库类型及 ODBC 驱动程序等信息，建立起 ODBC 与具体数据库的联系。这样，只要应用程序将数据源名提供给 ODBC，ODBC 就能建立起与相应数据库的连接。

2. OLE DB 数据库接口

继 ODBC 之后，微软推出了 OLE DB。OLE DB 即数据库链接和嵌入对象（Object Linking and Embedding DataBase）。OLE DB 是基于 COM 思想且面向对象的一种技术标准，目的是提供一种统一的数据访问接口。这里所说的“数据”，除了标准的关系型数据库中的数据之外，还包括邮件数据、Web 上的文本或图形、目录服务，以及主机系统中的文件、地理数据和自定义业务对象等。

由于 OLE DB 对所有文件系统关系数据库和非关系数据库都提供了统一的接口，其使 OLE DB 技术比 ODBC 技术更加优越，其核心内容就是提供一种相同的访问接口，使数据的使用者（应用程序）可以使用同样的方法访问各种数据，而不用考虑数据的具体存储地点、格式或类型，其结构如图 1–14 所示。

3. ADO 数据库接口

ADO（ActiveX Data Objects）是微软公司开发的基于 COM 的数据库应用程序接口。通过 ADO 连接数据库，可以灵活地操作数据库中的数据。

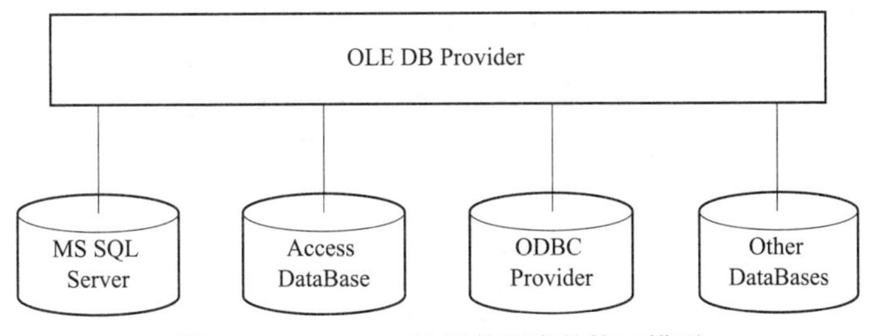

图 1–14　OLE DB 访问数据库的接口模型

ADO 是 OLE DB 的消费者，与 OLE DB 提供者一起协同工作。它利用低层 OLE DB 为应用程序提供简单高效的数据库访问接口。ADO 封装了 OLE DB 中使用的大量 COM 接口，对数据库的操作更加方便简单。ADO 实际上是 OLE DB 的应用层接口，也就是在 OLE DB 上面设置了另外一层，它只要求开发者掌握几个简单对象的属性和方法就可以开发数据库应用程序了，这比在 OLE DB 接口中直接调用函数要简单得多。

图 1–15 展示了应用程序通过 ADO 访问 SQL Server 数据库接口的模型。从图中可看出，使用 ADO 访问 SQL Server 数据库有两种途径：一种是通过 ODBC 驱动程序，另一种是通过 SQL Server 专用接口 OLE DB Provider，后者有更高的访问效率。

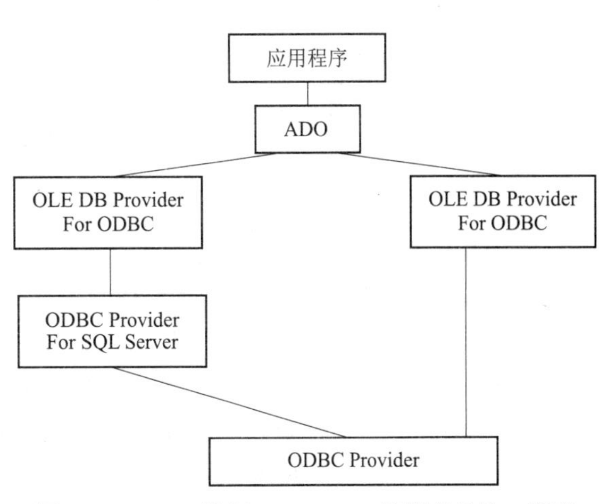

图 1–15　ADO 访问 SQL Server 数据库的接口模型

4. ADO.NET 数据库接口

随着网络技术的发展，网络数据库以及相关的操作技术也越来越多地应用到实际中，数据库操作技术也在不断地发展完善。ADO 对象模型进一步发展成了 ADO.NET。ADO.NET 是.NET FrameWork SDK 中用于操作数据库的类库总称，ADO.NET 相对于 ADO 的最大优势在于对数据的更新修改可在与数据源完全断开连接的情况下进行，然后再把数据更新的结果和状态传回到数据源，这样大大减少了维持与数据源连接所占用的服务器资源。

ADO.NET 使用的模型不只是对 ADO 的改进，而是采用了一种全新的技术，主要表现在以下几个方面：

（1）ADO.NET 不是采用 ActiveX 技术，而是与.NET 框架紧密结合的产物。

（2）ADO.NET 包含对 XML 标准的完全支持，这对于跨平台交换数据具有重要意义。

（3）ADO.NET 既能在与数据源连接的环境下工作，又能在断开与数据源连接的条件下工作，特别是后者，非常适合网络应用的需要。因为在网络中多人同时操作的环境下，保持与数据源的连接不仅效率低、付出的代价高，而且常常会引发同时访问的并发冲突。因此，ADO.NET 系统集中主要精力解决在断开与数据源连接的条件下数据处理的问题。

数据集是实现 ADO.NET 断开时连接的核心，从数据源读取的数据先缓存到数据集中，然后被程序或控件调用。这里的数据源可以是数据库或者 XML 数据，XML 称为可扩展标记语言（Extensible Markup Language）。

数据提供器用于建立数据源与数据集之间的联系，它能连接各种类型的数据，并能按要求将数据源中的数据提供给数据集，或者从数据集向数据源返回处理后的数据，如图 1–16 所示。

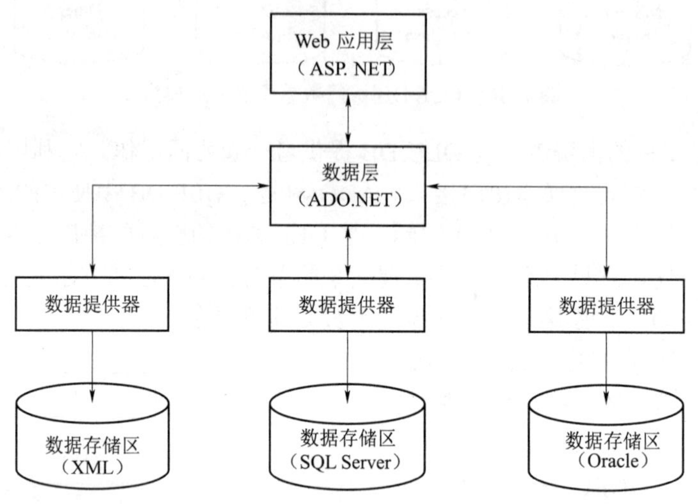

图 1–16　通过 ADO.NET 访问数据库的接口模型

5. JDBC 数据库接口

JDBC 是 Java 数据库连接（Java DataBase Connectivity）的简写形式，它是一种可用于执行 SQL 语句的 Java API，主要提供了 Java 跨平台、跨数据库的数据库访问方法，使开发人员可以用纯 Java 语言编写完整的数据库应用程序。其功能与微软的 ODBC 类似，相对于 ODBC 只适合于 Windows 平台来说，JDBC 具有明显的跨平台的优势。同时为具有更强的适应性，JDBC 还专门提供了 JDBC/ODBC 桥来直接使用 ODBC 定义的数据源。

JDBC 访问数据库的接口模型如图 1–17 所示。

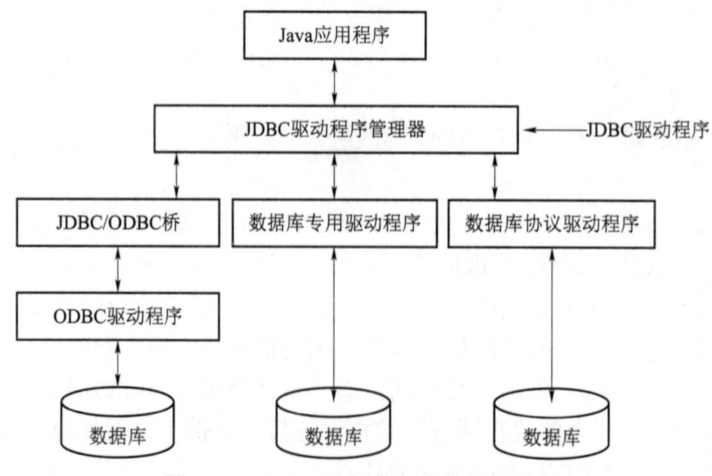

图 1–17　JDBC 访问数据库的接口模型

四、SQL Server 2008 简介及安装

SQL Server 2008 是一款面向高端的大型关系型数据库管理系统，具有强大的数据管理功能，同时还具有强大的网络功能，已成为新一代大型电子商务、数据仓库和数据库应用的解决方案，在数据库软件市场中占有较高的份额。

SQL Server 2008 支持的操作系统有：Windows 7、Windows Server 2003、Windows Server 2008、Windows Vista、Windows XP。安装 SQL Server 2008 对计算机系统的要求见表 1–3。

表 1–3　安装 SQL Server 2008 对计算机系统的要求

类型	要　求
硬件	处理器：Pentium Ⅲ兼容处理器以上
	处理器速度：1.0 GHz 或更快
	内存：建议：2.048 GB 或更大
	显示器：VGA 或更高分辨率，分辨率至少为 1 024×768
软件	Microsoft Windows Installer 4.5 或更高版本
	Microsoft 数据访问组件（MDAC）2.8 SP1 或更高版本
	Microsoft Windows.NET Framework 3.5 以上
网络	Internet Explorer 6.0 或更高版本

任务　学会 SQL Server 2008 的安装与使用

【任务目标】

（1）了解 SQL Server 2008 的安装要求；

（2）掌握 SQL Server 2008 的安装方法；

（3）掌握 SQL Server 2008 的使用方法。

【任务分析】

（1）在安装 SQL Server 2008 前，先要了解 SQL Server 2008 的版本与操作系统的匹配情况，根据操作系统选择合适的 SQL Server 2008 版本。

（2）检查计算机的软、硬件配置情况，看是否满足安装 SQL Server 2008 的要求。

（3）在安装 SQL Server 2008 时，系统也会检查计算机的各种满足条件，只要存在一个警告就不能有效地安装 SQL Server 2008。

【知识准备】

（1）了解待安装电脑的操作系统的版本。

（2）了解 SQL Server 2008 的几种版本。

（3）查询待安装电脑，对照表 1–3 确定计算机是否满足安装 SQL Server 2008 必需的软、硬件以及网络的要求。

【任务实施】

一、SQL Server 2008 的安装

安装 SQL Server 2008 之前，必须预先安装.net framework 3.5 简体中文版，和 Windows Installer 4.5，如果已经安装了 Microsoft Visual Studio 2008，那么还必须将之升级到 SP1。

Microsoft SQL Server 2008 与 Windows 7 操作系统存在一定的兼容性问题，在完成安装之后需要为Microsoft SQL Server 2008 安装SP1补丁。下面详细记录了一次完整的Microsoft SQL Server 2008 在 Windows 7 操作系统上的安装过程。

双击安装启动文件 setup.exe，出现界面如图 1–18 所示，这里选择“SQL Server 安装中心”下的“安装”。

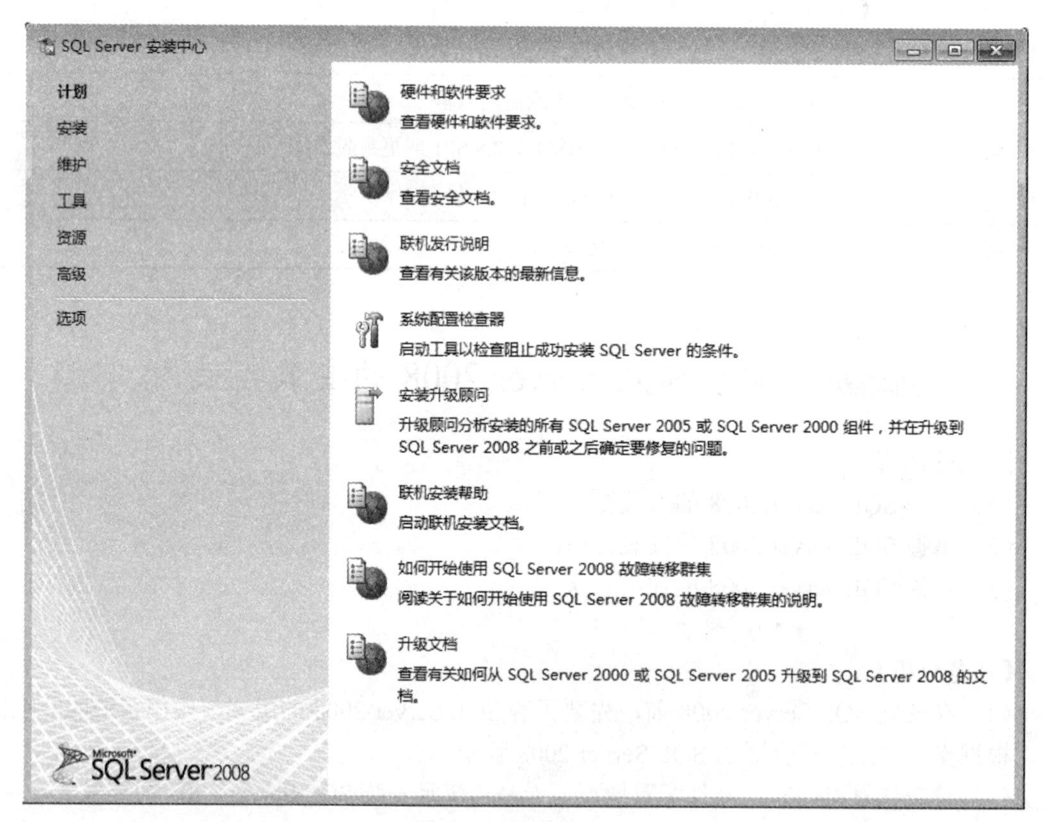

图 1–18　安装首界面

选择“安装”后，进入图 1–19 所示的界面。

在图 1–19 所示界面中，单击最上方的“全新 SQL Server 独立安装或向现有安装添加功能”，进入图 1–20 所示的界面，安装程序开始检查系统配置是否满足安装条件。

在全部通过检查，没有失败项的情况下，可以继续往下进行，单击“确定”按钮，出现如图 1–21 所示界面。

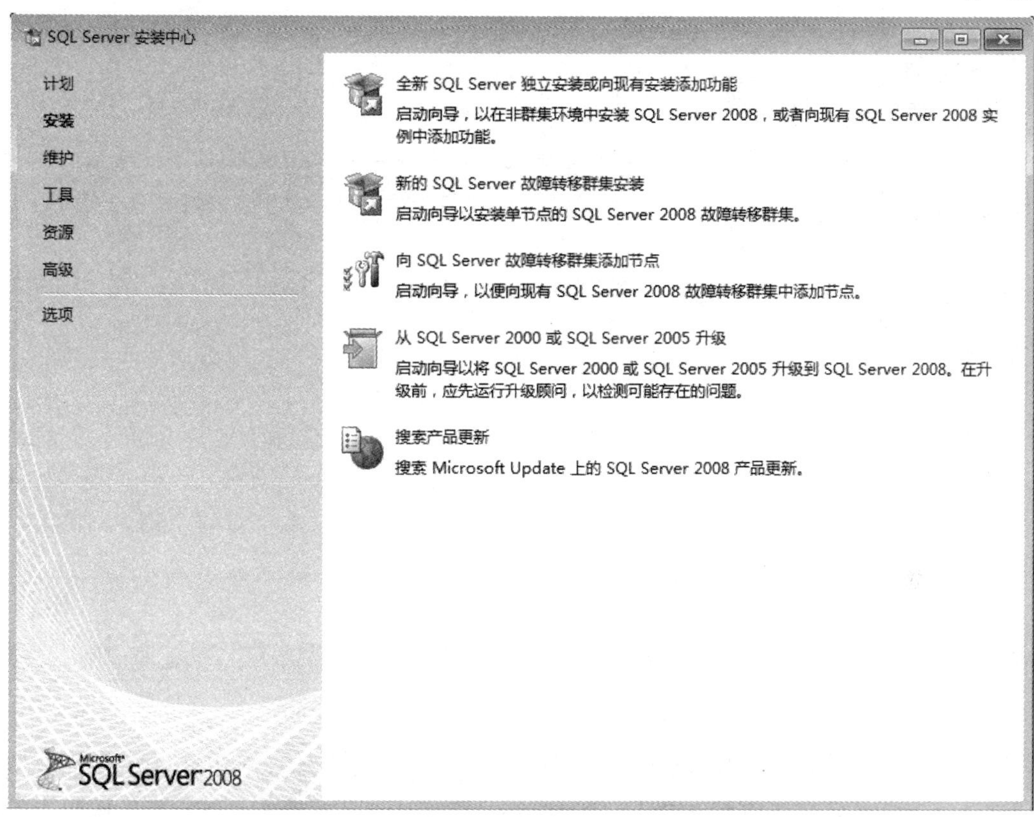

图 1–19 “SQL Server 安装中心”–“安装”界面

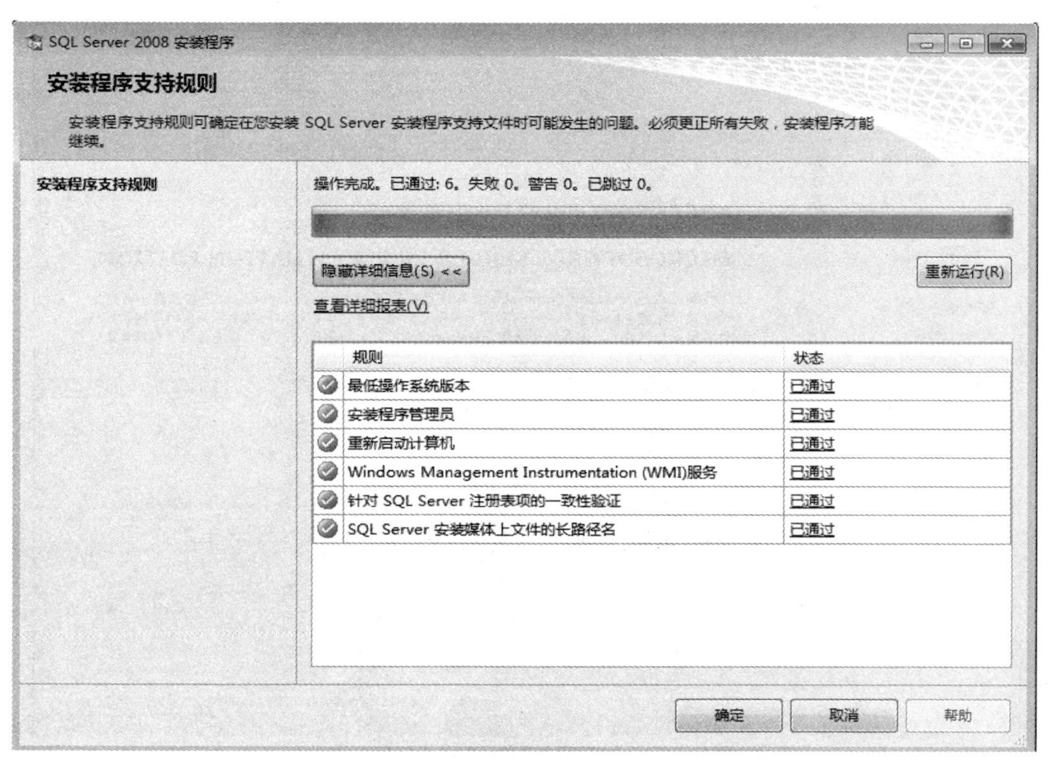

图 1–20 安装程序检查系统的安装条件

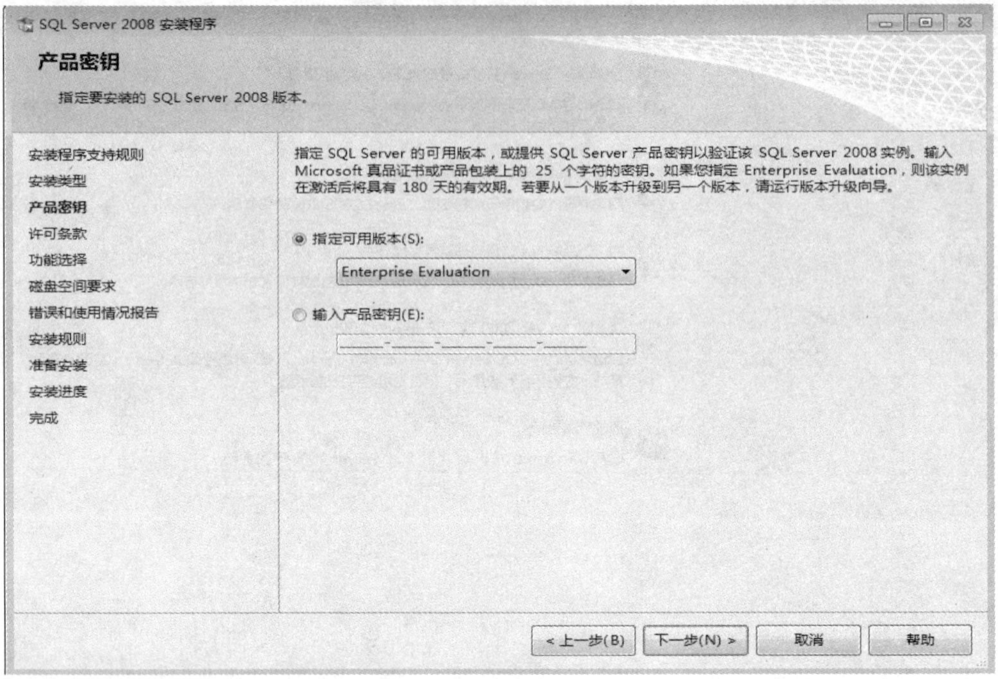

SQL Server 2008 安装程序
产品密钥
指定要安装的 SQL Server 2008 版本。
安装程序支持规则
安装类型
产品密钥
许可条款
功能选择
磁盘空间要求
错误和使用情况报告
安装规则
准备安装
安装进度
完成
指定 SQL Server 的可用版本，或提供 SQL Server 产品密钥以验证该 SQL Server 2008 实例。输入 Microsoft 真品证书或产品包装上的 25 个字符的密钥。如果您指定 Enterprise Evaluation，则该实例在激活后将具有 180 天的有效期。若要从一个版本升级到另一个版本，请运行版本升级向导。
指定可用版本(S):
Enterprise Evaluation
输入产品密钥(E):
< 上一步(B)
下一步(N) >
取消
帮助

图 1–21　指定要安装的版本

在“产品秘钥”界面中有两个选择：“指定可用版本”和“输入产品秘钥”，产品密钥可以在微软官方购买，此处选默认情况“Enterprise Evaluation”，单击“下一步”按钮，出现图 1–22 所示界面。

SQL Server 2008 安装程序
许可条款
若要安装 SQL Server 2008，必须接受 Microsoft 软件许可条款。
安装程序支持规则
安装类型
产品密钥
许可条款
功能选择
磁盘空间要求
错误和使用情况报告
安装规则
准备安装
安装进度
完成
MICROSOFT评估软件许可条款
MICROSOFT SQL SERVER 2008 EVALUATION EDITION
本许可条款是 Microsoft Corporation（或您所在地的 Microsoft Corporation 关联公司）与您之间达成的协议。请阅读本条款的内容。本条款适用于上述评估软件，其中包括您用来接收该软件的媒体（若有）。本条款也适用于Microsoft为此软件提供的（除非下述内容附带有其他条款）：
更新、
补充、
基于 Internet 的服务和
支持服务
如果确实附带有其他条款，则其他条款应适用。
复制(C)
打印(P)
我接受许可条款(A)。
< 上一步(B)
下一步(N) >
取消
帮助

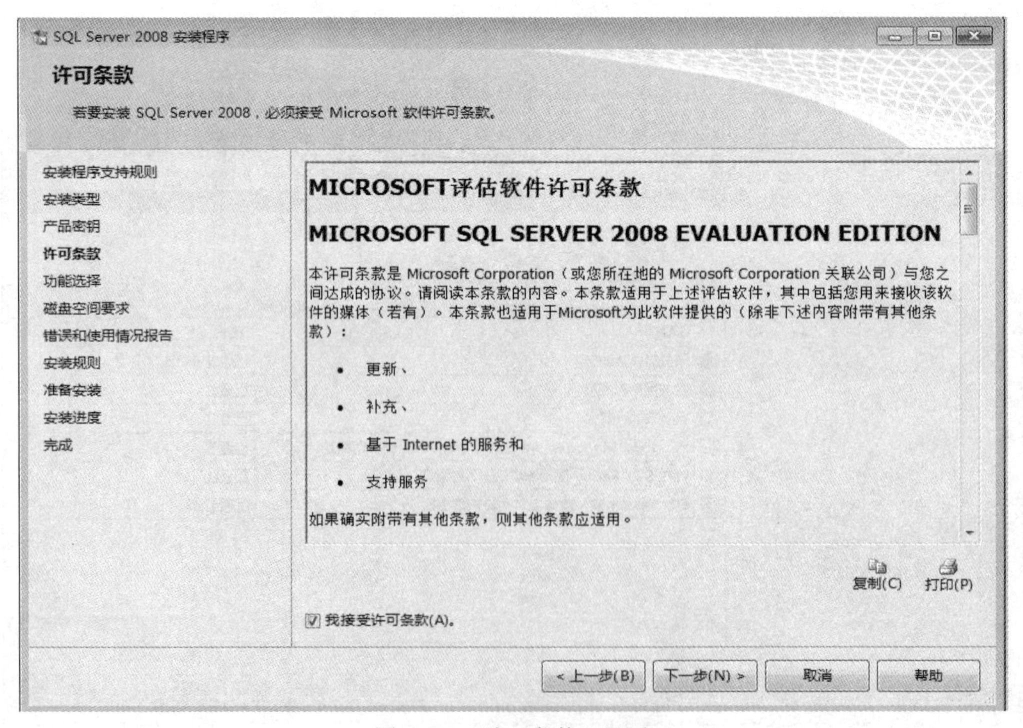

图 1–22　“许可条款”界面

在“许可条款”界面中，需要接受微软软件许可条款才能安装 SQL Server 2008，单击“下一步”按钮，出现如图 1–23 所示界面。

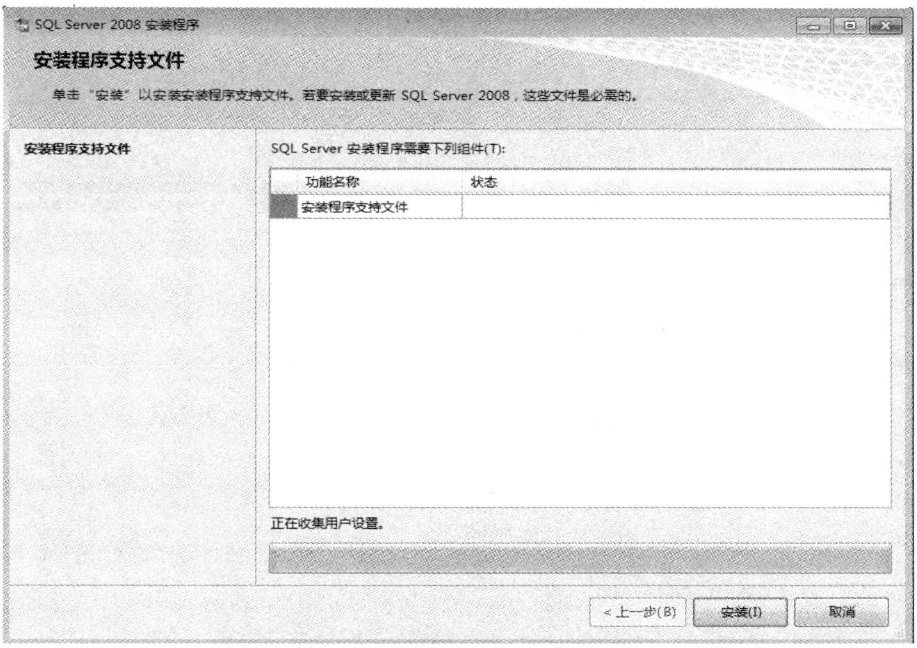

图 1–23　“安装程序支持文件”界面

继续单击“安装”按钮，进入“安装程序支持规则”界面，如图 1–24 所示。

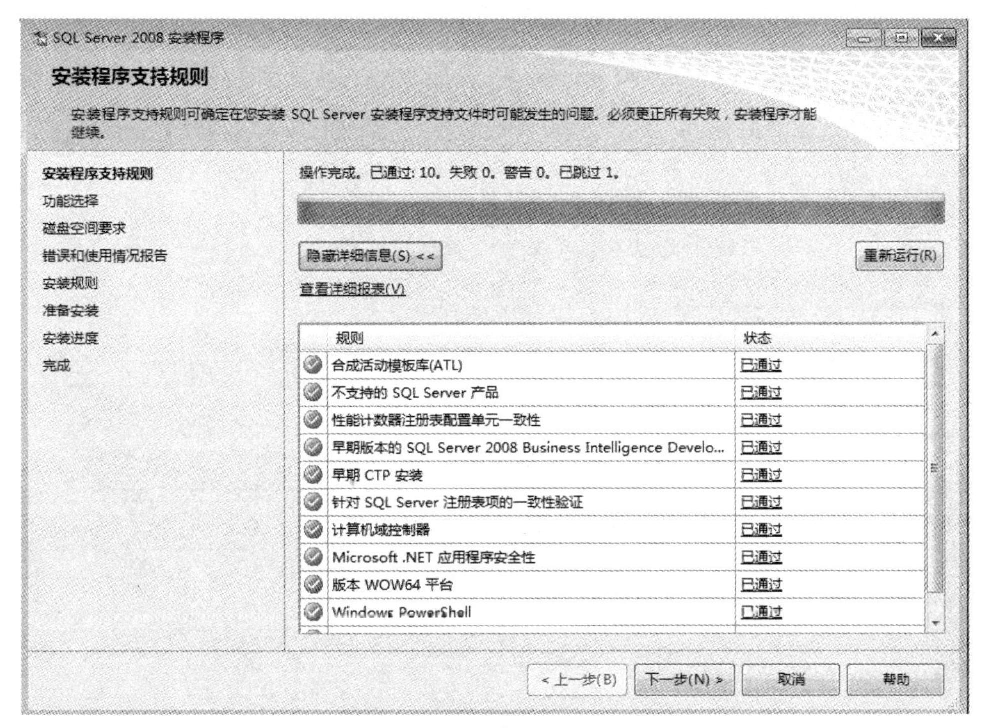

图 1–24　“安装程序支持规则”界面

单击“下一步”按钮，进入图 1–25 所示的“功能选择”界面，单击“全选”按钮，再单击“下一步”按钮。

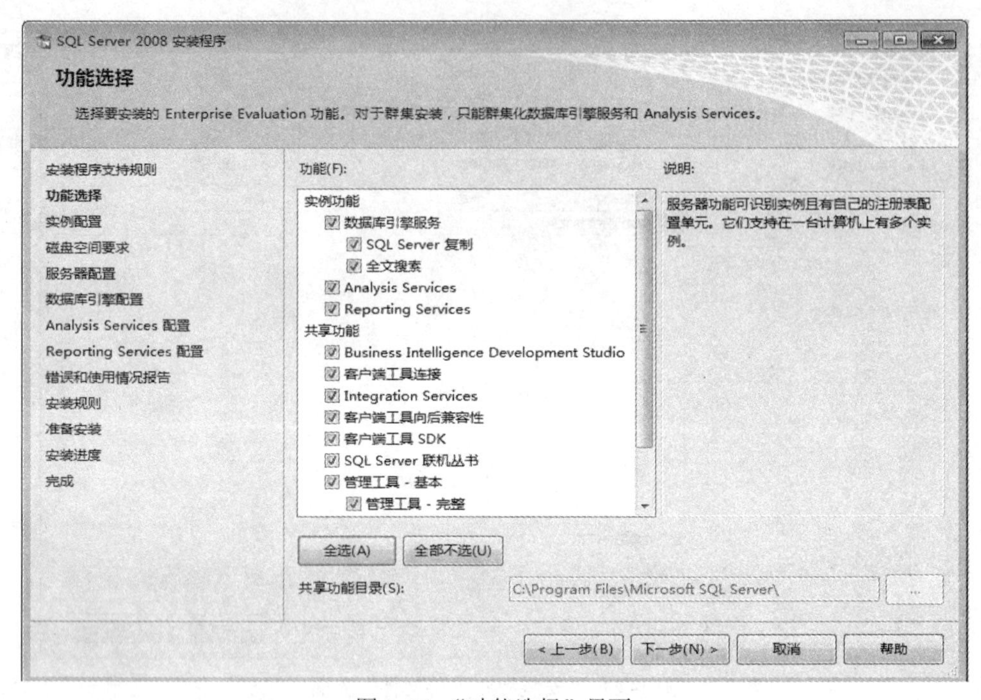

图 1–25 “功能选择”界面

进入“实例配置”界面，如图 1–26 所示，这里选择“默认实例”，单击“下一步”按钮。

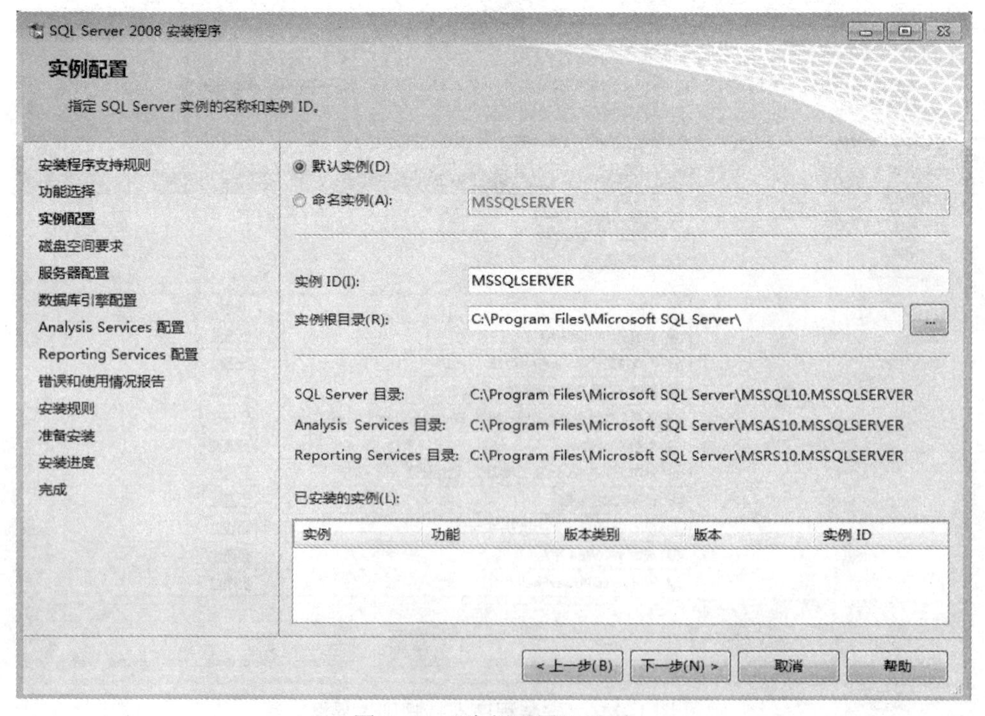

图 1–26 “实例配置”界面

进入“磁盘空间要求”界面，如图 1–27 所示。

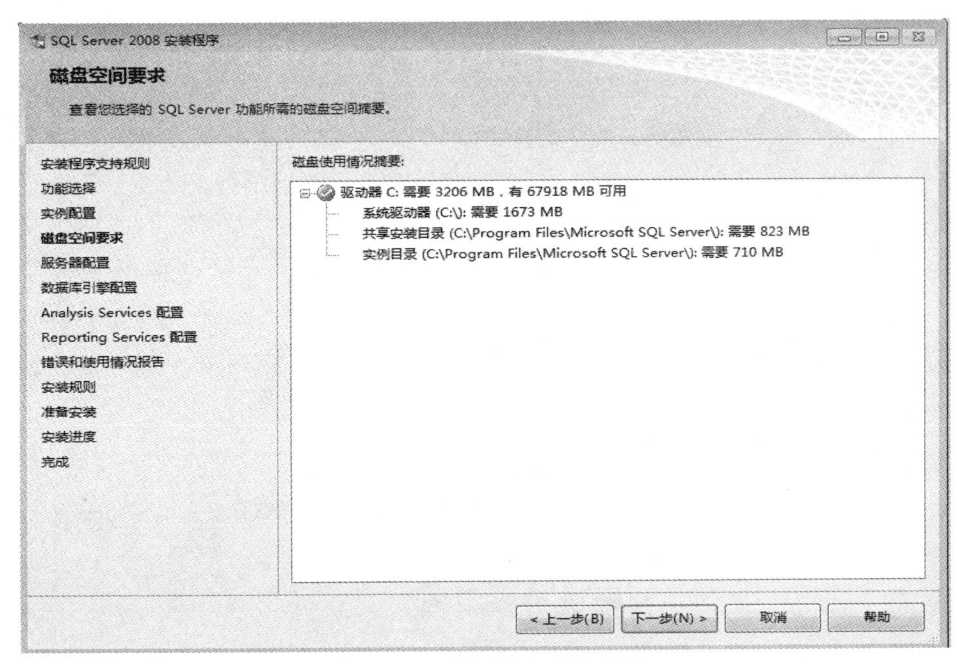

图 1–27　“磁盘空间要求”界面

单击“下一步”按钮，进入“服务器配置”界面，如图 1–28 所示，“SQL Server 代理”的账户名选择“NT AUTHORITY\SYSTEM”，其余均选择“NT AUTHORITY\NETWORK SERVICE”。

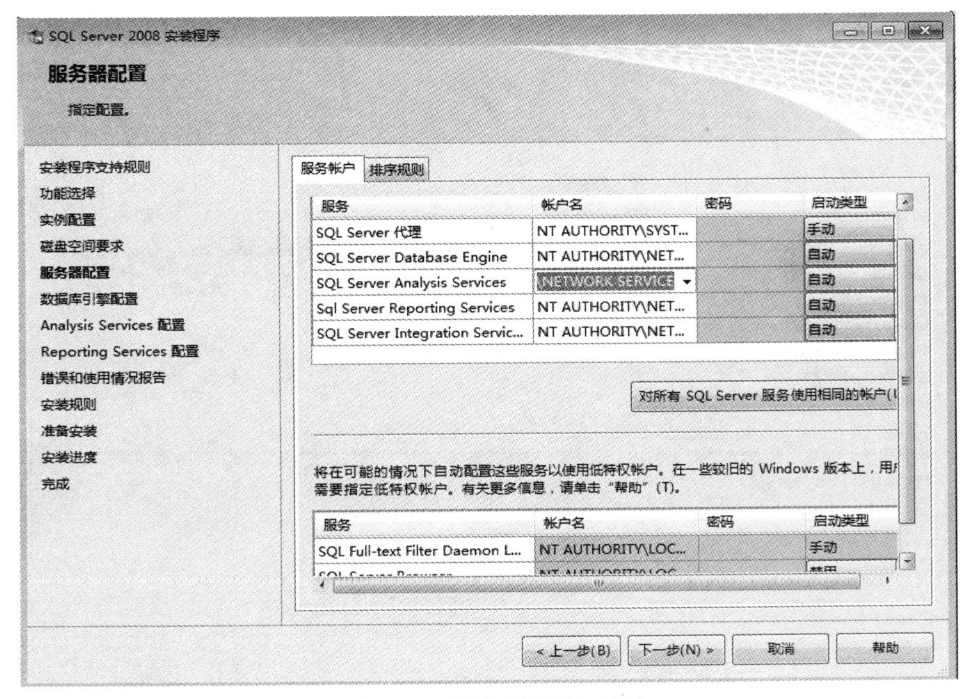

图 1–28　“服务器配置”界面

接下来进入“数据库引擎配置”界面，如图 1–29 所示，单击“添加当前用户”按钮，再单击“下一步”按钮。

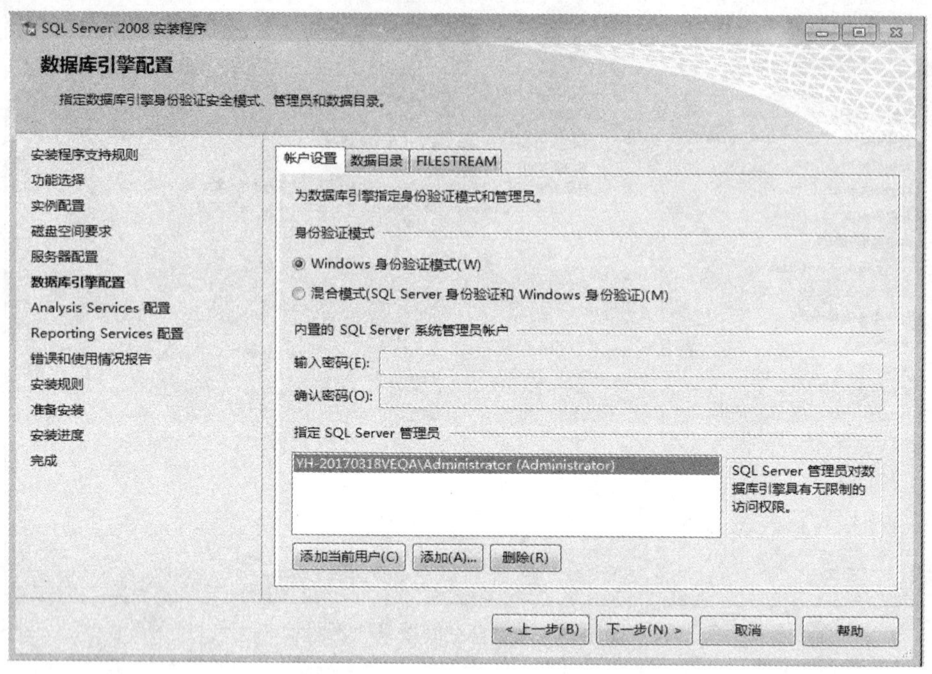

图 1–29 “数据库引擎配置”界面

进入“Analysis Services 配置”界面，如图 1–30 所示，单击“添加当前用户”按钮，再单击“下一步”按钮。

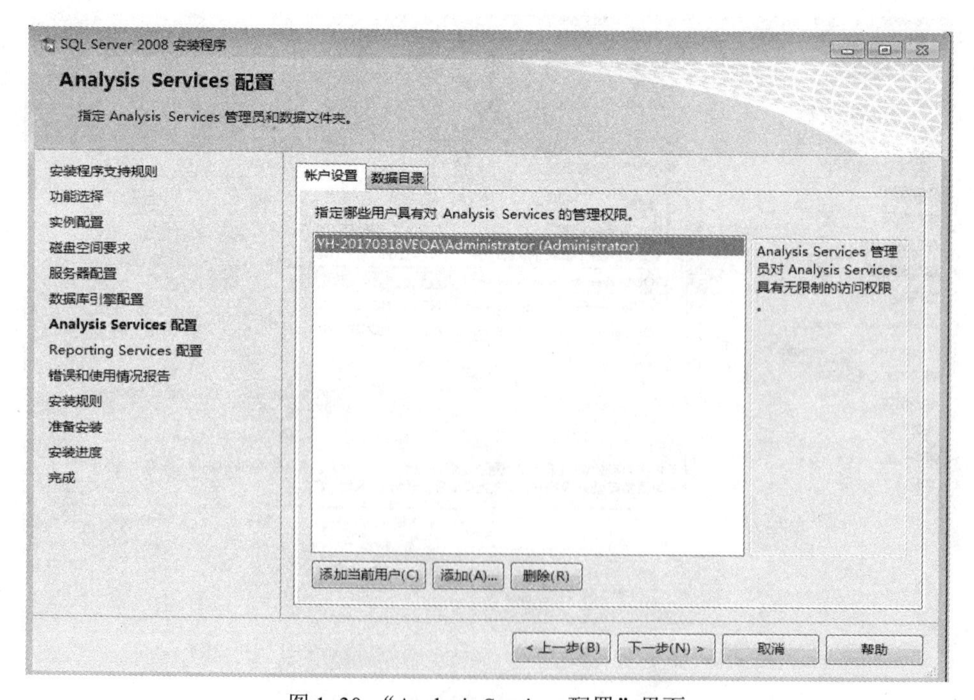

图 1–30 “Analysis Services 配置”界面

进入“Reporting Services 配置”界面，如图 1–31 所示，选择默认配置，单击“下一步”按钮。

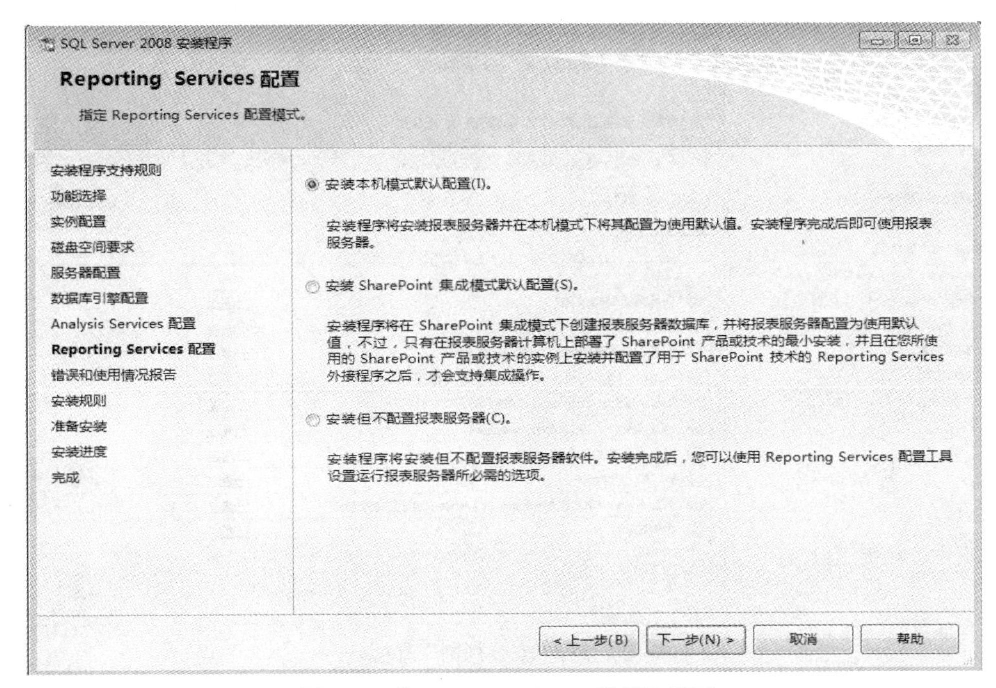

图 1–31　“Reporting Services 配置”界面

进入“错误和使用情况报告”界面，如图 1–32 所示，单击“下一步”按钮。

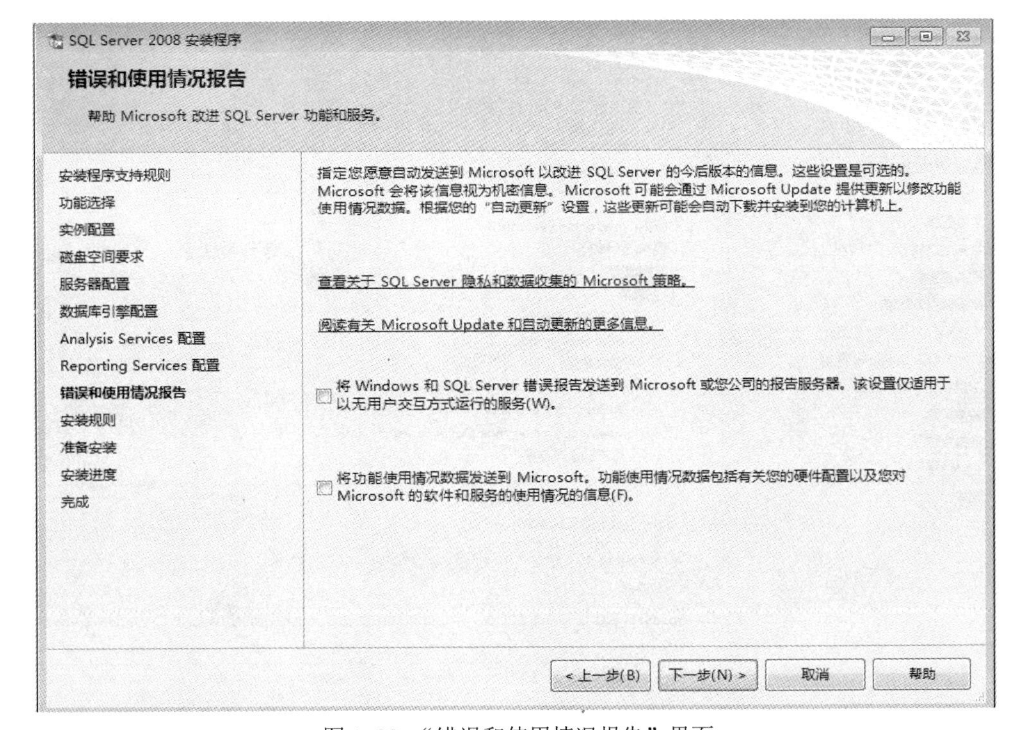

图 1–32　“错误和使用情况报告”界面

进入“安装规则”界面，如图 1–33 所示，系统再次进行环境检查，单击“下一步”按钮。

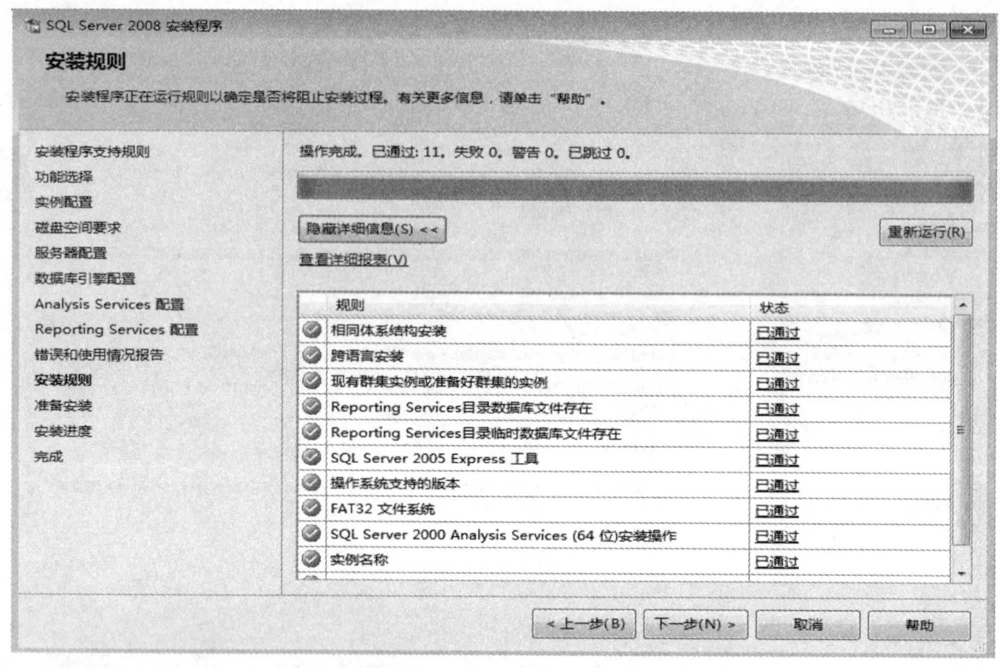

图 1–33 “安装规则”界面

当通过检查之后，软件将会列出所有的配置信息，最后一次确认安装，如图 1–34 所示。单击“安装”按钮开始 SQL Server 2008 的安装。

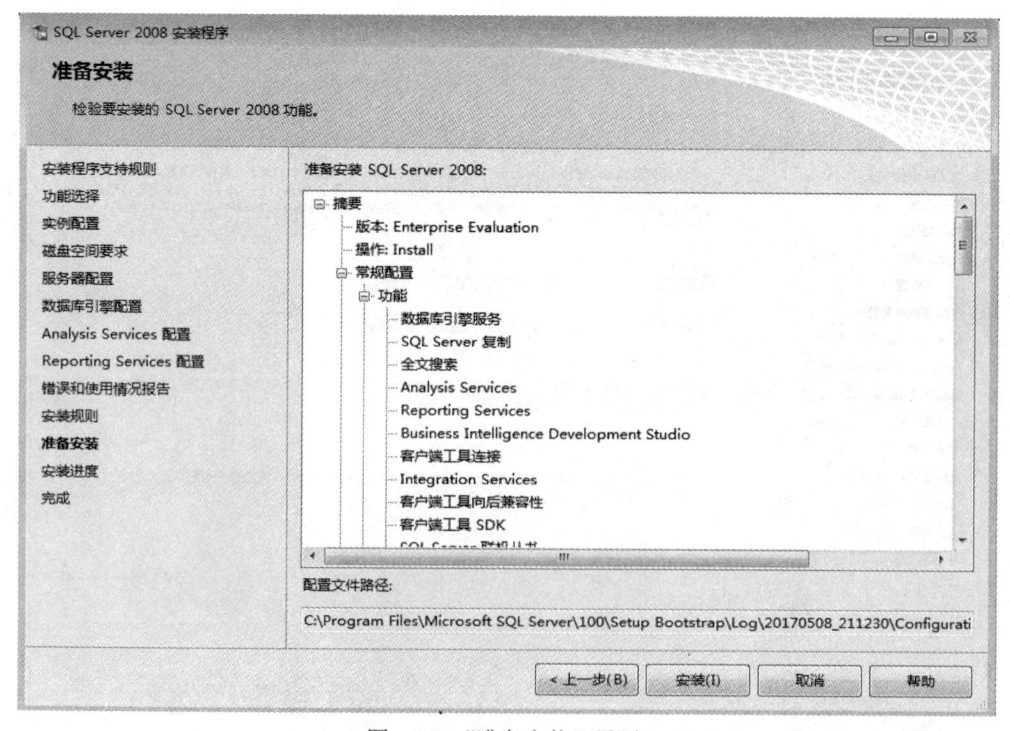

图 1–34 “准备安装”界面

根据硬件环境的差异，安装过程可能持续 10～30 分钟，安装成功后界面如图 1–35 所示，SQL Server 列出各功能安装状态。

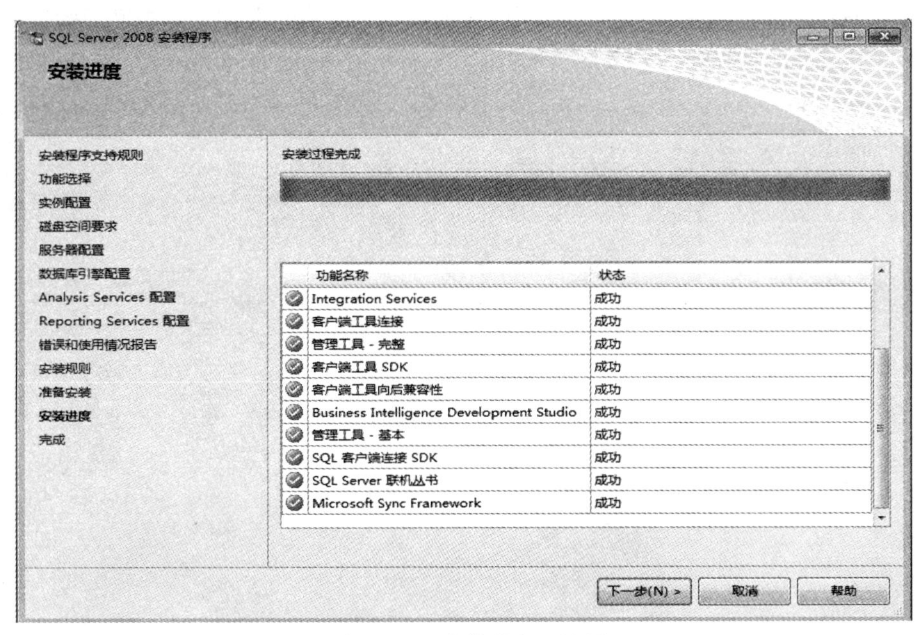

图 1–35 “安装进度”界面

单击“下一步”按钮，进入“完成”界面，如图 1–36 所示，此时 SQL Server 2008 完成了安装，并将安装日志保存在了指定的路径下，单击“关闭”按钮，完成安装。

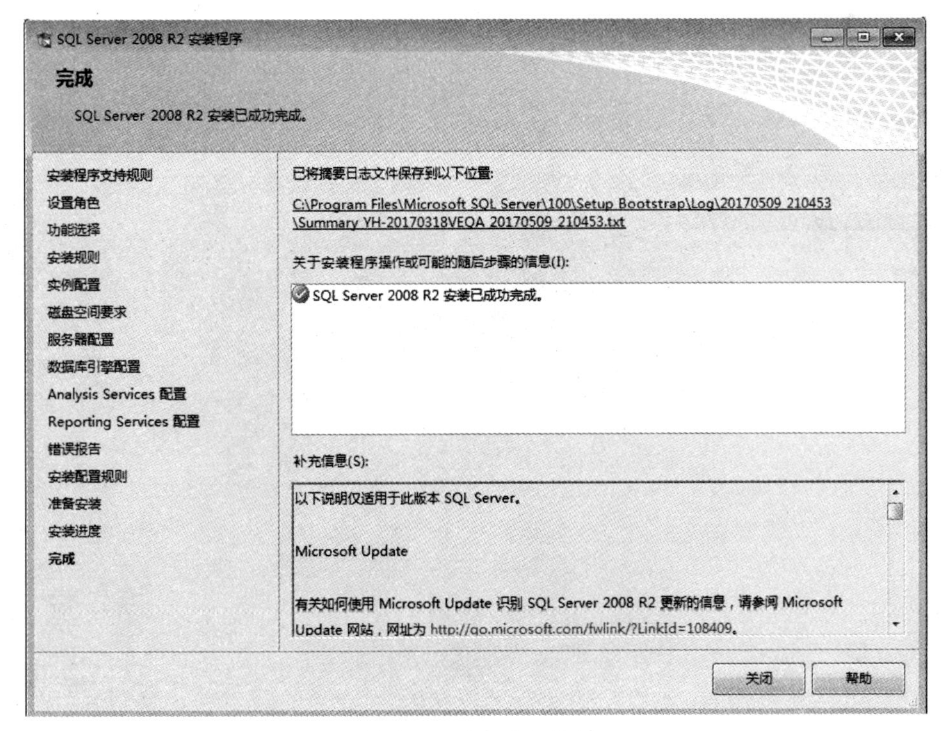

图 1–36 “完成”界面

二、SQL Server 2008 的使用

SQL Server 2008 安装完后，会在计算机系统中显示安装的内容，单击“开始”→“所有程序”→“Microsoft SQL Server 2008”→“SQL Server Management Studio”，如图 1–37 所示。

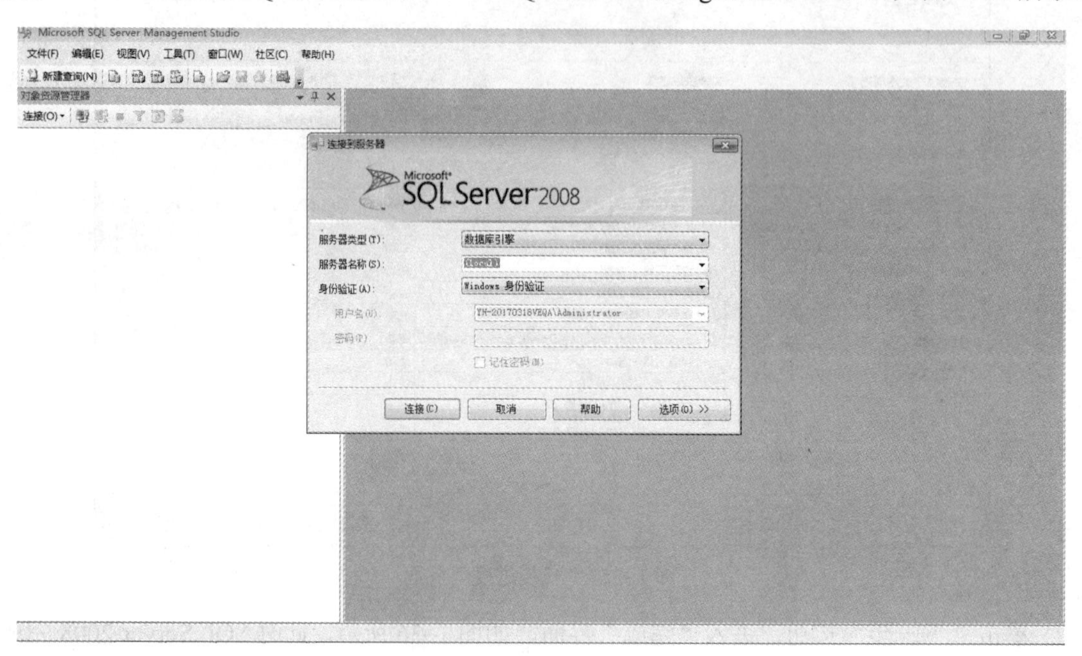

图 1–37　运行 SQL Server Management Studio

单击“连接”按钮，进入 SQL Server 2008 的图形管理界面“Microsoft SQL Server Management Studio”，如图 1–38 所示。

图 1–38　进入 SQL Server 2008 的图形管理界面

图 1–38 所示界面的左边区域，是用来操作数据库系统的“对象资源管理器”，对象资源以树状结构展开，操作者可以逐级选中对象双击或用鼠标右键单击进行各种操作，操作的结果显示在本界面的右边区域。

操作者还可以单击左上方的“新建查询”，并在右边的空白区域编写查询语句，执行语句查询后其结果就显示在右下方的区域中，如图 1–39 所示。

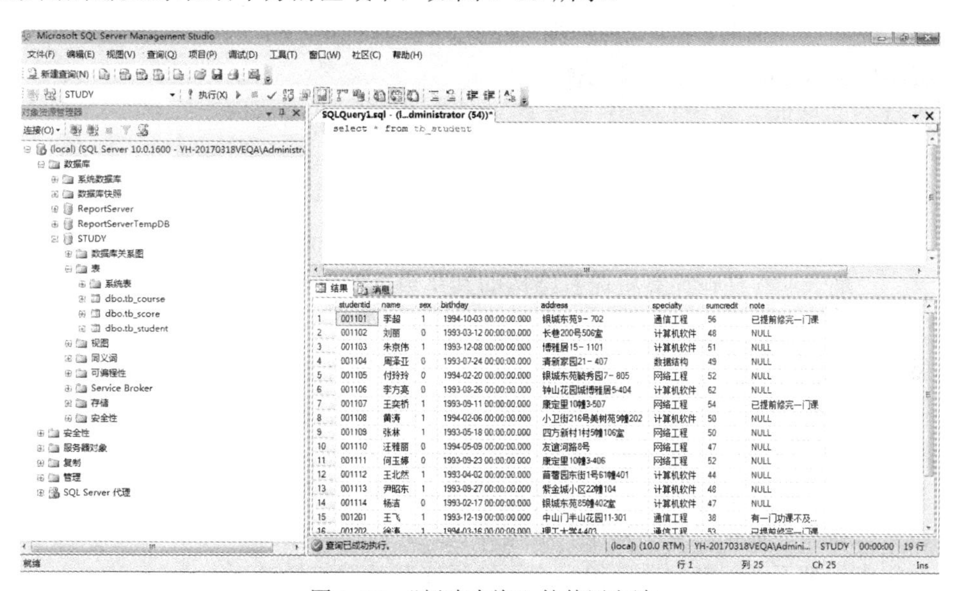

图 1–39　“新建查询”的使用方法

【任务总结】

本任务主要是安装 SQL Server 2008，以及进行简单的使用，按照步骤操作就能轻松完成。

> 注意：SQL Server 2008 系统在开始安装时，会首先检查计算机的各种满足条件，可以在互联网上查找问题的解决办法。

项目总结

学习 SQL Server 2008 系统的安装和使用，是从事软件相关岗位，计算机网络、计算机系统集成相关岗位工作的基础，也是开发数据库应用程序的前提条件。

小结与习题

本章介绍了如下内容：

（1）数据库技术概述、数据库和数据库管理系统的概念；

（2）主要的数据模型，包括层次模型、网状模型和关系模型；

（3）数据库设计的 3 个过程，包括数据库的概念设计、逻辑设计和物理设计；

（4）E–R 图的使用方法、三个范式、数据库概念设计转换成逻辑设计的方法；

（5）数据库应用程序及其体系结构；

（6）几种常见的数据库接口；

（7）数据库管理系统 SQL Server 2008 的安装和简单使用。

一、填空题

1. 常用的数据模型有____________、____________、____________3 种。

2. E–R 图的设计属于数据库设计过程中的____________设计阶段。

3. 实体与实体之间的关系有哪三种？____________、____________、____________。

4. “每个实体的元组中每一个属性都不可再分”这个描述用来规范数据库设计的第________范式。

二、选择题

1. ______是长期存储在计算机内有结构的共享数据的集合。

A. 数据库　　B. 数据

C. 数据库应用程序　　D. 数据库管理系统

2. 数据库应用程序、数据库管理系统、数据库和数据库接口的层次的关系从外到里，依次是______。

A. 数据库应用程序、数据库管理系统、数据库和数据库接口

B. 数据库接口、数据库应用程序、数据库管理系统和数据库

C. 数据库管理系统、数据库应用程序、数据库和数据库接口

D. 数据库应用程序、数据库接口、数据库管理系统和数据库

3. ODBC 是一种怎样的接口？______

A. 应用程序接口　　B. 开放数据库接口

C. 基于 COM 的数据库应用接口　　D. 组件接口

4. 关于主键的概念，正确的描述是______。

A. 是一个表中的候选关键字

B. 是从表中候选关键字中选出的一个主关键字

C. 是唯一能区分不同记录的那个属性

D. 能唯一区分实体的某属性或最小属性组合

5. 以下英文缩写表示数据库系统管理员的是______。

A. DBMS　　B. DB　　C. DBA　　D. DBS

三、简答题

1. 数据库概念设计的方法是什么？

2. 数据库逻辑设计的方法是什么？

3. 请简述三个范式

4. 请设计一个图书馆数据库，此数据库中对每个借阅者保存读者记录：读者编号、姓名、地址、性别、年龄、单位；对每本图书保存信息：图书编号、书名、作者、出版社；对每本被借出的图书保存信息：读者编号、借出日期、应还日期。要求给出 E–R 图，完成概念设计和逻辑设计。

第二章

数据库和数据表

项目三　创建数据库和表

项目需求

数据库最大的作用是用于存储用户的数据，若要开发一个“学生成绩管理系统”，则需要一个用户数据库和相应的数据表来存储相关的学生信息、课程信息和成绩信息。本项目完成在 SQL Server 2008 中进行数据库和表的创建、修改和删除，并对表中数据进行插入、修改和删除操作。

完成项目的条件

（1）理解数据库的存储结构和数据库文件等基本概念；

（2）掌握数据库创建、修改和删除的方法；

（3）能够正确使用数据表中的常见数据类型；

（4）掌握数据表创建的一般步骤并能够修改和删除表；

（5）掌握对表中数据的插入、修改和删除操作。

方案设计

首先建立用户数据库，然后根据“学生成绩管理系统”中使用的数据表——学生表、课程表和成绩表，进行表的设计，主要是确定表中所使用的字段名称、数据类型、数据大小、是否为空等，根据设计建立相应的数据表。如果建立的表不符合要求，还可以对表进行修改和删除操作。最后对表中数据进行插入、修改和删除等操作。

相关知识和技能

一、数据库存储结构

数据库的存储结构分为逻辑存储结构和物理存储结构：

（1）SQL Server 数据库的逻辑存储结构由表、视图、索引等不同的数据库对象组成，它们不仅描述数据的组织形式，还包括与数据处理操作相关的信息。

（2）SQL Server 数据库的物理存储结构表现在磁盘上以文件为单位的存储格式，由数据库文件和事务日志文件组成，一个数据库至少包含一个数据文件和一个事务日志文件。数据文件是 SQL Server 2008 实际存储数据、索引和其他所有数据库对象的地方。

二、数据库文件

数据库文件是存放数据库数据和数据库对象的文件，一个数据库文件只能属于一个数据库。SQL Server 2008 中的每个数据库都由多个文件组成，一般包括主数据库文件、辅助数据库文件和事务日志文件。

（1）主数据库文件。当一个数据库有多个数据库文件时，有一个文件被定义为主数据库文件，其扩展名为“.mdf”。主数据库文件主要用来存储数据库的启动信息以及部分或全部数据，是所有数据库文件的起点，包含指向其他数据库文件的指针。一个数据库只能有一个主数据库文件。

（2）辅助数据库文件。辅助数据库文件用来存储主数据库文件未存储的其他数据和数据库对象。一个数据库可以没有辅助数据库文件，但也可以同时拥有多个辅助数据库文件。辅助数据库文件的扩展名是“.ndf”。

（3）事务日志文件。事务日志文件用来存储数据库的更新情况等事务信息。当数据库损坏时，可以通过事务日志恢复数据库。每个数据库至少拥有一个事务日志文件，也可以拥有多个事务日志文件。事务日志文件的扩展名是“.ldf”。

三、SQL Server 2008 中的系统数据库

在 SQL Server 2008 中有 4 个系统数据库，分别是 master、model、msdb 和 tempdb。

（1）master 数据库记录 SQL Server 系统的所有系统级别信息，包括所有的登录信息、系统设置信息、SQL Server 的初始化信息和其他系统数据库及用户数据库的相关信息，是最重要的系统数据库。

（2）model 数据库是为用户创建数据库提供的模板。

（3）msdb 数据库供 SQL Server 代理程序调度警报和作业以及记录各种操作。

（4）tempdb 数据库是一个临时数据库，保存所有的临时表和临时存储过程，以及其他临时存储空间的要求。SQL Server 每次启动时，tempdb 数据库被重新建立；当用户与 SQL Server 断开连接时，其临时表和存储过程被自动删除。tempdb 数据库由整个系统的所有数据库使用。

四、用户数据库与用户表的创建

在 SQL Server 2008 中，除了系统数据库和系统表之外，用户可以创建属于自己的数据库和表。在创建用户数据库时，尽量把数据文件的容量设置得大一点，允许数据文件能够自动增长，但要设置一个上限，这样可以允许后来添加新的数据，又不会把磁盘充满。

在创建用户表时，除了要给表中的字段命名以外，还要确定字段的数据类型、是否允许为空等。SQL Server 2008 提供了许多数据类型来供用户使用，见表 2–1。

表 2–1　SQL Server 2008 中的数据类型

数据类型		可接受的值范围
数值类型	int	从 -2^{31} 到 $2^{31}-1$ 之间的整数
	bigint	从 -2^{63} 到 $2^{63}-1$ 之间的整数
	smallint	从 -2^{15} 到 $2^{15}-1$ 之间的整数
	tinyint	从 0 到 255 之间的整数
	bit	0 或 1 的整数值
	decimal	从 $-10^{38}+1$ 到 $10^{38}-1$ 的固定精度和标度的数字数据
	numeric	功能上相当于十进制数
	float	从–1.79E+308 到 1.79E+308 的浮点精度数字数据
	real	从–3.40E+38 到 3.40E+38 的浮点精度数字数据
货币类型	money	从 -2^{63} 到 $2^{63}-1$ 的货币型数据，精确到货币单位的万分之一
	smallmoney	从–214 748.364 8 到+214 748.364 7 的货币型数据，精确到货币单位的万分之一
日期类型	datetime	从 1753 年 1 月 1 日到 9999 年 12 月 31 日的日期和时间数据，精确到三百分之一秒（3.33 毫秒）
	smalldatetime	从 1900 年 1 月 1 日到 2079 年 6 月 6 日的日期和时间数据，精确到一分钟
字符类型	char	最大长度 8 000 字符的固定长度非 Unicode 字符数据
	nchar	最大长度 4 000 字符的固定长度 Unicode 数据
	varchar	最大长度 8 000 字符的可变长度非 Unicode 字符数据
	nvarchar	最大长度 4 000 字符的可变长度 Unicode 数据
	text	最大长度 $2^{31}-1$ 个字符的可变长度非 Unicode 数据
	ntext	最大长度 $2^{31}-1$ 个字符的可变长度 Unicode 数据
类型二进制	binary	最大长度 8 000 个字节的固定长度二进制数据
	varbinary	最大长度 8 000 个字节的可变长度二进制数据
	image	最大长度 $2^{31}-1$ 字节的可变长度二进制数据
其他类型	cursor	对光标的引用
	timestamp	整个数据库中唯一的一个数字，随着行的每次更新而更新
	sql_variant	存储除了 text、ntext、timestamp 和 sql_variant 以外的各种 SQL Server 支持的数据类型
	uniqueidentifier	全局唯一标识符（GUID）

任务一　创建数据库

【任务目标】

（1）理解数据库的存储结构与数据库文件的概念；

（2）了解 SQL Server 2008 中的系统数据库；

（3）掌握数据库的创建。

【任务分析】

数据库是存储数据的容器，数据库中的所有对象都依赖于数据库而存在。创建数据库通常可以通过 SQL Server 管理控制台和 T–SQL 命令两种方式进行。

【知识准备】

（1）数据库的存储结构；

（2）数据库文件；

（3）使用 T–SQL 命令创建数据库。

除使用 SQL Server 管理控制台创建数据库外，也可使用 Create Database 命令来创建数据库。该命令的常用语法如下：

```
Create Database 数据库名
```

在创建数据库的过程中，所有参数通常采取默认值，不指定主文件和事务日志文件，系统会自动创建相应文件，文件存于 SQL Server 安装目录下，如“C:\Program Files\Microsoft SQL Server\MSSQL10_50.MSSQLSERVER\MSSQL\DATA”。

【任务实施】

1. 使用 SQL Server 管理控制台创建数据库

（1）打开“SQL Server Management Studio”窗口，在对象浏览器中用鼠标右键单击“数据库”节点，在弹出的快捷菜单中选择“新建数据库”命令，如图 2–1 所示。

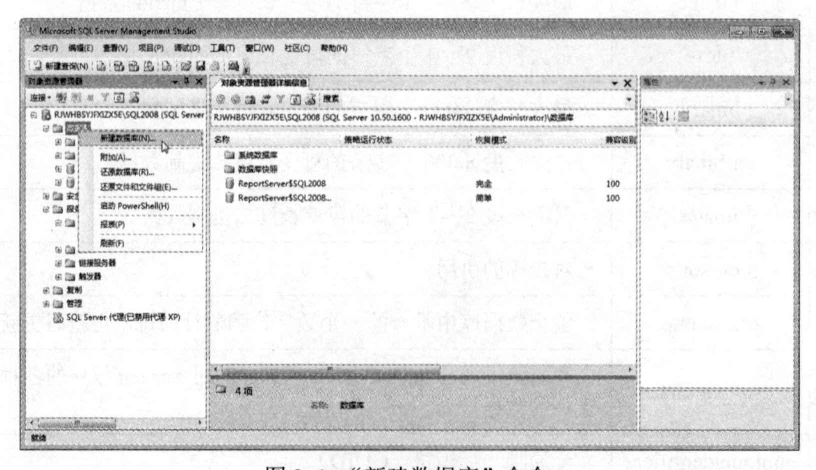

图 2–1 “新建数据库”命令

（2）此时将出现如图 2–2 所示的“新建数据库”对话框。在“常规”选项的“数据库名称”文本框中输入要创建的数据库名称。

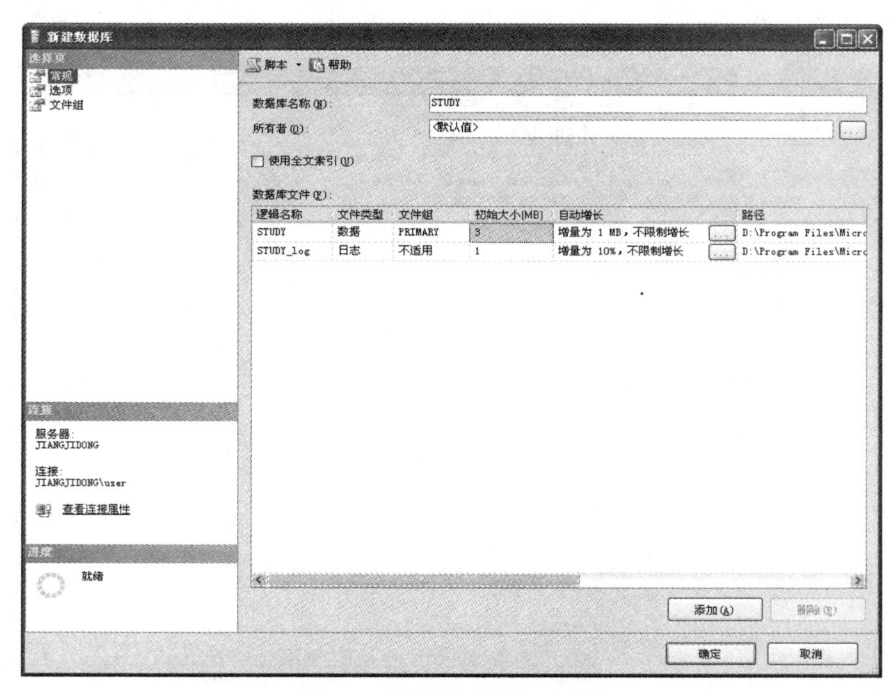

图 2–2　“新建数据库”对话框

（3）单击“确定”按钮，在“数据库”的树形结构中，就可以看到刚创建的 STUDY 数据库，如图 2–3 所示。

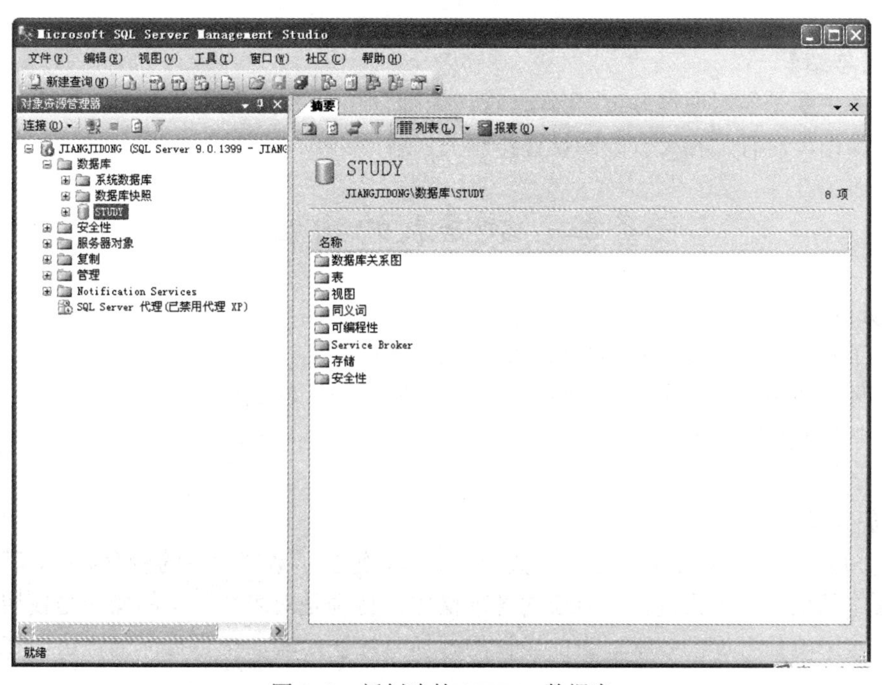

图 2–3　新创建的 STUDY 数据库

2. 使用 T–SQL 命令创建数据库

（1）单击工具箱上“新建查询”命令按钮，打开查询分析器，输入语句“Create Database STUDY”，如图 2–4 所示。

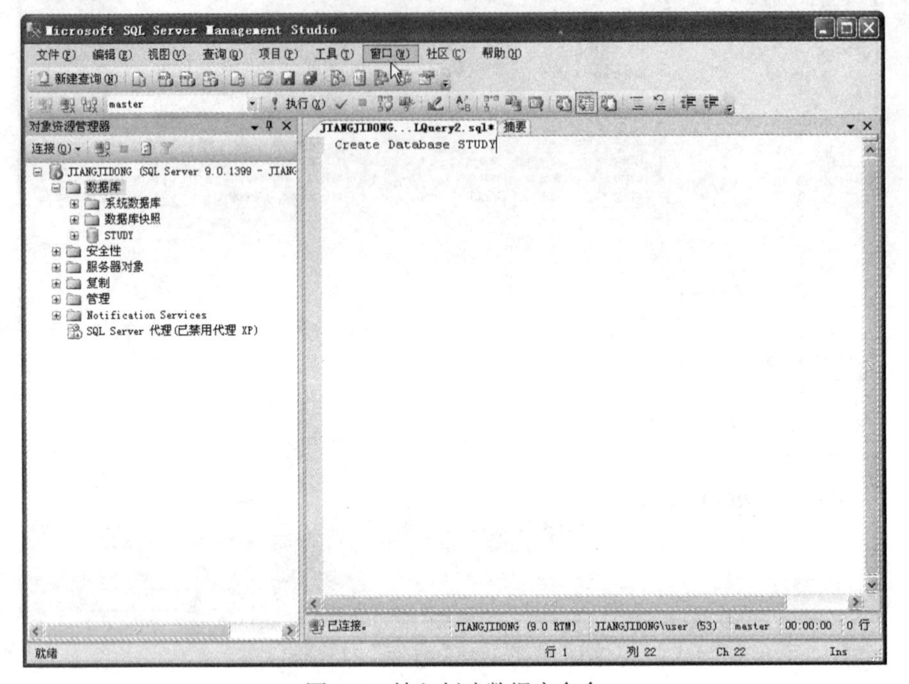

图 2–4　输入创建数据库命令

（2）单击工具箱上的“执行”命令按钮，完成数据库的创建。

【任务总结】

本任务主要是学习通过 SQL Server 管理控制台和 T–SQL 语句创建用户数据库，只需掌握最基本操作，对有关相关参数的设置作相关了解即可。

任务二　数据表的物理设计

【任务目标】

（1）了解表的概念以及表和数据库之间的关系；

（2）理解表中记录、字段、关键字、空值、默认值、标识属性等基本概念；

（3）掌握数据表的设计。

【任务分析】

表是 SQL Server 2008 中最基本的数据库对象，包含了数据库中的所有数据，其他数据库对象的操作都依赖于表来进行。对表的各项操作，特别是对表中数据的操作是使用频率最高的，它直接影响数据库的效率。表的设计的好坏直接决定着一个数据库的优劣，在创建表之前一定要进行详细的设计。

在表的设计过程当中，主要需要完成以下任务：

（1）确定表中的字段，并为其选择合适的数据类型及数据长度；

（2）确定字段的值是否允许为空；

（3）确定是否要为某些字段设置默认值或约束等；

（4）选择合适的字段作为表的主键。

【知识准备】

（1）SQL Server 2008 中的数据类型（详见【相关知识和技能】）。

（2）与表相关的基本概念：

① 记录：表中包含若干行数据，表中的一行称为一个记录。

② 字段：每个记录由若干数据项构成，构成记录的每个数据项称为字段。

③ 关键字：若表中的某一字段或字段组合能唯一标识记录，则称该字段或字段组合为候选关键字。若一个表有多个候选关键字，则选定其中一个为主关键字，也称为主键。当一个表仅有唯一的一个候选关键字时，该候选关键字就是主关键字。

④ 空值：通常也称 NULL 值，表示未知、不可用或将在以后添加的数据。若一个列允许为空值，则向表中输入记录值时可不为该列给出具体值；若不允许为空值，则在输入时必须给出具体值。

> **注意：** 空值不能与数值数据 0 或字符类型的空字符串混为一谈。任意两个空值都不相等。表中的关键字不允许为空值。

⑤ 默认值：向表中添加新记录时自动添加到字段的值为默认值。设置默认值主要是为了简化输入操作。

⑥ 标识属性：对任何表都可创建一个由系统自动生成序号的标识列，通常称为自动增长列，该序号值能够唯一标识表中的一行，通常作为主键。定义标识属性时，可指定其种子（即起始）值、增量值。

> **注意：** 每个表只能为一个列设置标识属性，该列只能是 decimal、int、numeric、smallint、bigint 或 tinyint 数据类型。

【任务实施】

（1）确定表及表中字段。

本项目针对“学生成绩管理系统”，在前述第一章的内容中已经对该系统进行了逻辑设计，该系统主要需要建立 3 张表：tb_student（学生表）、tb_course（课程表）和 tb_score（成绩表）。表中的主要字段如下：

① tb_student：studentid（学号）、name（姓名）、sex（性别）、birthday（出生时间）、address（家庭地址）、specialty（专业）、sumcredit（总学分）、note（备注）。

② tb_course：courseid（课程号）、coursename（课程名称）、term（开课学期）、classhour（学时）、credit（学分）。

③ tb_score：id（序号）、studentid（学号）、courseid（课程号）、score（成绩）。

（2）为字段选择合适的数据类型，并设置相关属性。

通常根据实际应用情况选择一个适合该字段使用的数据类型，如学号是一个长度固定的字符串，可以选择 char 作为其数据类型；如出生时间是一个日期，可以选择 datatime 作为其数据类型；如家庭地址是一个长度不固定的字符串，可以选择 varchar 作为其数据类型；如学分是一个较小的整数，可以选择 tinyint 作为其数据类型。由于字段较多，不一一赘述。

选择合适的数据类型之后，还需要为某些字段设置相关属性，如姓名不允许为空值，性别只能是男或女，将学号设为学生表的主键等。

tb_student 表、tb_course 表、tb_score 表的结构分别见表 2–2、表 2–3、表 2–4。

表 2–2　tb_student 表的结构

列名	数据类型	长度	是否允许为空	说　明
studentid	char	10	×	主键
name	char	8	×	
sex	bit	1	×	男 1，女 0，默认为 1
birthday	datetime	8	√	
address	varchar	50	√	
specialty	char	16	√	
sumcredit	tinyint	1	√	
note	varchar	50	√	

表 2–3　tb_course 表的结构

列名	数据类型	长度	是否允许为空	说　明
courseid	char	6	×	主键
coursename	char	20	×	
term	char	2	√	
classhour	tinyint	1	√	
credit	tinyint	1	×	

表 2–4　tb_score 表的结构

列名	数据类型	长度	是否允许为空	说　明
id	smallint	2	×	自动增长，初始值为 1，增量为 1，主键
studentid	char	10	√	
courseid	char	6	√	
score	tinyint	1	√	

> **说明：**
>
> 在为字段选择数据类型及长度时，选择并不唯一，主要是根据实际需求，把握正确够用的原则。
>
> 表与表之间常常存在着联系，在确定每张表的结构之后，通常还需要建立表跟表之间的关系，其一般通过外键约束来实现，这部分内容在后面的课程内容中会进行叙述，在此略过。

【任务总结】

本任务主要针对前述内容中对“学生成绩管理系统”逻辑设计的结果，完成表的建立，主要是为表中的字段选择合适的数据类型并设置相关属性。其中有一些基本概念要能够深入理解，如关键字、空值、标识属性等。

任务三　表的创建、修改和删除

【任务目标】

（1）掌握通过 SQL Server 控制台进行表的创建、修改和删除；

（2）掌握利用 T–SQL 命令进行表的创建、修改和删除。

【任务分析】

在完成表的设计之后，就需要在数据库当中建立相应的表，供以后对表中数据进行相关操作，若已创建的表不能满足实际需求，还需要对其进行相应的修改，若表不再使用，还可以将其删除。表的创建、修改和删除可以通过 SQL Server 管理控制台和 T–SQL 命令两种方式进行。

【知识准备】

使用 T–SQL 命令创建、修改和删除表：

（1）使用 create table 命令创建表。

语法格式：

```
create table 表名
(
列名 数据类型[not null][primary key][default 默认值][identity][check 约束条件],
…
)
```

> **说明：** not null 表示不允许为空，primary key 表示设为主键，default 用于设置默认值，identity 用于设置自动增长列，check 用于限制字段的取值范围。

（2）使用 alter table 命令修改表。

语法格式：

```
alter table 表名
alter column 列名[列的相关属性]
|add  列名[列的相关属性]
|drop column 列名
```

说明：alter column 用于修改已有列的相关属性，如可以重新定义数据类型、设置默认值等，add 用于添加新的列，drop column 用于删除已有的列。有关列的属性可以参考前面的内容。

（3）使用 drop table 命令删除表。

语法格式：

```
drop table 表名
```

说明：当删除一个表时，在该表上定义的约束、索引、触发器等均被自动删除，若该表是被外键约束所参照的表，则该表不可删除，必须先删除外键约束或删除参照表。

注：以上只是列出了使用 T-SQL 命令创建、修改和删除表的常用参数，对于命令的详细用法请自行参考其他资料。

【任务实施】

以“学生成绩管理系统”中的学生表 tb_student 为例，介绍表的创建、修改和删除的操作过程。

1. 使用 SQL Server 管理控制台创建、修改和删除表

（1）启动 SQL Server Management Studio，选择数据库 STUDY，在“表”项上单击鼠标右键，出现图 2–5 所示快捷菜单，选择“新建表”命令。

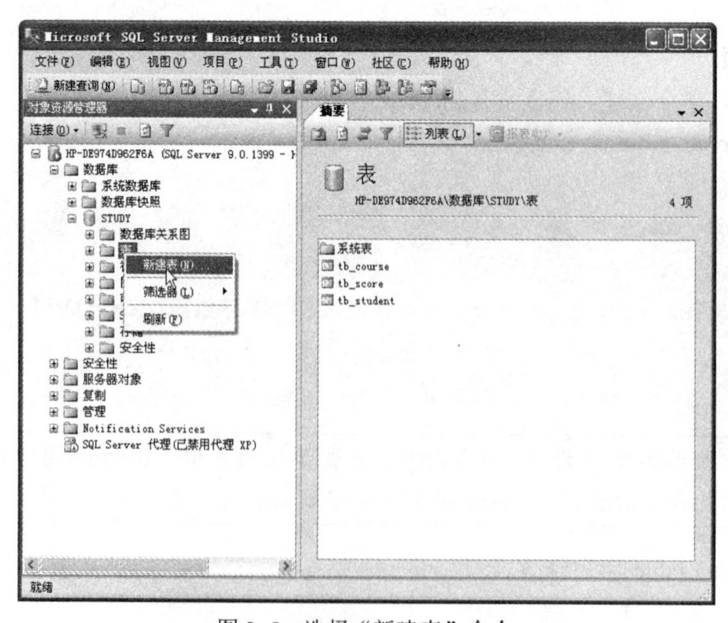

图 2–5　选择“新建表”命令

（2）在所弹出的编辑窗口中分别输入各列的名称，选择数据类型并设置是否允许为空等属性。将“sex”字段的默认值设为 1，将“studentid”字段设置为主键，如图 2–6 所示。

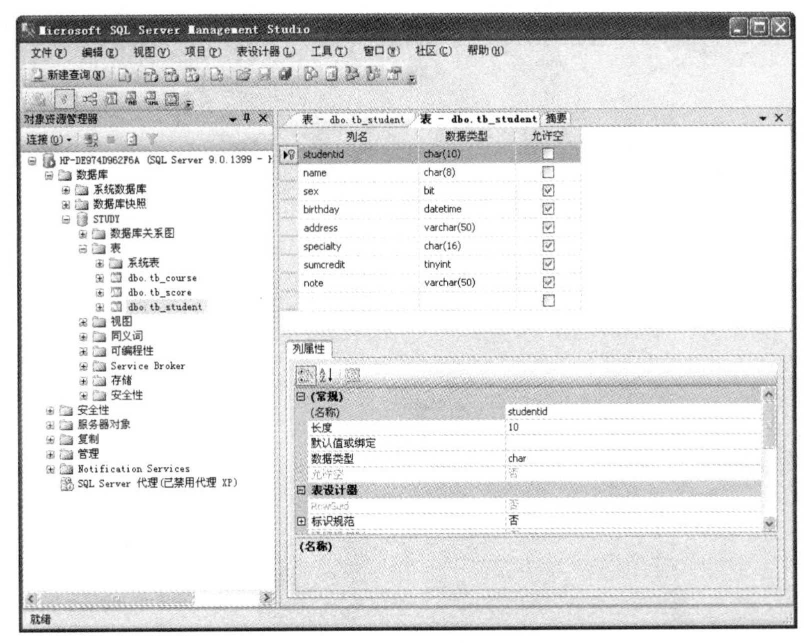

图 2–6　输入列名并设置相关属性

（3）在设置完字段属性之后，单击工具栏上的“保存”按钮，出现图 2–7 所示的“选择名称”对话框，输入表名“tb_student”，单击“确定”按钮，就完成了表的创建。

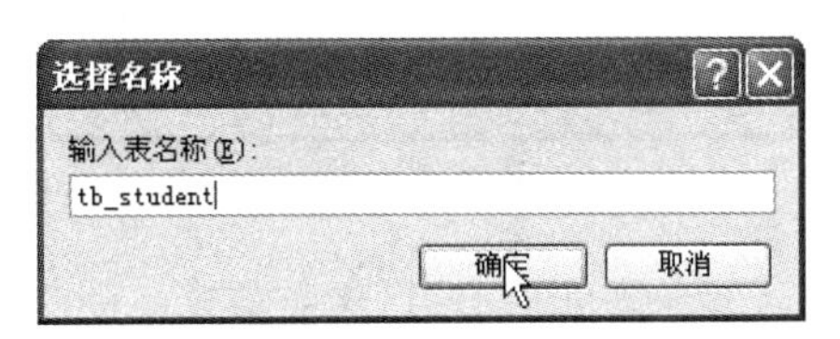

图 2–7　“选择名称”对话框

（4）若要对 tb_student 表进行修改，在已创建的 tb_student 表上单击鼠标右键，将出现图 2–8 所示的快捷菜单，选择“设计”命令，在弹出的编辑窗口中重新编辑各列，然后保存即可。

图 2–8　选择“设计”命令

（5）若要删除 tb_student 表，在 tb_student 表上单击鼠标右键，选择“删除”命令，将会出现图 2–9 所示的“删除对象”窗口，单击“确定”按钮即可删除表。

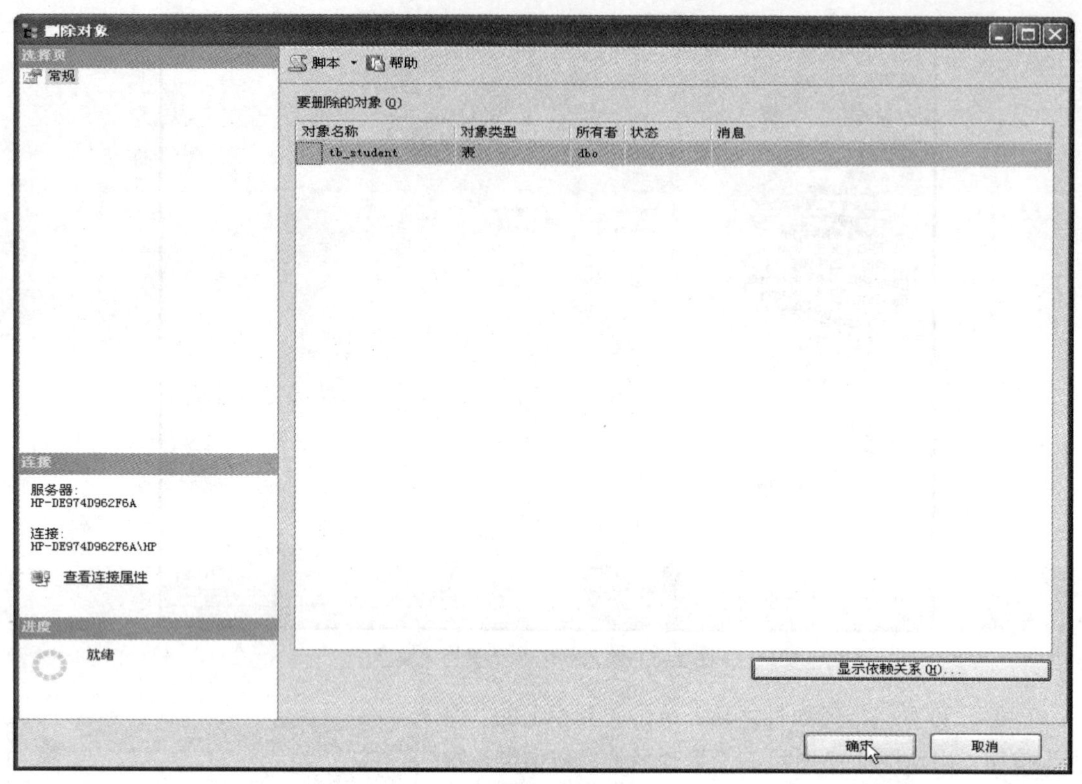

图 2–9 “删除对象”窗口

2. 使用 T–SQL 命令创建、修改和删除表

（1）单击工具箱上的“新建查询”命令按钮，打开查询分析器，输入以下语句，如图 2–10 所示：

```
use STUDY
create table tb_student
(
studentid char(10)not null primary key,
name char(8)not null,
sex bit,
birthday datetime,
address varchar(50),
specialty char(16),
sumcredit tinyint,
note varchar(50),
)
```

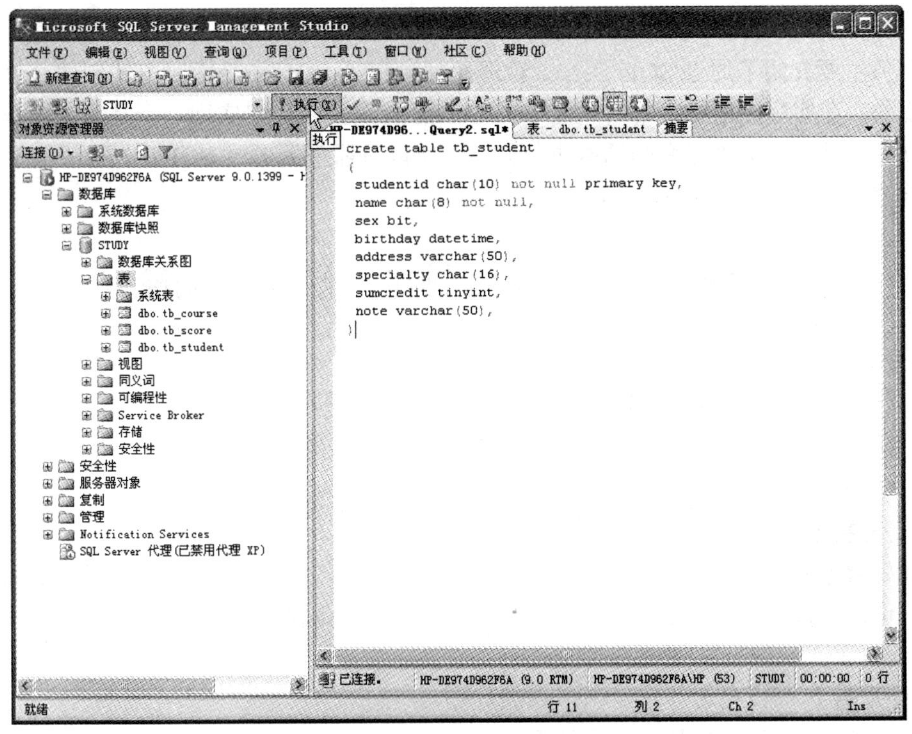

图 2-10　输入创建表命令

（2）单击“执行”命令按钮，完成表的创建。

（3）若要修改 tb_student 表，将字段 birthday 的数据类型由原来的 datetime 改为 smalldatetime。打开查询分析器，输入以下语句，然后单击“执行”命令按钮：

```
use STUDY
alter table tb_student
alter column birthday smalldatetime
```

（4）若要在 tb_student 表中添加一个字段 phone 用于存储学生的电话，可在查询分析器中执行以下 T-SQL 命令：

```
use STUDY
alter table tb_student
add phone char(12)
```

（5）若要删除刚刚添加的 phone 字段，可在查询分析器中执行以下 T-SQL 命令：

```
use STUDY
alter table tb_student
drop column phone
```

（6）若要将整张 tb_student 表删除，可在查询分析器中执行以下 T-SQL 命令：

```
use STUDY
drop table tb_student
```

思考：若要给 tb_student 表的 sex 字段设置默认值，如何通过 T-SQL 命令来实现？

【任务总结】

本任务主要介绍了通过 SQL Server 管理控制台和 T–SQL 命令两种方式创建、修改和删除表的操作。在实际应用中，常常通过 SQL Server 管理控制台来实现，一是因为操作较为简单和直观，二是由于很少对表的结构进行修改。所以只需掌握通过 SQL Server 管理控制台来创建、修改和删除表，至于 T–SQL 命令熟悉即可。

任务四　表记录的创建、修改和删除

【任务目标】

（1）掌握通过 SQL Server 管理控制台操作表中的数据；

（2）掌握通过 T–SQL 命令操作表中的数据。

【任务分析】

创建好数据库和表后，需要对表中的数据进行操作。对表中数据的操作包括插入、修改和删除。可以通过 SQL Server 管理控制台或 T–SQL 命令来操作表中的数据。

【知识准备】

使用 T–SQL 命令操作表中的数据。

（1）使用 insert 语句添加数据。

语法格式：

```
insert[into]表名[(字段列表)]values(字段值列表)
```

说明：into 关键字可省略，若要为每个字段都插入数据，字段列表亦可省略；若为某字段设置默认值并使用该默认值的话，其值使用 default 来指定；若某字段允许为空并使用空值的话，其值使用 NULL 来指定。

注意：（1）插入的字段值必须符合字段的数据类型及相关属性。

（2）具有 identity 属性的字段，不可指定值，其值由系统自动计算得到。

提示：若要一次插入多行数据，可同时执行多条 insert 语句。

（2）使用 update 语句更新数据。

语法格式：

```
update 表名 set 字段名=字段值,…[where 条件]
```

说明：where 子句中的条件用来限定范围，指明只对满足条件的行进行修改，若省略该子句，则对表中所有行进行修改。

（3）使用 delete 语句删除数据。

语法格式：

```
delete[from]表名[where 条件]
```

说明：from 关键字可省略，where 子句中的条件用来限定范围，指定只删除满足条件的数据，若省略该子句，则会删除表中所有数据。

提示：若要删除表中的所有数据，除了可以使用不带 where 子句的 delete 语句外，还可使用语句“truncate table 表名”。二者均可删除表中的所有行，但 truncate table 语句比 delete 语句速度快。对于由外键约束引用的或参与了索引视图的表，则不能使用 truncate table 语句。

注：以上只是列出了使用 T–SQL 命令操作表中数据的常用参数，对于命令的详细用法请自行参考其他资料。

【任务实施】

1. 使用 SQL Server 管理控制台操作表中的数据

（1）用鼠标右键单击左侧树形结构中的 tb_student 表，选择“编辑前 200 行”命令，则会在右侧出现类似 Excel 表格的数据窗口，在此窗口中显示了表中前 200 条数据，如图 2–11 所示。在此窗口中，表中的记录按行显示，每个记录占一行。在此界面中可向表中插入、修改和删除记录。

提示：数据表中可编辑的记录数是可以修改的，默认是前 200 行，可以通过“工具”菜单项下的“选项”→“SQL Server 对象资源管理器”→“命令”进行修改，若要编辑所有行，可以将“编辑前<n>行”命令的值改为 0，当再次在表上选择命令的时候就变为“编辑所有行”。

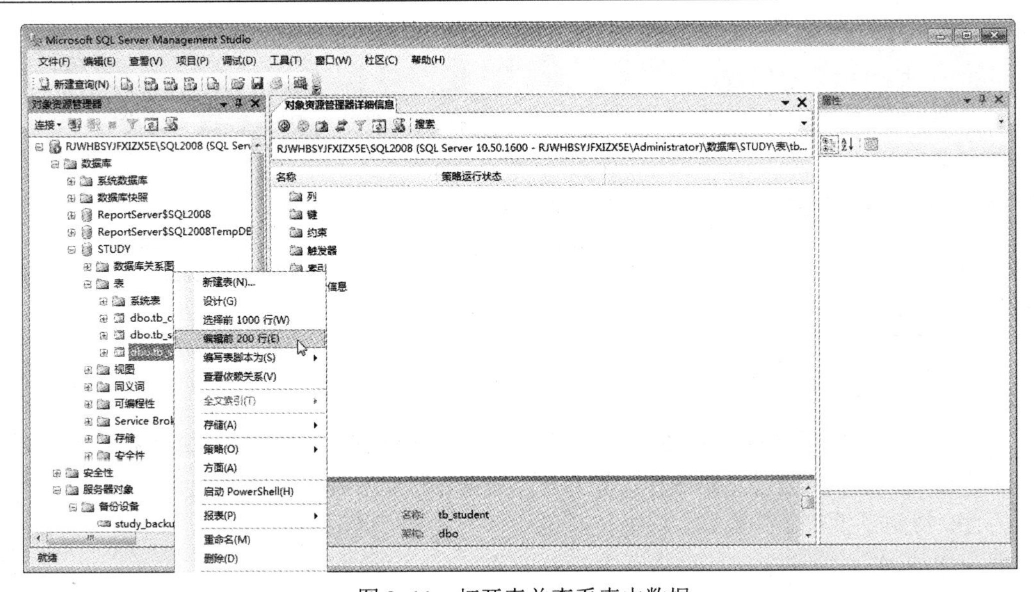

图 2–11　打开表并查看表中数据

（2）若要插入新记录，将光标定位到当前表尾的下一行，然后逐列输入列值。每输完一列的值，按回车键，光标将自动跳到下一列，便可编辑该列。若当前列是表的最后一列，则该列编辑完后按回车键，光标将自动跳到下一行的第一列，此时便可增加下一行。

（3）若要修改记录，将光标定位到被修改的记录字段，然后对该字段值进行修改，修改完后，单击关闭表。

（4）若要删除记录，选中需要被删除的记录行，单击鼠标右键，在弹出的快捷菜单上选择“删除”命令，将会出现“确认删除”对话框，单击“是”按钮将删除所选记录，单击“否”按钮将不删除该记录。

注意：对表中数据进行插入或修改时，字段的值必须符合字段的数据类型及相关属性。若表的某字段不允许为空，则必须为该字段输入值，如 studentid、name 等，若允许空值，则可不输入值，显示为 NULL。

2. 使用 T–SQL 命令操作表中的数据

（1）向 tb_student 表中插入一条学生信息“学号：001206，姓名：周明，性别：男，出生年月：1993–4–5，家庭住址：天泓山庄 10 幢 303，专业：通信工程”。打开查询分析器窗口，输入以下语句，然后单击“执行”命令按钮：

```
use STUDY
insert into tb_student values('001206','周明',1,'1993-4-5','
天泓山庄 10 幢 303','通信工程',null,null)
```

注意：字符数据必须加单引号，且要在英文输入状态下输入。

（2）将学号为“001206”的学生的专业改为“网络工程”，可在查询分析器中执行以下命令：

```
use STUDY
update tb_student set specialty='网络工程'
where studentid='001206'
```

（3）删除学号为“001206”的学生的信息，可在查询分析器中执行以下命令：

```
use STUDY
delete from tb_student  where studentid='001206'
```

思考：若要将所有学生的总学分增加 10，如何实现？是通过界面操作方便还是通过 T–SQL 命令操作方便？

【任务总结】

本任务主要介绍了通过 SQL Server 管理控制台和 T–SQL 命令两种方式来操作表中的数据。批量插入数据一般通过界面操作比较方便，数据的修改和删除一般通过 T–SQL 命令操作比较方便，特别是批量修改数据。程序员通过软件开发工具连接数据库来操作表中数据的话，只能通过 T–SQL 命令来实现。这两种方法各有优劣，要能够灵活运用。

项目总结

本项目主要学习了在 SQL Server 2008 中创建数据库，创建表，修改表和删除表以及对表中的数据进行插入、修改和删除等操作的方法。这部分内容是数据库的基本知识，比较重要。特别要掌握数据表的设计和建立以及对表中数据的基本操作。

小结与习题

本章介绍了如下内容：

（1）数据库的存储结构与数据库文件；

（2）数据库的创建；

（3）数据表的设计；

（4）数据表的创建、修改与删除操作；

（5）表中数据的插入、修改与删除操作。

一、填空题

1. 数据库的存储结构分为______________和______________。

2. SQL Server 2008 中的每个数据库都由多个文件组成，一般包括___________、_____________和______________。

3. 在 SQL Server 2008 中有 4 个系统数据库，分别是_______、________、_______和_________。

4. 利用 T-SQL 语言操作数据库时，使用____________命令创建数据库，使用_____________命令修改数据库，使用______________命令删除数据库。

5. 可以使用___________语句在一个已有的表中增加一个新的字段。

二、选择题

1. 下列不属于 SQL Server 2008 的文件是___________。

A. .mdf　　B. .ndf　　C. .ldf　　D. .mdb

2. 删除已创建的数据表 table1 使用的 SQL 语句为___________。

A. drop table table1　　B. drop table1

C. delete table table1　　D. delete table1

3. 下列说法中错误的是_________。

A. 一个数据库只能有一个主数据文件。

B. 一个数据库至少有一个辅助数据库文件。

C. 一个数据库至少有一个事务日志文件。

D. 一个数据库可以有多个辅助库数据文件和多个事务日志文件。

4. 下列说法中错误的是_________。

A. 一个表只能有一个主键。

B. 一个表中最多只能有一列可以设置为自动增长列。

C. 空值表示值为 0 或者为空字符。

D. 自动增长列的列值不可以修改。

三、简答题

1. 在 SQL Server 2008 中，主数据库文件的作用是什么？
2. 简述在表的设计过程当中主要完成的任务。

第三章

数据表查询

项目四　查询表中的数据

项目需求

在前面的任务当中，已经完成了表的创建，并在表中存储了相关数据。数据库最大的作用除了对数据进行存储和管理之外，用得最为频繁的就是对数据表中的数据进行查询。数据表中常常会有成千上万，甚至上百万条数据，如何从数据表中查看需要的数据就显得尤为重要，另外人们还经常需要对一些数据进行有关的分类和汇总操作。本项目中主要针对“学生成绩管理系统”中使用到的数据库 STUDY，对该数据库中用到的 3 张表（学生表 tb_student、课程表 tb_course 和成绩表 tb_score）进行相关数据查询和分类汇总操作。

完成项目的条件

（1）掌握 SQL Server 查询分析器的使用；
（2）理解并掌握 SQL 查询语句的基本语法；
（3）能够正确书写条件查询中的查询条件；
（4）能够理解表之间的关系并对多表进行连接查询；
（5）能够对表中的数据进行简单的分类汇总。

方案设计

根据数据查询的具体要求进行分析，在查询分析器中利用 SQL 命令语句对相关的表进行查询操作，并查看具体的结果，分析结果的正确性，若有误再进行相关的调整和修改。

相关知识和技能

一、关系运算

SQL Server 2008 是一个关系数据库管理系统。关系数据库建立在关系模型的基础之上，具有严格的数学理论基础。关系数据库对数据的操作除了集合代数的并、差等运算之外，更定义了一组专门的关系运算：连接、选择和投影。关系运算的特点是运算的对象和结果都是表。对表中数据进行查询实际上就是对表进行相关的关系运算，如 select 语句的条件查询就是选择运算，选择特定的列就是投影运算，多表连接查询就是连接运算。

1. 选择（selection）

选择是单目运算，其运算对象是一个表。该运算按给定的条件，从表中选出满足条件的行，形成一个新表作为运算结果。

选择运算的记号为 $\sigma_F(R)$。

其中，σ 是选择运算符，下标 F 是一个条件表达式，R 是被操作的表。

例如：若要从 T 表（表 3–1）中找出 T1＜20 的行形成一个新表，则运算式为：

$\sigma_F(T)$

表 3–1　T 表

T1	T2	T3	T4	T5
1	A1	3	3	M
2	B1	2	0	N
3	A2	12	12	O
5	D	10	24	P
20	F	1	4	Q
100	A3	2	8	N

上式中 F 为 T1＜20，该选择运算的结果见表 3–2。

表 3–2　$\sigma_F(T)$

T1	T2	T3	T4	T5
1	A1	3	3	M
2	B1	2	0	N
3	A2	12	12	O
5	D	10	24	P

2. 投影（projection）

投影也是单目运算，该运算从表中选出指定的属性值组成一个新表，记为 Π_A（R）。

其中，A 是属性名（即列名）表，R 是表名。

例如，在 T 表中对 T1、T2 和 T5 投影，运算式为：

```
ΠT1,T2,T5(T)
```

该运算得到表 3–3 所示的新表。

表 3–3　$\Pi_{T1,\ T2,\ T5}(T)$

T1	T2	T5	T1	T2	T5
1	A1	M	3	A2	O
2	B1	N	5	D	P

3. 连接（join）

连接是把两个表中的行按照给定的条件进行拼接而形成新表，记为 $R \underset{F}{\bowtie} S$。

其中，R、S 是被操作的表，F 是条件。

例如，若表 A 和 B 分别如表 3–4 和表 3–5 所示，则 $R \underset{F}{\bowtie} S$ 如表 3–6 所示，其中 F 为 T1=T3。

表 3–4　A 表

T1	T2	T1	T2	T1	T2
1	A	6	F	2	B

表 3–5　B 表

T3	T4	T5	T3	T4	T5
1	3	M	2	0	N

表 3–6　$A \underset{F}{\bowtie} B$

T1	T2	T3	T4	T5
1	A	1	3	M
2	B	2	0	N

两个表连接最常用的条件是两个表的某些列值相等，这样的连接称为等值连接，上面的例子就是等值连接。

数据库应用中最常用的是“自然连接”。进行自然连接运算要求两个表有共同属性（列），自然连接运算的结果表是在参与操作的两个表的共同属性上进行等值连接后再去除重复的属性后所得的新表。自然连接运算记为 $R \bowtie S$，其中 R 和 S 是参与运算的两个表。

例如，若表 A 和 B 分别如表 3–7 和表 3–8 所示，则 $A \bowtie B$ 如表 3–9 所示。

表 3–7　A 表

T1	T2	T3	T1	T2	T3	T1	T2	T3
10	A1	B1	5	A1	C2	20	D2	C2

表 3–8　B 表

T1	T4	T5	T6	T1	T4	T5	T6
1	100	A1	D1	20	0	A2	D1
100	2	B2	C1	5	10	A2	C2

表 3–9　$A \bowtie B$

T1	T2	T3	T4	T5	T6
5	A1	C2	10	A2	C2
20	D2	C2	0	A2	D1

二、在查询分析器中使用 SQL 命令执行数据查询

若要使用 SQL 命令对数据进行查询操作，需要使用查询分析器。

（1）打开 SQL Server 2008 管理控制台，单击工具栏上的“新建查询”按钮，打开查询分析器，如图 3–1 所示。

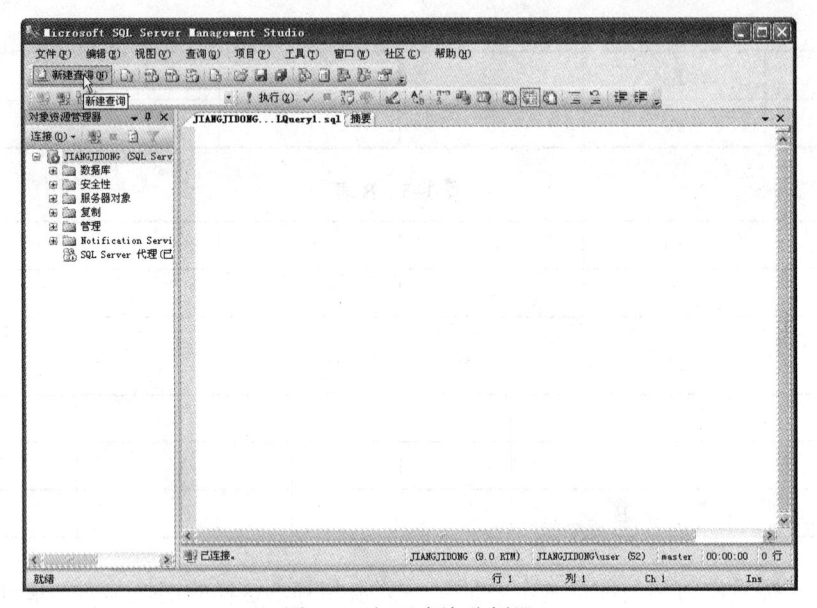

图 3–1　打开查询分析器

（2）选择要操作的表所在的数据库，如图 3–2 所示，本书中使用“学生成绩管理系统”中的 STUDY 数据库。

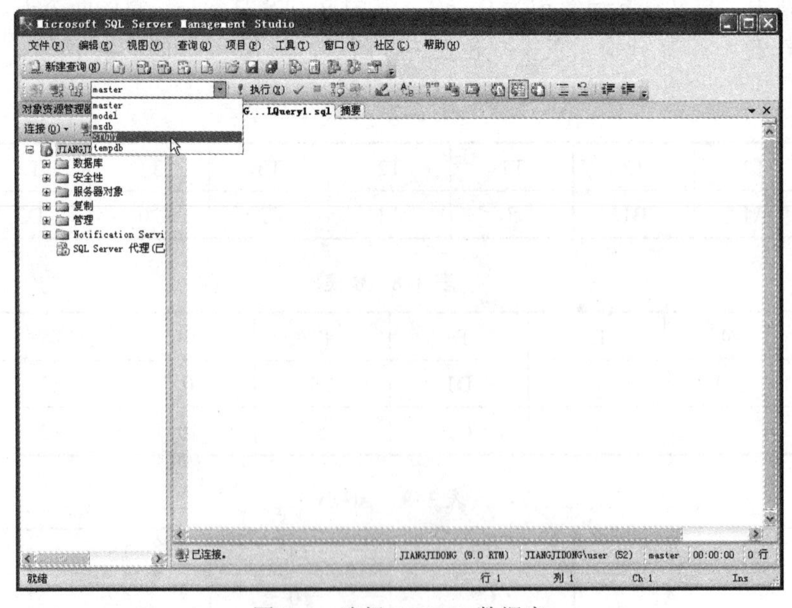

图 3–2　选择 STUDY 数据库

（3）在查询分析器中输入 SQL 查询语句，单击工具栏上的“执行”按钮或按 F5 快捷键，在结果栏中显示查询结果，如图 3–3 所示。

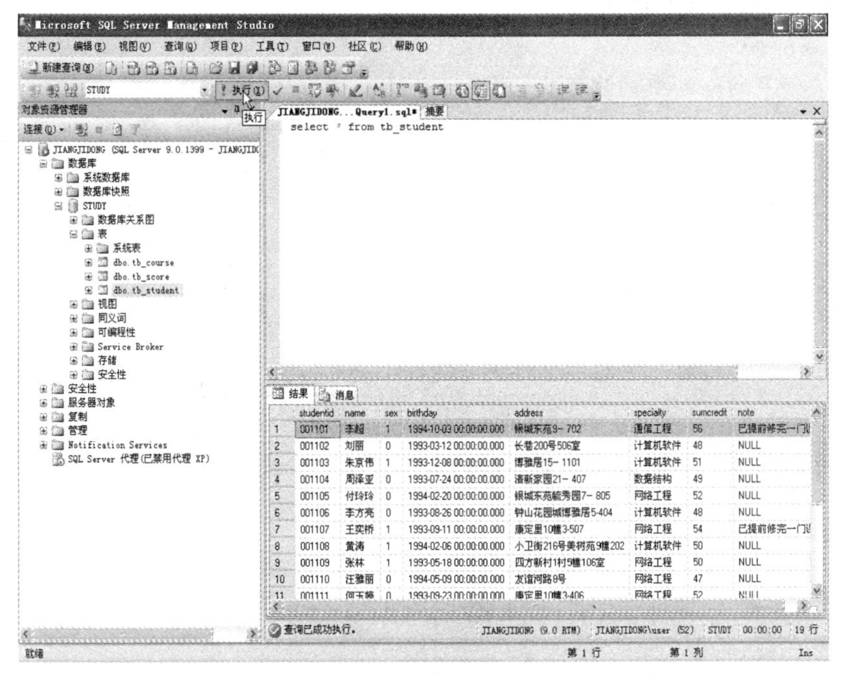

图 3–3　执行查询命令

任务一　对数据表的简单查询

【任务目标】

（1）掌握数据查询的基本 SQL 语句；

（2）能够根据查询条件对表进行简单的查询操作。

【任务分析】

学生表中存储了所有学生的详细信息，里面的数据可能有成千上万条，但人们常常只会查看所关心或者有用的数据。如要查看学生的部分信息，可以使用 select 语句选择特定的列；如要查看前几名学生的信息，可以使用 top 关键字；如要查看学生的专业信息，可以使用 distinct 关键字去除重复的行；如要根据特定的条件去查询数据，可以使用 select 语句中的 where 子句限定查询条件等。总之，可以根据具体的查询要求，灵活运用 select 语句去执行查询操作。

【知识准备】

1. 选择特定列

语法格式：

```
select 列名1,列名2,...|* from 表名
```

说明：可以指定特定的列进行查询，若要查询所有列，用"*"代替。

2. 限制结果集中返回行数

语法格式：

```
select top n[percent]列名1,...from 表名
```

说明：top n 表示返回表中的前 n 行数据，percent 代表百分比。

3. 以特定列标题显示查询结果

语法格式：

```
select 列名1 as标题1,列名2 as 标题2,...from 表名
```

说明：使用"as 标题名"对列名进行重命名。

注意：使用 as 关键字只修改用于显示的列名，并不会修改原来数据库中表的列名。

4. 去除结果集中的重复行

语法格式：

```
select distinct 列名1,...from 表名
```

说明：distinct 关键字起到去除重复值的作用。

5. 根据特定条件选择结果集

语法格式：

```
select 列名1,...from 表名 where 条件表达式
```

说明：where 子句是对查询条件进行限制，只有满足条件的记录才会显示，其中的条件表达式可以使用比较运算符、范围运算符和模式匹配符号，若是多条件还需要使用逻辑运算符。

1）比较运算符

比较运算符用于比较两个表达式的值，返回 True 或者 False。常用比较运算符见表 3–10。

表 3–10 常用比较运算符

比较运算符	含　义
=	等于
>	大于
<	小于
>=	大于等于
<=	小于等于
<>,! =	不等于

2）范围运算符

当查询的条件是某个值的范围的时候，可以使用范围运算符。用于范围比较的关键字有两个：between 和 in。范围运算符的常见用法见表 3–11。

表 3–11　范围运算符的常见用法

范围运算符	说　明	举　例
between…and	在范围之间	在 10～20 之间
		between 10 and 20
not between…and	不在范围之间	不在 10～20 之间
		not between 10 and 20
in（列表）	在列表范围内	是通信工程或者网络工程
		in（'通信工程'，'网络工程'）
not in（列表）	不在列表范围内	不是通信工程和网络工程
		not in（'通信工程'，'网络工程'）

3）模式匹配

当查询的条件不够明确时，要使用模糊查询功能，SQL 语句使用 like 关键字来对带通配符的字符串进行模式匹配从而实现模糊查询。常见的通配符及其作用见表 3–12。

表 3–12　常见的通配符及其作用

通配符	说　明	举　例
%	包含零个或更多字符的任意字符串	以字母 A 开头的字符串：A%
_	任何单个字符	第二个字母为 A 的字符串：_A%
[ ]	指定范围或集合中的任意单个字符	包含字母 A 到 G 之间的任意字符：[A–G] 或 [ABCDEFG]
[^]	不属于指定范围或集合的任何单个字符	不包含字母 A 到 G 之间的任意字符：[^A–G] 或 [^ABCDEFG]

4）逻辑运算符

当查询的条件为复合条件时，就需要使用逻辑运算符，常用的逻辑运算符有 3 个：逻辑与 and、逻辑或 or 和逻辑非 not，它们的优先级由高到低的顺序为：not，and，or，详见表 3–13。

表 3–13　逻辑运算符及其用法

逻辑运算符	说　明	举　例	优先级
not	对条件进行取反操作，即当条件不成立时返回真	not 年龄>30：表示条件为年龄不大于 30，即小于等于 30	由高到低
and	两个或两个以上条件同时成立	性别='男'and 年龄>20：表示条件为性别为男且年龄大于 20	
or	两个或两个以上条件满足其中之一	性别='男'or 年龄>20：表示条件为性别为男或者年龄大于 20	

5）空值判断

当需要判定一个表达式的值是否为空时，需要使用 is NULL 或者 is not NULL 进行空值判断，NULL 代表空值。

【任务实施】

（1）查询所有学生信息。

分析：使用“*”代表所有列。查询命令如下，查询结果如图 3–4 所示：

```
select*from tb_student
```

（2）查询表中所有学生的学号和姓名信息。

分析：使用字段名显示相应字段信息。查询命令如下，查询结果如图 3–5 所示：

```
select studentid,name from tb_student
```

结果 消息

	studentid	name	sex	birthday	address	specialty	sumcredit	note
1	001101	李超	1	1994-10-03 0...	银城东苑9- 702	通信工程	56	已提前修完一门课
2	001102	刘丽	0	1993-03-12 0...	长巷200号506室	计算机软件	48	NULL
3	001103	朱京伟	1	1993-12-08 0...	博雅居15- 1101	计算机软件	51	NULL
4	001104	周泽亚	0	1993-07-24 0...	清新家园21- 407	数据结构	49	NULL
5	001105	付玲玲	0	1994-02-20 0...	银城东苑毓秀园7- 805	网络工程	52	NULL
6	001106	李方亮	0	1993-08-26 0...	钟山花园城博雅居5-404	计算机软件	48	NULL
7	001107	王奕桥	1	1993-09-11 0...	康定里10幢3-507	网络工程	54	已提前修完一门课
8	001108	黄涛	1	1994-02-06 0...	小卫街216号美树苑9幢202	计算机软件	50	NULL
9	001109	张林	1	1993-05-18 0...	四方新村1村5幢106室	网络工程	50	NULL
10	001110	汪雅丽	0	1994-05-09 0...	友谊河路8号	网络工程	47	NULL
11	001111	何玉婷	0	1993-09-23 0...	康定里10幢3-406	网络工程	52	NULL
12	001112	王北然	1	1993-04-02 0...	芙蓉园东街1号61幢401	计算机软件	44	NULL

图 3–4　查询结果（一）

结果 消息

	studentid	name
1	001101	李超
2	001102	刘丽
3	001103	朱京伟
4	001104	周泽亚
5	001105	付玲玲
6	001106	李方亮
7	001107	王奕桥
8	001108	黄涛
9	001109	张林
10	001110	汪雅丽
11	001111	何玉婷
12	001112	王北然

图 3–5　查询结果（二）

（3）查询表中前面 5 名学生的信息。

分析：使用 top 关键字。查询命令如下，查询结果如图 3–6 所示：

```
select top 5*from tb_student
```

	studentid	name	sex	birthday	address	specialty	sumcredit	note
1	001101	李超	1	1994-10-03 00:00:00.000	银城东苑9- 702	通信工程	56	已提前修完一门课
2	001102	刘丽	0	1993-03-12 00:00:00.000	长巷200号506室	计算机软件	48	NULL
3	001103	朱京伟	1	1993-12-08 00:00:00.000	博雅居15- 1101	计算机软件	51	NULL
4	001104	周泽亚	0	1993-07-24 00:00:00.000	清新家园21- 407	数据结构	49	NULL
5	001105	付玲玲	0	1994-02-20 00:00:00.000	银城东苑毓秀园7- 805	网络工程	52	NULL

图 3–6　查询结果（三）

（4）查询表中所有学生的学号和姓名，并以“学号”和“姓名”作为列标题替换原来的列标题“studentid”和“name”。

分析：使用 as 关键字修改用于显示的列名。查询命令如下，查询结果如图 3–7 所示：

```
select studentid as '学号',name as '姓名' from tb_student
```

（5）查询表中学生的专业信息，专业不可重复显示。

分析：使用 distinct 关键字去除重复行。查询命令如下，查询结果如图 3–8 所示：

```
select distinct specialty from tb_student
```

（6）查询表中所有男生的信息。

分析：使用 where 子句进行条件查询。查询命令如下，查询结果如图 3–9 所示：

	学号	姓名
1	001101	李超
2	001102	刘丽
3	001103	朱京伟
4	001104	周泽亚
5	001105	付玲玲
6	001106	李方亮
7	001107	王奕桥
8	001108	黄涛
9	001109	张林
10	001110	汪雅丽
11	001111	何玉婷
12	001112	王北然

图 3–7　查询结果（四）

	specialty
1	计算机软件
2	数据结构
3	通信工程
4	网络工程

图 3–8　查询结果（五）

```
select*from tb_student where sex=1
```

	studentid	name	sex	birthday	address	specialty	sumcredit	note
1	001101	李超	1	1994-10-03...	银城东苑9－702	通信工程	56	已提前修完一门课
2	001103	朱京伟	1	1993-12-08...	博雅居15－1101	计算机软件	51	NULL
3	001107	王奕桥	1	1993-09-11...	康定里10幢3-507	网络工程	54	已提前修完一门课
4	001108	黄涛	1	1994-02-06...	小卫街216号美树苑9幢202	计算机软件	50	NULL
5	001109	张林	1	1993-05-18...	四方新村1村5幢106室	网络工程	50	NULL
6	001112	王北然	1	1993-04-02...	苜蓿园东街1号61幢401	计算机软件	44	NULL
7	001113	尹昭东	1	1993-09-27...	紫金城小区22幢104	计算机软件	48	NULL
8	001201	王飞	1	1993-12-19...	中山门半山花园11-301	通信工程	38	有一门功课不及格，待补考
9	001202	徐涛	1	1994-03-16...	理工大学4-403	通信工程	53	已提前修完一门课
10	001203	徐文	1	1993-11-13...	江南明珠9-901	数据结构	55	提前修完《数据结构》
11	001205	张翼	1	1993-06-19	万达新村2-701	通信工程	50	NULL

图 3–9　查询结果（六）

（7）查询总学分小于 50 的学生的信息。

分析：使用比较运算符。查询命令如下，查询结果如图 3–10 所示：

```
select*from tb_student where sumcredit<50
```

	studentid	name	sex	birthday	address	specialty	sumcredit	note
1	001102	刘丽	0	1993-03-12 00:00:00.000	长巷200号506室	计算机软件	48	NULL
2	001104	周泽亚	0	1993-07-24 00:00:00.000	清新家园21－407	数据结构	49	NULL
3	001106	李方亮	0	1993-08-26 00:00:00.000	钟山花园城博雅居5-404	计算机软件	48	NULL
4	001110	汪雅丽	0	1994-05-09 00:00:00.000	友谊河路8号	网络工程	47	NULL
5	001112	王北然	1	1993-04-02 00:00:00.000	苜蓿园东街1号61幢401	计算机软件	44	NULL
6	001113	尹昭东	1	1993-09-27 00:00:00.000	紫金城小区22幢104	计算机软件	48	NULL
7	001114	杨洁	0	1993-02-17 00:00:00.000	银城东苑85幢402室	计算机软件	47	NULL
8	001201	王飞	1	1993-12-19 00:00:00.000	中山门半山花园11-301	通信工程	38	有一门功课不及格，

图 3–10　查询结果（七）

（8）查询总学分在 50 和 60 之间的学生的信息。

分析：使用范围运算符或者逻辑运算符。查询命令如下，查询结果如图 3–11 所示：

	studentid	name	sex	birthday	address	specialty	sumcredit	note
1	001101	李超	1	1994-10-03 ...	银城东苑9－702	通信工程	56	已提前修完一门课
2	001103	朱京伟	1	1993-12-08 ...	博雅居15－1101	计算机软件	51	NULL
3	001105	付玲玲	0	1994-02-20 ...	银城东苑毓秀园7－805	网络工程	52	NULL
4	001107	王奕桥	1	1993-09-11 ...	康定里10幢3-507	网络工程	54	已提前修完一门课
5	001108	黄涛	1	1994-02-06 ...	小卫街216号美树苑9幢202	计算机软件	50	NULL
6	001109	张林	1	1993-05-18 ...	四方新村1村5幢106室	网络工程	50	NULL
7	001111	何玉婷	0	1993-09-23 ...	康定里10幢3-400	网络工程	52	NULL
8	001202	徐涛	1	1994-03-16 ...	理工大学4-403	通信工程	53	已提前修完一门课
9	001203	徐文	1	1993-11-13 ...	江南明珠9-901	数据结构	55	提前修完《数据结构》
10	001204	周慧	0	1993-04-21 ...	城开家园8-304	数据结构	52	NULL
11	001205	张翼	1	1993-06-19 ...	万达新村2-701	通信工程	50	NULL

图 3–11　查询结果（八）

① 使用范围运算符：

```
select*from tb_student where sumcredit between 50 and 60
```

② 使用逻辑运算符：

```
select*from tb_student where sumcredit>=50 and sumcredit<=60
```

（9）查询备注信息不为空的学生的信息。

分析：使用空值判断。查询命令如下，查询结果如图 3–12 所示：

```
select*from tb_student where note is not null
```

	studentid	name	sex	birthday	address	specialty	sumcredit	note
1	001101	李超	1	1994-10-03 ...	银城东苑9– 702	通信工程	56	已提前修完一门课
2	001107	王奕桥	1	1993-09-11 ...	康定里10幢3-507	网络工程	54	已提前修完一门课
3	001201	王飞	1	1993-12-19 ...	中山门半山花园11-301	通信工程	38	有一门功课不及格，待补考
4	001202	徐涛	1	1994-03-16 ...	理工大学4-403	通信工程	53	已提前修完一门课
5	001203	徐文	1	1993-11-13 ...	江南明珠9-901	数据结构	55	提前修完《数据结构》

图 3–12　查询结果（九）

（10）查询所有姓李的学生的信息。

分析：使用 like 关键字模式匹配进行模糊查询。查询命令如下，查询结果如图 3–13 所示：

```
select*from tb_student where name like '李%'
```

	studentid	name	sex	birthday	address	specialty	sumcredit	note
1	001101	李超	1	1994-10-03 00:00:00.000	银城东苑9– 702	通信工程	56	已提前修完一门课
2	001106	李方亮	0	1993-08-26 00:00:00.000	钟山花园城博雅居5-404	计算机软件	48	NULL

图 3–13　查询结果（十）

（11）查询计算机软件专业的所有男生的信息。

分析：使用逻辑运算符进行多条件查询。查询命令如下，查询结果如图 3–14 所示：

```
select*from tb_student where sex=1 and specialty='计算机软件'
```

	studentid	name	sex	birthday	address	specialty	sumcredit	note
1	001103	朱京伟	1	1993-12-08...	博雅居15– 1101	计算机软件	51	NULL
2	001108	黄涛	1	1994-02-06...	小卫街216号美树苑9幢202	计算机软件	50	NULL
3	001112	王北然	1	1993-04-02...	苜蓿园东街1号61幢401	计算机软件	44	NULL
4	001113	尹昭东	1	1993-09-27...	紫金城小区22幢104	计算机软件	48	NULL

图 3–14　查询结果（十一）

（12）查询计算机软件专业和网络工程专业的学生的信息。

分析：使用范围运算符或者逻辑运算符。查询命令如下，查询结果如图 3–15 所示：

	studentid	name	sex	birthday	address	specialty	sumcredit	note
1	001102	刘丽	0	1993-03-12 00:00:00.000	长巷200号506室	计算机软件	48	NULL
2	001103	朱京伟	1	1993-12-08 00:00:00.000	博雅居15– 1101	计算机软件	51	NULL
3	001105	付玲玲	0	1994-02-20 00:00:00.000	银城东苑毓秀园7– 805	网络工程	52	NULL
4	001106	李方亮	0	1993-08-26 00:00:00.000	钟山花园城博雅居5-404	计算机软件	48	NULL
5	001107	王奕桥	1	1993-09-11 00:00:00.000	康定里10幢3-507	网络工程	54	已提前修完一门课
6	001108	黄涛	1	1994-02-06 00:00:00.000	小卫街216号美树苑9幢202	计算机软件	50	NULL
7	001109	张林	1	1993-05-18 00:00:00.000	四方新村1村5幢106室	网络工程	50	NULL
8	001110	汪雅丽	0	1994-05-09 00:00:00.000	友谊河路8号	网络工程	47	NULL
9	001111	何玉婷	0	1993-09-23 00:00:00.000	康定里10幢3-406	网络工程	52	NULL
10	001112	王北然	1	1993-04-02 00:00:00.000	苜蓿园东街1号61幢401	计算机软件	44	NULL
11	001113	尹昭东	1	1993-09-27 00:00:00.000	紫金城小区22幢104	计算机软件	48	NULL
12	001114	杨洁	0	1993-02-17 00:00:00.000	银城东苑85幢402室	计算机软件	47	NULL

图 3–15　查询结果（十二）

① 使用范围运算符：

```
select*from tb_student where specialty in('计算机软件','网络工程')
```

② 使用逻辑运算符：

```
select*from tb_student where specialty='计算机软件' or specialty='
网络工程'
```

（13）查询计算机软件专业的男生和网络工程专业的女生的信息。

分析：使用逻辑运算符进行多条件查询。查询命令如下，查询结果如图 3–16 所示：

```
select*from tb_student where(sex=1 and specialty='计算机软件')or(sex=0 and
specialty='网络工程')
```

	studentid	name	sex	birthday	address	specialty	sumcredit	note
1	001103	朱京伟	1	1993-12-08 00:00:00.000	博雅居15– 1101	计算机软件	51	NULL
2	001105	付玲玲	0	1994-02-20 00:00:00.000	银城东苑毓秀园7– 805	网络工程	52	NULL
3	001108	黄涛	1	1994-02-06 00:00:00.000	小卫街216号美树苑9幢202	计算机软件	50	NULL
4	001110	汪雅丽	0	1994-05-09 00:00:00.000	友谊河路8号	网络工程	47	NULL
5	001111	何玉婷	0	1993-09-23 00:00:00.000	康定里10幢3-406	网络工程	52	NULL
6	001112	王北然	1	1993-04-02 00:00:00.000	苜蓿园东街1号61幢401	计算机软件	44	NULL
7	001113	尹昭东	1	1993-09-27 00:00:00.000	紫金城小区22幢104	计算机软件	48	NULL

图 3–16　查询结果（十三）

【任务总结】

本任务主要学习了如何通过 SQL 命令对数据库中的表进行简单的数据查询操作。这部分内容是数据查询的基础，对于 SQL 查询命令的基本语法格式和通过比较运算符、范围运算符、逻辑运算符等书写查询条件等都要深刻理解和掌握。

任务二　对数据表的复杂查询

【任务目标】

（1）掌握子查询操作；

（2）掌握多表连接查询操作；

（3）能够将查询结果保存至新表。

【任务分析】

在“学生成绩管理系统”所使用的数据库 STUDY 中，一共有 3 张表，分别存储了学生基本信息、课程信息和成绩信息。有时需要同时对多张表进行复杂的条件查询，如查询选修了特定课程的学生的信息，或者需要保存查询结果等。此时就要用到子查询和多表连接查询的相关知识。

【知识准备】

一、子查询

在进行条件查询时，可以使用另一个查询的结果作为条件的一部分，作为查询条件一部分的查询称为子查询。子查询通常与 in、exists 及比较运算符结合使用。

1. in 子查询。

```
条件表达式为:表达式[not]in(子查询)。
```

说明：当表达式与子查询的结果集中的某个值相等时，返回 True，否则返回 False；若使用了 not，则返回的值刚好相反。

2. 比较子查询。

```
条件表达式为:表达式 条件运算符 all|some|any(子查询)
```

说明：all、some、any 用于对比较运算进行限制。all 表示表达式要与子查询结果集中的每个值进行比较。some 或 any 表示表达式只要与子查询结果集中的某个值满足比较关系即可。

3. exists 子查询

```
条件表达式为:[not]exists(子查询)
```

说明：exists 用于测试子查询的结果集是否为空，若不为空，返回 True，否则返回 False。若使用了 not，则返回的值刚好相反。

二、多表连接查询

1. 自然连接

自然连接是将要连接的列用作等值比较的连接，作为连接的列只显示一次。自然连接是去掉重复属性的等值连接。

2. 带选择条件的连接

在进行多表连接查询时，除了指定的连接条件之外，还可以包括其他的选择条件。

3. 自连接

如果所连接的表为同一张表，即表跟表自身相连，那么这种连接称为自连接。

4. 使用 join 关键字进行连接

1）内连接

```
语法格式:select[表名.]列名,...from 表1[inner]join 表2 on 条件
```

说明：如果多张表中有相同的列名的话，列名需要用表名加以限制。inner 关键字可以省略，系统默认为内连接。on 之后的条件可以是等值比较，也可以是不等值比较，若是等值比较，则内连接等同于自然连接。

2）外连接

```
语法格式:select[表名.]列名,...from 表1 left|right|full[outer]join 表2 on 条件
```

说明：outer 关键字可省略。left 表示左外连接，结果集中除了包括满足连接条件的行外，还包括左表所有的行；right 表示右外连接，结果集中除了包括满足连接条件的行外，还包括右表所有的行；full 表示完全外连接，结果集中除了包括满足连接条件的行外，还包括两个表的所有行。

注意： 外连接只能对两个表进行。

3）交叉连接

```
语法格式:select[表名.]列名,...from 表1 cross join 表2
```

说明： 交叉连接实际上是将两个表进行笛卡尔积运算，结果集是由第一表的每行与第二个表的每行拼接后形成的表，因此结果集的行数等于两个表行数的乘积。

注意： 交叉连接不能使用 where 子句进行条件限制。

【任务实施】

（1）查询学号为 001101 的学生的计算机基础课程的成绩，显示学号、课程号和成绩。

分析：课程名称在课程表中，首先需要对课程表进行课程号的查询，将返回的结果值作为对成绩表进行查询的条件。查询命令如下，查询结果如图 3–17 所示：

	studentid	courseid	score
1	001101	101	88

图 3–17　查询结果（十四）

```
select studentid,courseid,score from tb_score
where studentid='001101' and courseid=(select courseid from tb_course where coursename='计算机基础')
```

（2）查询选修了课程号为 102 的课程的学生的信息。

分析：学生信息在学生表中，选修信息在成绩表中，需要对这两张表进行查询。可以使用子查询，或带选择条件的连接，或使用 join 关键字进行内连接。查询命令如下，查询结果如图 3–18 所示：

	studentid	name	sex	birthday	address	specialty	sumcredit	note
1	001101	李超	1	1994-10-03 00:00:00.000	银城东苑9－702	通信工程	56	已提前修完一门课
2	001102	刘丽	0	1993-03-12 00:00:00.000	长巷200号506室	计算机软件	48	NULL
3	001103	朱京伟	1	1993-12-08 00:00:00.000	博雅居15－1101	计算机软件	51	NULL
4	001104	周泽亚	0	1993-07-24 00:00:00.000	清新家园21－407	数据结构	49	NULL
5	001107	王奕桥	1	1993-09-11 00:00:00.000	康定里10幢3-507	网络工程	54	已提前修完一门课
6	001108	黄涛	1	1994-02-06 00:00:00.000	小卫街216号美树苑9幢202	计算机软件	50	NULL
7	001110	汪雅丽	0	1994-05-09 00:00:00.000	友谊河路8号	网络工程	47	NULL
8	001111	何玉婷	0	1993-09-23 00:00:00.000	康定里10幢3-406	网络工程	52	NULL

图 3–18　查询结果（十五）

① 使用子查询：

```
select*from tb_student
where studentid in(select studentid from tb_score where courseid='102')
```

② 使用带选择条件的连接：

```
select tb_student.* from tb_student,tb_score
where tb_student.studentid=tb_score.studentid and courseid='102'
```

③ 使用 join 关键字进行内连接：

```
select*from tb_student
```

```
join tb_score on tb_student.studentid=tb_score.studentid
and courseid='102'
```

小提醒：

子查询和连接查询的区别和联系：

（1）有的查询可以使用子查询，也可以使用连接查询。使用子查询的优点是可以将一个复杂的查询分解为一系列的逻辑步骤，条理比较清晰；而使用连接查询的优点是执行速度比较快。

（2）子查询的结果只能来自一张表，而连接查询的结果可以来自多张表。

（3）查询学号为 001101 的学生所选修的课程的信息，要求显示课程号和课程名称。

分析：课程信息在课程表中，选修信息在成绩表中，需要对这两张表进行查询。可以使用子查询，或带选择条件的连接，或使用 join 关键字进行内连接。查询命令如下，查询结果如图 3–19 所示：

	courseid	coursename
1	101	计算机基础
2	102	程序设计
3	206	离散数学
4	301	计算机网络

图 3–19　查询结果（十六）

① 使用子查询：

```
select courseid,coursename from tb_course
where courseid in(select courseid from tb_score where studentid='001101')
```

② 使用带选择条件的连接：

```
select distinct tb_course.courseid,coursename from tb_course,tb_score where
tb_course.courseid=tb_score.courseid and studentid='001101'
```

③ 使用 join 关键字进行内连接：

```
select distinct tb_course.courseid,coursename from tb_course
join tb_score on tb_course.courseid=tb_score.courseid and studentid='001101'
```

（4）查询比所有网络工程专业的学生年龄都大的学生的信息。

分析：通过出生日期来比较年龄大小，出生日期越小，年龄越大，这里要求比所有学生年龄都大，相当于出生日期比所有学生都小，需要和所有的值进行比较，可以使用比较子查询。查询命令如下，查询结果如图 3–20 所示：

```
select * from tb_student
where birthday<all(select birthday from tb_student where specialty='网络
工程')
```

	studentid	name	sex	birthday	address	specialty	sumcredit	note
1	001102	刘丽	0	1993-03-12 ...	长巷200号506室	计算机软件	48	NULL
2	001112	王北然	1	1993-04-02 ...	苜蓿园东街1号61幢401	计算机软件	44	NULL
3	001114	杨洁	0	1993-02-17 ...	银城东苑85幢402室	计算机软件	47	NULL
4	001204	周慧	0	1993-04-21 ...	城开家园8-304	数据结构	52	NULL

图 3–20　查询结果（十七）

（5）查询比所有网络工程专业的学生年龄都小的其他专业的学生的信息。

分析：同上，通过出生日期来比较年龄，使用比较子查询来和所有值进行比较，这里需

要注意的是查询结果不包括网络工程专业。查询命令如下，查询结果如图 3–21 所示：

```
select * from tb_student
where birthday>all(select birthday from tb_student where specialty='网络工程
')and specialty!='网络工程'
```

结果　消息

	studentid	name	sex	birthday	address	specialty	sumcredit	note
1	001101	李超	1	1994-10-03 00:00:00.000	银城东苑9－702	通信工程	56	已提前修完一门课

图 3–21　查询结果（十八）

（6）查询比学号为 001101 的学生的 101 课程分数高的所有学生的学号和姓名。

分析：查询条件的比较值来自另一个查询，且返回的结果可能会有多个值，可以使用 in 子查询。查询命令如下，查询结果如图 3–22 所示：

	studentid	name
1	001109	张林
2	001202	徐涛
3	001203	徐文

图 3–22　查询结果（十九）

```
select studentid,name from tb_student
where studentid
in(select studentid from tb_score where courseid='101' and score>(select score
from tb_score where studentid='001101' and courseid='101'))
```

（7）查询与学号为 001101 的学生所学专业相同的学生的信息。

分析：查询结果不能包含学号为 001101 的学生，查询条件来自同一张表，可以使用子查询，或者自连接，或者使用 join 关键字进行内连接。查询命令如下，查询结果如图 3–23 所示：

	studentid	name	sex	birthday	address	specialty	sumcredit	note
1	001201	王飞	1	1993-12-19 00:00:00.000	中山门半山花园11-301	通信工程	38	有一门功课不及格，待补考
2	001202	徐涛	1	1994-03-16 00:00:00.000	理工大学4-403	通信工程	53	已提前修完一门课
3	001205	张翼	1	1993-06-19 00:00:00.000	万达新村2-701	通信工程	50	NULL
4	001302	李冰	0	1993-10-18 00:00:00.000	仙林亚东城	通信工程	56	NULL
5	001303	沈悦	0	1993-09-06 00:00:00.000	孝陵卫8号	通信工程	56	NULL

图 3–23　查询结果（二十）

① 使用子查询：

```
select * from tb_student
where specialty=(select specialty from tb_student where studentid='001101')
and studentid<>'001101'
```

② 使用自连接：

```
select t1.* from tb_student t1,tb_student t2
where t1.specialty=t2.specialty and t1.studentid<>'001101' and t2.studentid=
'001101'
```

注意：使用自连接时，由于用于连接的两张表为同一张表，为了区分，需要给表起一个别名。

③ 使用 join 关键字进行内连接：

```
select*from tb_student t1
join tb_student t2 on t1.specialty=t2.specialty
and t1.studentid<>'001101' and t2.studentid='001101'
```

（8）查询选修了两门或两门以上课程的学生的学号和课程号。

分析：选修信息在成绩表中，需要对成绩表进行查询，判断是否选修了超过两门课程，可以对成绩表使用自连接查询，如果学号相同而课程号不相同，则该学号对应的学生必定选修超过了两门课程。查询命令如下，查询结果如图 3–24 所示：

```
select distinct a.studentid,a.courseid
from tb_score as a join tb_score as b on a.studentid=b.studentid
and a.courseid!=b.courseid
```

（9）查询所有学生的成绩信息，要求显示学号、姓名、课程名称和成绩。

分析：所要查询的信息来自 3 张表，学号和姓名在学生表中，课程名称在课程表中，成绩在成绩表中。可以使用自然连接或使用 join 关键字进行内连接。查询命令如下，查询结果如图 3–25 所示。

	studentid	courseid
1	001101	101
2	001101	102
3	001101	206
4	001101	301
5	001102	102
6	001102	206
7	001103	101
8	001103	102
9	001103	206
10	001104	101
11	001104	102
12	001106	101

图 3–24　查询结果（二十一）

	studentid	name	coursename	score
1	001101	李超	计算机基础	82
2	001101	李超	程序设计	78
3	001101	李超	离散数学	80
4	001102	刘丽	程序设计	76
5	001102	刘丽	离散数学	64
6	001103	朱京伟	计算机基础	80
7	001103	朱京伟	程序设计	75
8	001103	朱京伟	离散数学	77
9	001104	周泽亚	计算机基础	68
10	001104	周泽亚	程序设计	60
11	001106	李方亮	计算机基础	82
12	001106	李方亮	离散数学	86

图 3–25　查询结果（二十二）

① 自然连接：

```
select tb_student.studentid,name,coursename,score
from tb_student,tb_course,tb_score
where tb_student.studentid=
tb_score.studentid and tb_course.courseid=tb_ score.courseid
```

② 使用 join 关键字进行内连接：

```
select tb_student.studentid,name,coursename,score from tb_student
join tb_score on tb_student.studentid=tb_score.studentid
join tb_course on tb_course.courseid=tb_score.courseid
```

（10）查询选修了 206 课程且成绩在 80 分以上的学生的姓名和成绩。

分析：要查询的信息在学生表中，比较的条件在成绩表中，需要使用多表连接查询。可以使用带选择条件的自然连接或内连

	name	score
1	李方亮	86
2	王奕桥	86

图 3–26　查询结果（二十三）

接。查询命令如下，查询结果如图 3–26 所示。

① 使用带选择条件的自然连接：

```
select name,score from tb_student,tb_score
where tb_student.studentid=tb_score.studentid
and courseid='206' and score>80
```

② 使用内连接：

```
select name,score from tb_student
join tb_score on tb_student.studentid=tb_score.studentid
and courseid='206' and score>80
```

（11）查询所有学生的信息及其所选修的课程号，若学生未选修任何课，也要包括其信息。

分析：学生信息在学生表中，选修信息在成绩表中，若要显示未选修任何课的学生信息，则结果集中所显示课程号的字段值应为 NULL。可以使用左外连接，学生表充当左表，成绩表充当右表。查询命令如下，查询结果如图 3–27 所示：

```
select tb_student.*,courseid from tb_student
left outer join tb_score on
tb_student.studentid=tb_score.studentid
```

	studentid	name	sex	birthday	address	specialty	sumcredit	note	courseid
1	001101	李超	1	1994-10-03 ...	银城东苑9- 702	通信工程	56	已提前修完一门课	101
2	001101	李超	1	1994-10-03 ...	银城东苑9- 702	通信工程	56	已提前修完一门课	102
3	001101	李超	1	1994-10-03 ...	银城东苑9- 702	通信工程	56	已提前修完一门课	206
4	001102	刘丽	0	1993-03-12 ...	长巷200号506室	计算机软件	48	NULL	102
5	001102	刘丽	0	1993-03-12 ...	长巷200号506室	计算机软件	48	NULL	206
6	001103	朱京伟	1	1993-12-08 ...	博雅居15- 1101	计算机软件	51	NULL	101
7	001103	朱京伟	1	1993-12-08 ...	博雅居15- 1101	计算机软件	51	NULL	102
8	001103	朱京伟	1	1993-12-08 ...	博雅居15- 1101	计算机软件	51	NULL	206
9	001104	周泽亚	0	1993-07-24 ...	清新家园21- ...	数据结构	49	NULL	101
10	001104	周泽亚	0	1993-07-24 ...	清新家园21- ...	数据结构	49	NULL	102
11	001105	付玲玲	0	1994-02-20 ...	银城东苑毓秀...	网络工程	52	NULL	NULL
12	001106	李方亮	0	1993-08-26 ...	钟山花园城博...	计算机软件	48	NULL	101
13	001106	李方亮	0	1993-08-26 ...	钟山花园城博...	计算机软件	48	NULL	206
14	001107	王奕桥	1	1993-09-11 ...	康定里10幢3-5...	网络工程	54	已提前修完一门课	101
15	001107	王奕桥	1	1993-09-11 ...	康定里10幢3-5...	网络工程	54	已提前修完一门课	102
16	001107	王奕桥	1	1993-09-11 ...	康定里10幢3-5...	网络工程	54	已提前修完一门课	206
17	001108	黄涛	1	1994-02-06 ...	小卫街216号...	计算机软件	50	NULL	101
18	001108	黄涛	1	1994-02-06 ...	小卫街216号...	计算机软件	50	NULL	102

图 3–27　查询结果（二十四）

（12）查询被选修的课程的选修情况和所有开设的课程名。

分析：若课程未被选修，则结果集中相应行的学号、课程号和成绩字段值均为 NULL。可以使用右外连接，成绩表充当左表，课程表充当右表。查询命令如下，查询结果如图 3–28 所示：

```
select tb_score.*,coursename from tb_score right
join tb_course on tb_score.courseid=tb_course.courseid
```

（13）查询学生所有可能的选课情况，要求显示学号、姓名、课程号和课程名，并将结果保存至一张新表。

分析：要显示学生所有可能的选课情况，需将学生表和课程表进行笛卡尔积运算，应该使用交叉连接。如要将结果进行保存，则还需使用 into 子句。查询命令如下，查询结果如图 3–29 所示：

```
select studentid,name,courseid,coursename
into tb_stu_course
from tb_student cross join tb_course
```

	id	studentid	courseid	score	coursename
9	21	001111	101	83	计算机基础
10	23	001202	101	91	计算机基础
11	24	001203	101	90	计算机基础
12	25	001204	101	87	计算机基础
13	26	001205	101	88	计算机基础
14	2	001101	102	78	程序设计
15	4	001102	102	76	程序设计
16	7	001103	102	75	程序设计
17	10	001104	102	60	程序设计
18	14	001107	102	76	程序设计
19	17	001108	102	90	程序设计
20	20	001110	102	80	程序设计
21	22	001111	102	85	程序设计
22	3	001101	206	80	离散数学
23	5	001102	206	64	离散数学
24	8	001103	206	77	离散数学
25	12	001106	206	86	离散数学
26	15	001107	206	86	离散数学
27	NULL	NULL	NULL	NULL	数据结构
28	NULL	NULL	NULL	NULL	操作系统
29	NULL	NULL	NULL	NULL	计算机原理
30	NULL	NULL	NULL	NULL	数据库原理
31	NULL	NULL	NULL	NULL	计算机网络
32	NULL	NULL	NULL	NULL	软件工程

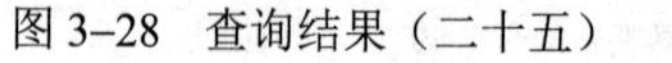

图 3–28　查询结果（二十五）

图 3–29　查询结果（二十六）

说明："171 行受影响"表示查询结果共有 171 行，并将此结果保存至一张新表 tb_stu_course 当中。若要查看结果集，可以直接查询 tb_stu_course 表。

【任务总结】

本任务主要学习了使用 SQL 命令进行高级查询的方法，高级查询主要包括子查询和多表连接查询，在进行高级查询时，查询条件一般比较复杂，需要认真地进行分析，并可以通过查询结果来判断条件书写的正确性。这部分内容难度相对较大，需要深刻理解并多加练习。

任务三　表数据的排序与汇总

【任务目标】

（1）能够对查询结果集进行排序；

（2）掌握常见聚合函数的使用；

（3）能够对表中的数据进行分组统计及分类汇总。

【任务分析】

在对表中数据进行查询时，经常需要对数据进行排序或者分类汇总，如将学生成绩由高到低排序，或者计算某一门课程的平均分等。在 SQL 语句中可以利用 order by 子句进行排序，可以利用 group by 子句和 compute by 子句配合聚合函数的使用来对数据进行分类汇总计算。

【知识准备】

一、数据排序

在对查询结果进行输出时，可以按照特定的顺序进行输出。在 SQL 语句中，使用 order by 子句对查询结果进行排序。语法格式如下：

```
select...from 表名[where 条件]order by 字段名1[asc|desc],...
```

说明：若有 where 子句，order by 子句需写在 where 子句后面。可以根据多个字段进行排序，先按第一个字段排序，再按第二个字段排序，以此类推。asc 表示升序，desc 表示降序，若省略，系统默认为升序 asc。

二、数据分类汇总

聚合函数用于对表中的数据进行计算，常用聚合函数及含义见表 3–14。

表 3–14　常用聚合函数及含义

聚合函数	说　明
count（*| [distinct] 列名）	返回表中指定列的行数，忽略空值。“*”表示所有记录的行数
avg（[distinct] 列名）	返回指定列的平均值，该列只能包含数字数据
max（列名）	返回指定列的最大值，该列只能包含数字数据
min（列名）	返回指定列的最小值，该列只能包含数字数据
sum（[distinct] 列名）	返回指定列的求和值，该列只能包含数字数据

聚合函数的一般语法格式如下：

```
select  聚合函数(参数)as'自定义列名'from  表名[group by 列名]
```

说明：聚合函数经常配合 group by 子句使用，用来对数据进行分类汇总。

（1）group by 子句。

group by 子句用于对数据按字段进行分组。一般语法格式为：

```
select...from 表名[where 条件]group by[all]列名[with cube]
```

说明：select 列必须是 group by 子句中指定的列，或者是和聚合函数一起使用。如果包含 where 子句，则只对满足 where 条件的行进行分组汇总。如果 group by 子句使用关键字 all，则 where 子句将不起作用。with cube 与聚合函数配合使用，用来对各种可能进行分别汇总。

（2）having 子句。

在使用聚合函数和 group by 子句对数据进行分组后，还可以使用 having 子句对分组之后的数据进行进一步的筛选。一般语法格式为：

```
select  聚合函数(列名),...from 表名 group by 列名 having 条件
```

说明：having 子句中的条件类似于 where 子句中的条件，条件中还可以使用聚合函数。having 子句要配合 group by 子句使用，不可单独使用。若要使用 having 子句，则 select 子句中必须含有聚合函数。

（3）compute 子句。

compute 子句用于分类汇总，与 group by 子句不同的是，group by 子句只能显示统计结果，不能显示详细数据，而 compute 子句不仅可以显示统计结果，还可以显示详细数据。compute 子句生成的汇总列显示在结果集的最后。一般语法格式为：

```
compute 聚合函数(列名),...[by 列名,...]
```

说明：compute 子句中所使用到的列必须出现在 select 子句的列表当中。若使用 by 关键字则必须同时使用 order by 子句，且 compute by 后的列名必须与 order by 后的列名顺序一致，也不能跳过其中的列。

【任务实施】

（1）查看所有学生的信息，并按年龄由低到高排序。

分析：若要对查询的结果集进行进行排序，可使用 order by 子句。查询命令如下，查询结果如图 3–30 所示：

```
select * from tb_student order by birthday desc
```

	studentid	name	sex	birthday	address	specialty	sumcredit	note
1	001101	李超	1	1994-10-03 00:00:00.000	银城东苑9– 702	通信工程	56	已提前修完一门课
2	001110	汪雅丽	0	1994-05-09 00:00:00.000	友谊河路8号	网络工程	47	NULL
3	001202	徐涛	1	1994-03-16 00:00:00.000	理工大学4-403	通信工程	53	已提前修完一门课
4	001105	付玲玲	0	1994-02-20 00:00:00.000	银城东苑毓秀园7– 805	网络工程	52	NULL
5	001108	黄涛	1	1994-02-06 00:00:00.000	小卫街216号美树苑9幢202	计算机软件	50	NULL
6	001201	王飞	1	1993-12-19 00:00:00.000	中山门半山花园11-301	通信工程	38	有一门功课不及格，待补
7	001103	朱京伟	1	1993-12-08 00:00:00.000	博雅居15– 1101	计算机软件	51	NULL
8	001203	徐文	1	1993-11-13 00:00:00.000	江南明珠9-901	数据结构	55	提前修完《数据结构》
9	001113	尹昭东	1	1993-09-27 00:00:00.000	紫金城小区22幢104	计算机软件	48	NULL
10	001111	何玉婷	0	1993-09-23 00:00:00.000	康定里10幢3-406	网络工程	52	NULL
11	001107	王奕桥	1	1993-09-11 00:00:00.000	康定里10幢3-507	网络工程	54	已提前修完一门课
12	001106	李方亮	0	1993-08-26 00:00:00.000	钟山花园城博雅居5-404	计算机软件	48	NULL

图 3–30　查询结果（二十七）

（2）计算学生的总人数。

分析：对学生人数进行计数统计，可以使用聚合函数 count。查询命令如下，查询结果如图 3–31 所示：

```
select count(*)as '学生总人数' from tb_student
```

	学生总人数
1	19

图 3–31　查询结果（二十八）

（3）计算 101 课程的最高分、最低分和平均分。

分析：计算最高分、最低分和平均分可以分别使用聚合函数

max、min 和 avg。查询命令如下，查询结果如图 3–32 所示：

```
    select max(score)as 最高分,min(score)as 最低分,avg(score)as 平均分 from tb_
score where courseid='101'
```

（4）统计 101 课程成绩在 85 分以上的学生人数。

分析：统计学生人数可以使用聚合函数 count，条件限制使用 where 子句。查询命令如下，查询结果如图 3–33 所示：

```
    select count(*)as '学生人数' from tb_score
    where courseid='101' and score>85
```

	最高分	最低分	平均分
1	91	66	83

图 3–32　查询结果（二十九）

	学生人数
1	6

图 3–33　查询结果（三十）

（5）查询选修了 101 课程，其成绩高于该课程平均分的学生的学号和该课程成绩。

分析：首先要计算平均成绩，可以使用聚合函数 avg，将平均成绩作为返回值进行条件比较。查询命令如下，查询结果如图 3–34 所示：

```
    select studentid,score from tb_score
    where courseid='101' and score>(select avg(score) from tb_score where courseid=
'101')
```

（6）统计学生中男生和女生的人数。

分析：要分别统计男生和女生的人数，需要根据性别来进行分组统计，可以使用 group by 子句，统计人数可以使用聚合函数 count。查询命令如下，查询结果如图 3–35 所示：

```
    select sex as '性别',count(*)as '学生人数' from tb_student group by sex
```

	studentid	score
1	001101	88
2	001108	88
3	001109	89
4	001202	91
5	001203	90
6	001204	87
7	001205	88

图 3–34　查询结果（三十一）

	性别	学生人数
1	0	8
2	1	11

图 3–35　查询结果（三十二）

（7）统计被选修各门课程的平均成绩和选修该课程的人数。

分析：要分别统计各门课程，需要根据课程来进行分组，可以使用 group by 子句，统计人数可以使用聚合函数 count。查询命令如下，查询结果如图 3–36 所示：

```
    select courseid as '课程号',avg(score)as 平均成绩,count(studentid)as '选修人数
' from tb_score group by courseid
```

（8）查找平均成绩在 85 分以上的学生的学号和平均成绩。

分析：计算平均成绩可以使用聚合函数 avg，对查询结果进行条件过滤可以使用 having 子句。查询命令如下，查询结果如图 3–37 所示：

	课程号	平均成绩	选修人数
1	101	82	13
2	102	77	8
3	206	78	5

图 3–36　查询结果（三十三）

	学号	平均成绩
1	001108	89
2	001109	89
3	001202	91
4	001203	90
5	001204	87
6	001205	88

图 3–37　查询结果（三十四）

```
select studentid as '学号',avg(score)as '平均成绩'
from tb_scoregroup by studentid having avg(score)>=85
```

（9）将学生按专业排序，并汇总个专业人数和平均学分。

分析：排序可以使用 order by 子句，这里除了显示详细数据信息，还需对数据进行汇总统计，可以使用 compute 子句。查询命令如下，查询结果如图 3–38 所示：

```
select * from tb_student order by specialty
compute count(studentid),avg(sumcredit)by specialty
```

	studentid	name	sex	birthday	address	specialty	sumcredit	note
1	001102	刘丽	0	1993-03-12 ...	长巷200号506室	计算机软件	48	NULL
2	001103	朱京伟	1	1993-12-08 ...	博雅居15－1101	计算机软件	51	NULL
3	001108	黄涛	1	1994-02-06 ...	小卫街216号美树苑9幢202	计算机软件	50	NULL
4	001112	王北然	1	1993-04-02 ...	苜蓿园东街1号61幢401	计算机软件	44	NULL
5	001113	尹昭东	1	1993-09-27 ...	紫金城小区22幢104	计算机软件	48	NULL
6	001114	杨洁	0	1993-02-17 ...	银城东苑85幢402室	计算机软件	47	NULL
7	001106	李方亮	0	1993-08-26 ...	钟山花园城博雅居5-404	计算机软件	48	NULL

	cnt	avg
1	7	48

	studentid	name	sex	birthday	address	specialty	sumcredit	note
1	001203	徐文	1	1993-11-13 ...	江南明珠9-901	数据结构	55	提前修完《数据结构》
2	001204	周慧	0	1993-04-21 ...	城开家园8-304	数据结构	52	NULL
3	001104	周...	0	1993-07-24 ...	清新家园21...	数据结构	49	NULL

	cnt	avg
1	3	52

	studentid	name	sex	birthday	address	specialty	sumcredit	note
1	001205	张翼	1	1993-06-19 ...	万达新村2-701	通信工程	50	NULL
2	001201	王飞	1	1993-12-19 ...	中山门半山花园11-301	通信工程	38	有一门功课不及
3	001202	徐涛	1	1994-03-16 ...	理工大学4-403	通信工程	53	已提前修完一门
4	001101	李超	1	1994-10-03 ...	银城东苑9－702	通信工程	56	已提前修完一门

	cnt	avg
1	4	49

图 3–38　查询结果（三十五）

【任务总结】

本任务主要学习了有关数据排序和分类汇总统计的知识，排序比较简单，很容易掌握，分类汇总统计中主要用到了聚合函数，要能够掌握常用聚合函数，另外要能够区分 group by 子句和 compute by 子句的使用方法。

项目总结

本项目通过几个任务学习了如何对数据库中表的数据进行查询操作，主要包括简单查询、高级查询和数据排序与汇总。数据查询是数据库中最常见也是最重要的操作，数据库中的很多操作都建立在数据查询之上。本项目主要讲解了如何在查询分析器中使用 SQL 语句对表进行查询，对于 SQL 语句的基本语法格式以及含义要认真理解和掌握，其在后续课程当中会经常使用。

小结与习题

本章介绍了如下内容：

（1）常见关系运算：选择、投影、连接；

（2）使用 SQL 语句进行基本数据查询与条件查询；

（3）条件表达式书写：比较运算符、范围运算符、逻辑运算符、空值 NULL；

（4）子查询的含义及使用；

（5）多表连接查询：自然连接、等值连接、自连接、内连接、外连接、交叉连接等；

（6）数据排序：order by 子句的使用；

（7）数据分类汇总与统计：group by 子句与 compute 子句的使用。

一、填空题

1. 在 SQL Server 中，使用________语句进行数据查询操作。
2. 在 select 语句中，____________子句用于将查询结果存储在一个新表中。
3. 在 SQL Server 中，用于排序的子句是__________。
4. 在 SQL Server 中，用于数据汇总统计的子句有____________和____________。
5. 在 SQL Server 中，用于计算最大、最小、平均值、求和与计数的聚合函数是______、________、________、_________和 count。

二、按要求写出 SQL 查询语句

1. 查询学生的姓名、专业和总学分，并修改显示的列名。
2. 查询姓王且姓名只有两个汉字的学生。
3. 查询通信工程专业中总学分大于 50 的学生的情况。
4. 查询备注信息不为空的所有男生的信息。
5. 查询选修了全部课程的学生的姓名。
6. 查询选修了“计算机基础”且成绩在 80 分以上的学生的学号、姓名、课程名和成绩。
7. 查询选修了 102 课程的最高分和最低分。
8. 查询选修了 102 课程的学生人数。
9. 统计各个专业的人数。
10. 查询选修课程超过 2 门且成绩都在 80 分以上的学生的学号和姓名。
11. 将通信工程专业的学生按出生年月的先后排序显示。

12. 按性别显示学生信息，并分别汇总男生和女生的人数。

三、简答题

1. 比较 where 子句和 having 子句的异同。
2. 比较 group by 子句和 compute by 子句的异同。
3. 简述连接查询中使用到的常见连接操作。

第四章

视图和游标

项目五　创建并使用视图

项目需求

为用户数据库 STUDY 中的表创建视图，并实现查询。

完成项目的条件

（1）熟练掌握数据库表的 select 查询语句；
（2）掌握使用界面方式创建视图的方法；
（3）掌握使用语法创建和查询视图的方法。

方案设计

本项目可以分为两部分内容，分别是创建视图和视图查询。

创建视图，有两种方法来实现，第一种方法是在数据库管理系统的“对象资源管理器”中，通过界面操作来完成；第二种方法是在数据库管理系统的“新建查询”窗口中，通过编写代码组成创建视图的语句，并执行语句来创建视图。

视图查询，仅能在数据库管理系统的“新建查询”窗口中实现，同样需要编写查询语句，并执行语句来得到验证。

创建视图和视图查询是本项目中必须熟练掌握的知识和技能，而对于视图的其他功能只作了解即可。

相关知识和技能

一、视图的概念

视图是从一个或多个表（或视图）中映射出的虚表。其包括三个含义：其一，它是虚表，不是具有物理存在的表，即在数据库中只存储其定义，没有实际的存储空间；其二，它来自一个或多个表（或视图），这些表称为视图的基本表；其三，视图是映射出的，意思是从基本表中以某种特殊的视角“看到”的“风景”，非常形象，故称视图，如何“看”，则是形成视图的关键。

举个例子，有个学生表，包含了学生的各种情况，现在只需要处理男同学的这部分，那么，从学生这个基本表中映射出男同学内容的这个定义，就是一个视图。

对于相同的基本表，不同的视图实际上就是不同的“视角”定义。

视图一经定义，就可以像表一样被查询、修改、删除和更新。

视图有很多优点，主要表现在：

（1）屏蔽了数据库的复杂性。定义视图简化了信息量，使得对数据的处理更加简单和快捷。

（2）便于数据的集中。视图可以将原先分散在几处的数据集中在一起，使原来几个表的组合查询等处理变成了对一个视图的处理。

（3）简化了用户权限管理。将用户有权限的不同表中的数据列归在一个视图中，简化了数据安全管理。

（4）便于数据的共享。将各用户可共享的数据放在一起，便于共享和存储。

（5）便于重组数据表。实际的表已经被固定了，但需要是各种各样的，用视图可以重组数据以解决各种需要。

使用视图的限制：

（1）只能在当前数据库中才能创建视图。视图的命名必须遵循标识符命名规则，不能与表同名。

（2）在视图上不能定义规则、默认值和触发器。

现实中使用视图的意义主要在于集中数据和简化查询，因此通过本项目主要掌握视图的创建和视图的查询，而视图的其他功能如：视图数据的插入、修改、删除等一般情况下较少使用，且有不少限制，有时不如直接对基本表操作，对此，只要熟悉和了解即可。

任务　视图的创建和查询

【任务目标】

（1）掌握使用界面方式创建视图；

（2）掌握使用语法创建和查询视图；

（3）了解视图的其他功能。

【任务分析】

本任务可以分成两个部分，一个是界面操作部分，另一个是语法编码部分。

界面操作部分比较简单，主要在 SQL Server 2008 数据库管理系统的“对象资源管理器”中完成，只要弄清步骤就能迅速掌握；而语法编码部分需要记住语法结构和规则，常常会出错，需要认真、细致地操作才能完成好，语法编码部分主要在 SQL Server 2008 数据库管理系统的“新建查询”窗口中完成。

【知识准备】

创建视图：

使用 CREATE VIEW 语句可以创建视图，例如：

```
use STUDY
```

```
GO
CREATE VIEW View_student
    as
    select studentid,name,sex,birthday,specialty
        from tb_student
        where specialty="计算机软件"
```

创建视图的简单语法格式为：

```
CREATE VIEW<视图名>(<列名>)
    as<select 语句>
```

select 语句可以针对一个或多个表或视图，对创建视图中的 SELECT 语句还有如下限制：

（1）select 语句中不能使用 compute 或 compute by 子句；

（2）select 语句中不能使用 order by 子句；

（3）select 语句中不能使用 into 子句；

（4）select 语句中不能使用临时表或表的变量。

用语法来创建视图时可以通过在“CREATE VIEW＜视图名＞”后面定义别名来替换来自基本表的列名。

【任务实施】

一、视图的界面操作

视图的界面操作包括视图的创建、更新和删除，以及对视图中数据的查询、插入和删除等，这些操作均可在 SQL Server 2008 数据库管理系统的“对象资源管理器”中完成。

下面是使用界面方式创建视图的主要步骤：

（1）启动 SQL Server management Studio，在“对象资源管理器”中展开“数据库”，展开“STUDY”，用鼠标右键单击“视图”下的“新建视图”，如图 4–1 所示。

（2）在弹出的“添加表”窗口中，添加所需要的基本表或视图等，这里选择“表”选项卡，选择表“tb_student”，单击“添加”按钮，如图 4–2 所示，如果还需添加其他表，可继续选中表并按“添加”按钮，若不需要可单击“关闭”按钮，关闭此弹出窗口。

图 4–1　新建视图

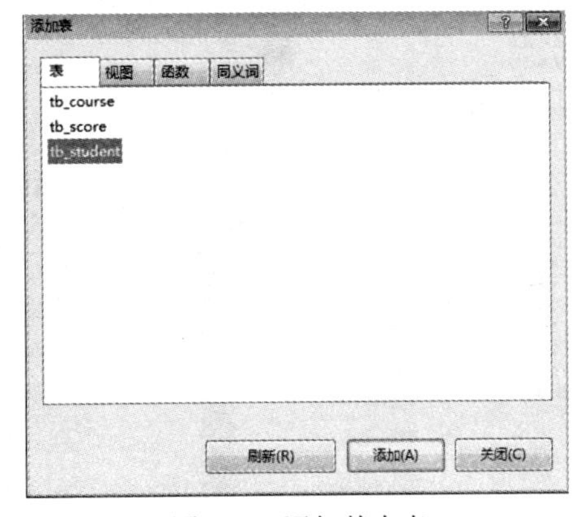

图 4–2　添加基本表

（3）在添加完基本表后，视图窗口中显示基本表的所有列，如图4–3所示，可以用鼠标选择所需要的列，可以看到随着用鼠标选择列，其他子窗口中也在同步组织。

（4）在中间子窗口中，“别名”栏可以在视图中不用原名，“排序类型”栏可以指定列的排序方式，而“筛选器”栏则指示了创建本视图的映射规则，也就是构成条件，在专业列“specialty”对应的“筛选器”栏中输入“计算机软件”，按回车键，可看到中间子窗口下面的子窗口中构建的语句，为一条普通的带条件的select语句。

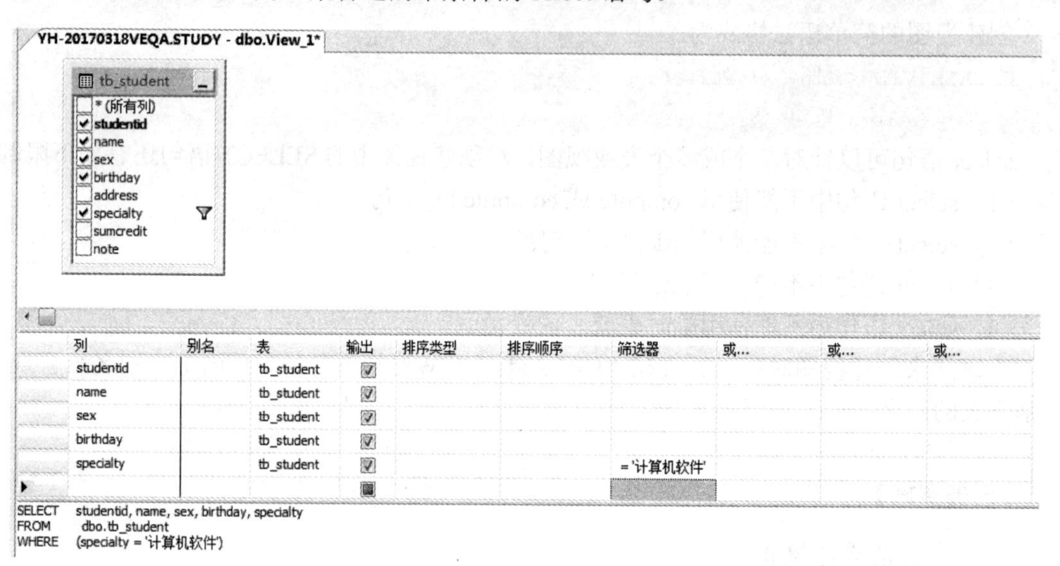

图4–3 构建视图

（5）完成构建后，单击工具栏中的“保存”按钮，输入创建的视图名“view_student”，单击“确定”按钮，便完成了视图的创建。

视图创建完后，可在“对象资源管理器”中的“STUDY”→“视图”中看到刚刚创建的视图“dbo.View_student”，用鼠标右键单击选择“设计”（图4–4）可回到图4–3所示的构建视图窗口进行修改更新，选择“打开视图”可看到视图这个虚表中的数据，如图4–5所示，选择“删除”可删除本视图，非常方便。

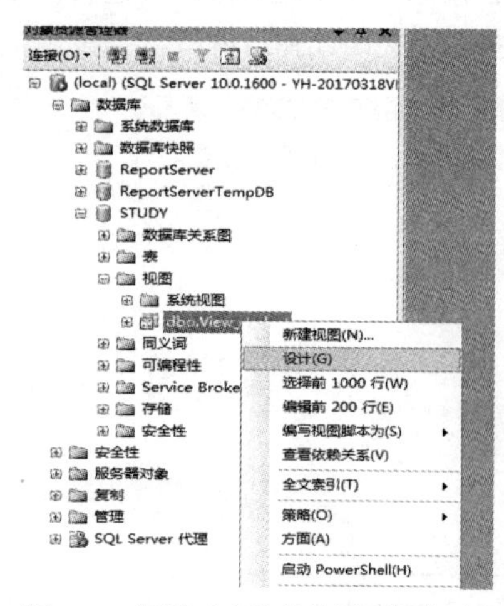

图4–4 视图对应的其他界面操作功能

视图 - dbo.View_student | 视图 - dbo.View_student | 摘要

studentid	name	sex	birthday	specialty
001102	刘丽	False	1993-3-12 00:0...	计算机软件...
001103	朱京伟	True	1993-12-8 00:0...	计算机软件...
001106	李方亮	False	1993-8-26 00:0...	计算机软件...
001108	黄涛	True	1994-2-6 00:00:00	计算机软件...
001112	王北然	True	1993-4-2 00:00:00	计算机软件...
001113	尹昭东	True	1993-9-27 00:0...	计算机软件...
001114	杨洁	False	1993-2-17 00:0...	计算机软件...

图4–5 视图这个虚表中的数据

对视图的数据查询、插入和删除的界面操作，同对待通常的表是一样的。当对视图的数据进行插入时，基本表中的数据也同时得到了插入（但其他字段的属性必须是可空），反之亦然；当对视图的数据进行删除时，基本表中的数据也同时被删除了，反过来也是。这是因为视图不是一个真实的表，而仅是一条 select 语句，一个语法定义，在对视图进行操作时，实际上是在对基本表进行操作。

二、视图的语法使用

1. 创建视图

【例 4.1】创建视图 View_student_male，构建条件是选择计算机软件专业的男学生的学号、姓名，还要求包含其选修的课程号及成绩。

```
use STUDY
GO
CREATE VIEW View_student_male
    as
    select tb_student.studentid,name,courseid,score
        from tb_student,tb_score
        where specialty='计算机软件' and sex=1
            and tb_student.studentid=tb_score.studentid
```

【例 4.2】创建一个平均成绩的视图 View_student_avg，包含两个列——学号和平均成绩，并且学号列用“学号”来代替，平均成绩列用“均分”来表示。

```
use STUDY
GO
CREATE VIEW View_student_avg(学号,均分)
as
    select studentid,avg(score)
        from tb_score
      group by studentid
```

2. 查询视图数据

创建视图后，就可以如同查询真实表一样对视图数据进行查询了。

【例 4.3】在视图 View_student_avg 中查找均分在 80 以上的学生的学号及平均成绩。

```
select 学号,均分
    from View_student_avg
    where 均分>80
```

执行的结果如图 4–6 所示。

	学号	均分
1	001106	84
2	001108	89
3	001109	89
4	001111	84
5	001202	91
6	001203	90
7	001204	87
8	001205	88

图 4–6 【例 4–3】的执行结果

视图虽然只是一个虚表，但它作为数据库的对象可以被赋予权限，例如：可以限制某用户访问表 tb_student 的权限，而只开放视图 View_student_male 的权限，这就相当于限制了该用户访问除视图外的其他信息，因此，视图也可以被看作数据库安全管理的一种措施。

在创建了视图后，基本表若添加了记录，则视图也会将符合映射条件的记录增加进来，而若基本表增加了新的字段，视图也会自动添加新字段吗？显然不会，想一想为什么。那么原来的视图还能查到记录吗？能查到。若基本表被删除了，通过视图还能查数据吗？不能。很多这样的问题本来不该成为问题，这样问的目的是考查学生对视图的概念是否真的掌握，如果牢牢地把握视图只是个定义，并非实体，那么上述问题就不是问题了。

3. 插入视图数据

向视图中插入数据类似于对表数据的插入，使用 insert into 语句。

向视图中插入数据后，基本表中的数据也同时得到了插入（但基本表的其他字段的属性必须是可空）。

【例 4.4】 为视图 View_student 增加一条记录。

```
insert into View_student
   values('088888','刘洋',1,'1994-7-21','计算机软件')
```

由于视图 View_student 本身是按照筛选“计算机软件”专业映射出来的，因此在插入记录时不能是“计算机软件”专业以外的专业。

另外，当视图的映射来自多个表时，不能向该视图中插入数据，因为这将会影响多个表。

4. 修改视图数据

与真实表一样，使用 update 语句可以对视图数据进行修改，基本表也同时被修改。

【例 4.5】 修改视图 View_student_male，使选修“101”课程的成绩提高 5 分。

```
update View_student_male
   set score=score+5
 where courseid='101'
```

若视图的映射来自多个表，则修改该视图一次只能变动一个基本表的数据。

5. 删除视图数据

使用 delete 语句可以删除视图和基本表中的记录。

【例 4.6】 删除视图 View_student 中姓名为“刘洋”的记录。

```
delete FROM View_student
   where name='刘洋'
```

若视图的映射来自多个表，不能使用 delete 语句来删除数据，因为删除操作会影响多个基表。

6. 修改视图、删除视图

修改视图、删除视图使用的语句与对待真实表是类似的，修改视图用 ALTER VIEW 语句，删除视图用 DROP VIEW 语句，平时用不到，这里省去不讲，有兴趣的同学可自己去查阅。

【任务总结】

本任务以两种不同的方法完成了创建视图的操作，又以编程的方式进行了视图的查询，学习任务并不难，“对象资源管理器”的操作很简单，语句编码也不复杂，大多都是以前学过的内容。通过任务实践，最重要的还是要充分理解视图的概念及其与数据库真实表的区别。

项目总结

本项目通过对视图的操作和编码，使学生比较轻松地掌握了有关视图的主要技能，然而，

重要的不是技能，而是了解视图这种技术所带来的价值。

数据库的表是一个固定的结构，这种固定的结构主要考虑了数据库的规范和应用系统的主要需求，但是在所有应用系统中还有很多特殊的需求，甚至某些高深莫测的需求，它们需要把某些看似不相关的数据项放在一起对比或参考，视图便提供了一种灵活的重组表结构的技术，大大拓展了原有数据表的功能空间。另外，通过重组虚表，也大大简化了查询的复杂性。这两点是视图技术最突出的优点，同学们需充分体会。

项目六　声明并使用游标

项目需求

为用户数据库 STUDY 中的表声明游标，并使用游标。

完成项目的条件

（1）熟练掌握数据库表的 select 语句；
（2）掌握游标的声明、释放以及使用方法。

方案设计

本项目可以分为两部分内容，分别是声明游标和使用游标，这两部分内容都是在数据库管理系统的“新建查询”窗口中完成的。

声明游标，除了要掌握语法外，还需弄清不同类型的游标所使用的参数，以及明确 select 语句对应的数据库表在变化时，游标结果集中数据会同步变化。

使用游标，也需了解不同游标类型允许使用的读取参数有所不同。

相关知识和技能

游标的概念

在关系数据库中，由 select 语句返回的结果通常是包含多个记录的结果集，但是，在有嵌入 select 语句的应用程序开发过程中，并不总是能将整个结果集作为一个单元来有效地处理，而常常需要一种机制，以便每次处理结果集中的一行或一部分行。游标就提供了这种处理机制。

可以将游标简单地理解为一种“整取零花”机制。游标还是一种特殊的指针，它可以指向结果集中的任何位置，以便逐条处理指向位置的数据。

使用游标所遵循的一般步骤如下：
（1）声明游标；
（2）打开游标；
（3）读取游标；
（4）处理游标指向的数据；
（5）关闭游标；
（6）释放游标。

游标主要用于存储过程、触发器和嵌入 T–SQL 脚本。

任务　游标的使用

【任务目标】

（1）掌握游标的声明方法，理解参数的使用；

（2）掌握游标的取数方法，会准确地读取数据；

（3）掌握游标的关闭和释放方法。

【任务分析】

本任务大致分成两个部分，一个是游标的声明，另一个是游标的取数，它们都在数据库管理系统的“新建查询”窗口中完成，都是对编码的训练。

需要牢记使用游标所遵循的一般步骤，记住游标声明、游标取数等语法，并准确运用各种参数。

【知识准备】

一、游标的声明

语法：

```
DECLARE<游标名>CURSOR
[STATIC|DYNAMIC]
FOR select 语句
```

其中：

STATIC——静态游标；

DYNAMIC——动态游标。

通常，在无参数的情况下声明的游标称为只进游标，在具有以上两种参数的情况下声明的游标称为可进退游标。

（1）静态游标：select 语句所在的表若数据发生变化，游标结果集的内容不变。

（2）动态游标：select 语句所在的表若数据发生变化，游标结果集的内容同步变化。

不同的游标类型，其游标指针可移动的方向及 select 语句变化引起的数据变化也不同。游标类型与游标移动方向见表 4–1。

表 4–1　游标类型与游标移动方向

游标类型	参数	指针方向	select 语句所在的表的数据变化
只进游标	—	一个方向，从头至尾	游标结果集的内容同步变化
可进退游标	STATIC	两个方向，可进可退	游标结果集的内容不变
	DYNAMIC	两个方向，可进可退	游标结果集的内容同步变化

二、游标的使用

1. 打开游标

语法：

```
OPEN<游标名>
```

2. 读取游标

语法：

```
FETCH
     NEXT|PRIOR|FIRST|LAST|ABSOLUTE n |RELATIVE n
   from<游标名>
   [INTO 变量[,…n]]
```

其中：

NEXT——返回结果集中当前行之后的行，并将其作为当前行，若 FETCH NEXT 为对游标的第一次取数，则返回结果集中的第一行。

PRIOR——返回结果集中当前行之前的行，并将其作为当前行，若 FETCH PRIOR 为对游标的第一次取数，则没有行返回，且游标指针置于第一行之前。

FIRST——返回结果集中的第一行，并将其作为当前行。

LAST——返回结果集中的最后一行，并将其作为当前行。

ABSOLUTE n——返回结果集中从第一行数起的第 n 行，并将其作为当前行，如果 n 为负数，则返回结果集中从末尾行数起的第 n 行，并将其作为当前行。

RELATIVE n——返回结果集中从当前行向前或向后数起的第 n 行，并将其作为当前行。

INTO——将游标取出的数据赋给后面的变量。

不同类型的游标在读取游标数据时允许使用的参数也不同，表 4–2 列出了具体的允许参数。

表 4–2　游标类型与读取游标数据时允许使用的参数

游标类型	参数	指针方向	读取游标数据时允许使用的参数
只进游标	—	一个方向，从头至尾	NEXT
可进退游标	STATIC	两个方向，可进可退	NEXT、PRIOR、FIRST、LAST、ABSOLUTE、RELATIVE
	DYNAMIC	两个方向，可进可退	NEXT、PRIOR、FIRST、LAST、RELATIVE

3. 关闭游标

语法：

```
CLOSE<游标名>
```

4. 释放游标

语法：

```
DEALLOCATE<游标名>
```

【任务实施】

1. 游标的声明

【例 4.7】为学生表声明一个游标。

```
DECLARE Cur_1 CURSOR
   FOR select * from tb_student
```

本例没有参数，是一个只进游标。

【例 4.8】取学生表中计算机软件专业的学号、姓名、总学分，声明一个动态游标。

```
DECLARE Cur_2 CURSOR
   DYNAMIC
   FOR select studentid,name,sumcredit from tb_student
```

本例参数是 DYNAMIC，是动态游标，是可前后滚动取数的。

2. 游标的使用

下面通过几个例子说明如何读取游标数据。

【例 4.9】从游标 Cur_1 中读取数据。

```
OPEN Cur_1
FETCH NEXT from Cur_1
```

本例打开游标 Cur_1，读取结果集中的第一行，执行的结果如图 4–7 所示。

	studentid	name	sex	birthday	address	specialty	sumcredit	note
1	001101	李超	1	1994-10-03 00:00:00.000	银城东苑9－702	通信工程	56	已提前修完一门课

图 4–7 【例 4.9】的执行结果

【例 4.10】从游标 Cur_2 中读取最后一行和当前行的上三行。

```
OPEN Cur_2
FETCH LAST from Cur_2
```

打开游标 Cur_2，读取结果集中的最后一行，执行的结果如图 4–8 所示。

```
FETCH RELATIVE-3 from Cur_2
```

读取结果集中当前行的上三行，执行的结果如图 4–9 所示。

	studentid	name	sumcredit
1	001205	张翼	50

图 4–8 【例 4.10】的执行结果（一）

	studentid	name	sumcredit
1	001202	徐涛	53

图 4–9 【例 4.10】的执行结果（二）

【例 4.11】从游标 Cur_2 中读取第一行的三个数据，分别存放到三个变量中再显示。

```
DECLARE @studentid char(6),@name char(8),@sumcredit integer
OPEN Cur_2
FETCH FIRST from Cur_2
into @studentid,@name,@sumcredit
select @studentid,@name,@sumcredit
```

本例中第一行 DECLARE 定义了三个变量，读取数据后 INTO 到这三个变量中，通过 select 语句显示出来，执行的结果如图 4–10 所示。

	(无列名)	(无列名)	(无列名)
1	001101	李超	56

图 4–10 【例 4.11】的执行结果

【任务总结】

本任务是用编码方式实践游标的声明和使用，在熟练掌握 select 查询语句的基础上学习游标的声明和使用没有什么难度，很容易掌握，但是，需要充分理解的是游标的几种类型所包含的意义。游标实际上由 select 查询语句构成，其查询的数据库表中的数据在应用程序中是会随时改变的，而游标的几种类型分别意味着其结果集中的数据是否会同时跟着改变。

在实践使用游标时，也会遇到取数定位的问题并关联几个定位参数，对于它们的准确使用，可参照表 4–2，需要熟练使用并掌握。

在使用完游标后不能忘记关闭它，尤其不能忘记释放它，因为游标及其结果集占用内存，不及时释放会影响系统效率。

项目总结

本项目的内容（游标）虽然不复杂，但在现实应用中却很有用，在开发应用程序时，只要使用 select 语句，都有可能会用到游标，因为通常查询语句的结果集不会只有一条记录，而程序设计时又总是逐条处理的，查询语句的这种“整取”与程序处理的“零花”特点，正好可以由游标的“整取零花”机制来很好地衔接，因此，学习游标实际上为从事程序设计工作提供了一个有力的武器。游标的类型也是必须了解的，用动态游标还是静态游标要根据实际需求而定。

小结与习题

本章介绍了如下内容：

（1）视图的概念；

（2）使用界面方式创建视图的方法；

（3）使用语法方式创建视图的方法；

（4）对视图数据的查询、插入、修改和删除；

（5）游标的概念；

（6）游标的声明和释放；

（7）游标的使用方法，包括游标指针的前后移动以及定位。

一、判断题

1. 视图是个虚表，不占用实际的存储空间。（ ）
2. 对基本表新增字段，视图也会自动新增。（ ）
3. 对视图数据进行插入、修改、删除操作，会同步影响到基本表。（ ）
4. 创建视图时，其中的 select 语句可以不受限制。（ ）

二、填空题

1. 创建视图后，就可以如同查询______表一样对视图数据进行查询了。

2. 在无参数的情况下声明的游标称为______游标。

3. select 语句所在的表若数据发生变化，游标结果集的内容不变，这样的游标称为______游标。

4. select 语句所在的表若数据发生变化，游标结果集的内容同步变化，这样的游标称为______游标。

5. 游标的使用一般遵循的步骤为：________、_________、________、________、________、_________。

三、简答题

1. 简述视图的优点。

2. 试说明游标的种类和用途。

3. 举一个使用 FETCH 语句从表中读取数据的例子。

第五章

T-SQL程序设计

项目七　在数据库系统中编程

项目需求

应用T-SQL语言，实现变量定义、查询、自定义数据类型、多种流程控制以及系统函数的使用等程序设计。

完成项目的条件

（1）熟练掌握数据库表的select等语句；
（2）掌握变量定义、变量赋值、变量查询、变量输出的方法；
（3）掌握用户自定义数据类型的方法；
（4）掌握几种流程控制语句的使用方法；
（5）掌握系统函数的使用方法。

方案设计

T-SQL程序设计即利用T-SQL语言进行程序设计，T-SQL语言与其他语言一样包含常量、变量、运算符，数据类型的使用，各种流程控制以及系统函数等内容，需要分任务展开介绍。

相关知识和技能

一、T-SQL语言

尽管大多数关系数据库管理系统都将SQL语言（Structured Query Language，结构化查询语句）作为标准的数据库语言，但几个重要的数据库供应商都对SQL进行了不同程度的扩展，T-SQL和P-SQL便是市场上典型的对SQL的扩充版本。T-SQL语言适用于微软的SQL Server数据库和赛贝斯的Sybase Adaptive Server数据库，而P-SQL语言则适用于甲骨文公司的Oracle数据库。

T-SQL是Transact-SQL的简写。利用T-SQL语言进行程序设计是SQL Server的主要应

用形式之一。不论是客户机/服务器架构的数据库应用程序，还是 Web 应用程序，都会涉及对数据库中的数据进行处理，客户端应用程序只要发送 T–SQL 语句，就可通过特定的接口与服务器端的 SQL Server 数据库管理系统实现通信，查询或修改相应数据并返回到客户端，完成数据的显示和管理。

可以把 T–SQL 语句嵌入某种高级程序设计语言中来执行（如 VB、VC、PB、Delphi），但 T–SQL 本身不提供用户界面，数据的输入和显示需要通过高级程序设计语言中的控件来完成。

二、T–SQL 语言的组成

T–SQL 语言由以下几部分组成。

1. 数据定义语句（DDL）

数据定义语句用于对数据库以及数据库中的对象进行创建、删除、修改等操作，如 CREATE、ALTER、DROP 等。数据库对象主要包括表、缺省约束、规则、视图、存储过程和触发器等。

数据定义语句的语法请参见前面章节。

2. 数据操纵语句（DML）

数据操纵语句用于操纵数据库中的各种对象，如 select、insert、update、delete 等。其语法的使用方法，请参见前面章节。

3. 数据控制语句（DCL）

数据控制语句用于安全管理，确认哪些用户可以查看或修改数据库中的数据，如：GRANT 授予用户权限，REVOKE 收回权限，DENY 收回权限，并禁止其他角色继承权限。

4. T–SQL 增加的语言元素

这部分是微软为了方便用户编程而增加的语言元素，包括变量、运算符、函数、能够控制的语句和注释等，本章将介绍这部分内容。

三、T–SQL 语言程序设计

T–SQL 语言与其他计算机语言一样包含以下部分内容，T–SQL 程序设计也将分任务介绍：

（1）变量和常量；

（2）系统数据类型和自定义数据类型；

（3）运算符；

（4）流程控制语句；

（5）系统函数。

任务一　常量、变量、自定义数据类型、运算符的使用

【任务目标】

（1）理解常量、变量的概念并掌握变量的定义方法；

（2）掌握对变量赋值的方法；

（3）掌握自定义数据类型的定义和删除方法。

【任务分析】

（1）在使用变量前必须事先定义，定义后还需对变量进行赋值，也即将数值或字符串等赋给该变量。

（2）变量的使用就是将原来需要值的地方用变量来替代，如原来查询语句的 where 子句中，可以将变量代替数值来实现。

（3）自定义数据类型在使用前也必须先定义，定义新的数据类型要使用存储过程 sp_addtype，待完成新数据类型 stud_name 的定义后，便可以在 SQL Server 2008 管理系统的界面上看到这个新的数据类型，而它的使用方法与系统数据类型完全相同。

（4）删除自定义数据类型，也需使用存储过程 sp_droptype 来实现，但必须注意的是，删除前要解除数据库表中对该数据类型的使用。

（5）运算符在使用时需要注意优先级的问题。

【知识准备】

1. 常量

常量是指在程序运行过程中其值不变的量。根据常量值的不同类型，常量分为字符串常量、整型常量、实型常量、日期时间常量等，举例如下：

1）字符串常量

字符串常量是用单引号括起来，由 ASCII 字符构成的符号串，如：

```
'Chinese'
'Hello'
'My book'
```

2）整型常量

整型常量分为二进制整型常量、十六进制整型常量和十进制整型常量。

二进制整型常量为 0 或 1。

十六进制整型常量以前缀 0x 开头，后面紧跟由数字 0、1、2、3、4、5、6、7、8、9、A、B、C、D、E、F 组成的数字，如：

```
0x18FF
0xBE
0x78046AEB02D
```

十进制整型常量就是最常见的不带小数点的十进制数，如：

```
2562
78
-641978
```

3）实型常量

实型常量有定点表示和浮点表示两种方式，如：

（1）定点表示：

```
2968.4307
```

```
3.6
-236876.013
```

（2）浮点表示：

```
234.6E5
0.4E-2
-46E5
```

4）日期时间常量

其包含日期常量、时间常量和日期时间常量，它们都需要用单引号将表示时间日期的字符串括起来，以下都是 SQL Server 可以识别的不同格式的常量：

（1）字母日期格式，如：'April23，2010'；

（2）数字日期格式，如：'5/21/1995'；

（3）未分隔的字符串格式，如：'20110927'、'December19，2000'；

（4）时间常量，如：'17：36：12'、'09：45：PM'；

（5）日期时间常量，如：'April23，2010 09：45：12'。

2. 变量

变量用于存放数据，分为全局变量和局部变量。

1）变量的声明

全局变量一般由系统提供且预先声明，典型标志是标识符前有“@@”符号，如@@ERROR、@@CONNECTIONS 等。

局部变量的首字母是“@”符号，通常在局部声明 DECLARE 中使用，局部变量在声明后的初始值为 NULL，声明局部变量的语法格式为：

```
DECLARE @变量名 数据类型[,@变量名 数据类型,…]
```

2）变量的赋值

可以用 set 和 select 来给变量赋值，语法格式为：

```
set @变量名=值或表达式
select @变量名=值或表达式[,值或表达式]
```

用 set 只能一次赋值一个变量，而使用 select 赋值，可以一次赋值多个变量，如：

```
select @a=6,@b=8,@c=12
```

注意：select 语句不用于赋值时，是一个可以显示结果的查询语句。

3. 系统数据类型

T–SQL 语言的数据类型有：

（1）数值类型，如：int、smallint、tinyint、bit、decimal、numeric、float、real 等。

（2）货币类型，如：money、smallmoney。

（3）日期类型，如：datetime、smalldatetime。

（4）字符类型，如：char、varchar、text 等。

（5）二进制类型，如：binary、varbinary、image 等。

（6）其他类型，如：timestamp 等。

详细用法请参见第二章相关内容。

4. 自定义数据类型

系统数据类型通常已经够用，但当某一特定值的数据类型使用频度高时，为方便起见，可以将其定义为一种新的数据类型，这种新的数据类型就称为自定义数据类型。

实现自定义数据类型，需要用到系统存储过程 sp_addtype 和 sp_droptype。

（1）自定义数据类型的定义：

```
EXEC SP_ADDTYPE '新数据类型名'，'系统数据类型'，'是否为空'
```

（2）自定义数据类型的删除：

```
EXEC sp_droptype '新数据类型名'
```

5. 运算符

SQL Server 2008 提供了很多运算符，有算术运算符、赋值运算符、位运算符、比较运算符、逻辑运算符等，主要的运算符及其对应的优先级见表 5–1。

表 5–1　主要的运算符及其对应的优先级

运算符名称	运　算　符	优先级
一元运算符	+（正）、–（负）、～（按位取反）	1
算术运算符	*、/、%（求模）	2
	+、–	3
字符串连接运算符	+	3
比较运算符	=、>、<、>=、<=、<>、! =、! <、! >	4
位运算符	&、|、^ ^（即与、或、非）	5
逻辑运算符	NOT	6
	AND	7
	OR、ALL、BETWEEN、EXISTS、IN、LIKE	8
赋值运算符	=	9

【任务实施】

1. 常量、变量的使用（定义和赋值）

创建两个字符型局部变量@ver1、@ver1，给变量赋值并输出。

在 SQL Server 2008 中新建查询，输入以下代码：

```
DECLARE @ver1 char(8),@ver2 char(30)
set @ver1='江苏省'
set @ver2=@ver1+'信息化技能大赛'
select @ver1,@ver2
```

执行的结果如图 5–1 所示。

打开数据库 STUDY，创建一个局部变量 sex，并在 select 语句中使用该局部变量查找王姓男同学的学号、姓名和出生时间。

```
use STUDY
GO
DECLARE @sex bit
set @sex=1
select studentid,name,birthday from tb_student
   where name like '王%' and sex=@sex
```

执行的结果如图 5–2 所示。

	(无列名)	(无列名)
1	江苏省	江苏省 信息化技能大赛

图 5–1　执行结果（一）

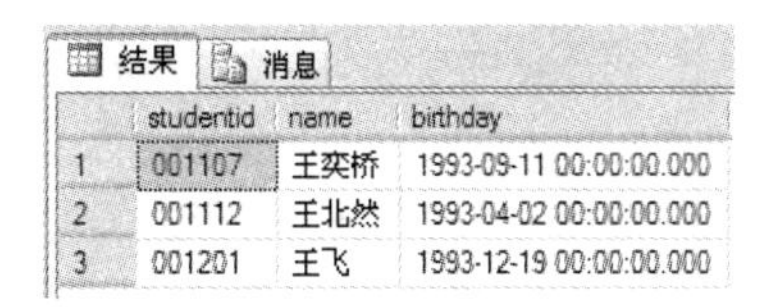

	studentid	name	birthday
1	001107	王奕桥	1993-09-11 00:00:00.000
2	001112	王北然	1993-04-02 00:00:00.000
3	001201	王飞	1993-12-19 00:00:00.000

图 5–2　执行结果（二）

给局部变量赋空值。代码如下：

```
DECLARE @var char(20)
select @var='李阳'
select @var=
        (select name from tb_student
             where studentid='008800')
select @var as 'NAME'
```

执行的结果如图 5–3 所示。

	NAME
1	NULL

图 5–3　执行结果（三）

注意：select 查询语句在 tb_student 表中找不到学号为“008800”的学生的姓名，其返回值为 NULL，故@var 的值也显示为 NULL。

2. 自定义数据类型的语法实现

定义一个新的数据类型 char_student，要求其是长度为 10 的字符串类型，非空，代码如下：

```
use STUDY        /*打开数据库*/
GO
EXEC sp_addtype 'char_student','char(10)','not null'
/*执行存储过程 sp_addtype 来定义新数据类型*/'
```

删除自定义数据类型 char_student，代码如下：

```
EXEC sp_droptype 'char_student'
```

值得注意的是，删除自定义数据类型的前提是：没有哪个表正在使用该自定义数据类型，即必须先解除数据库表中对自定义数据库类型的使用，才能删除自定义数据库类型。

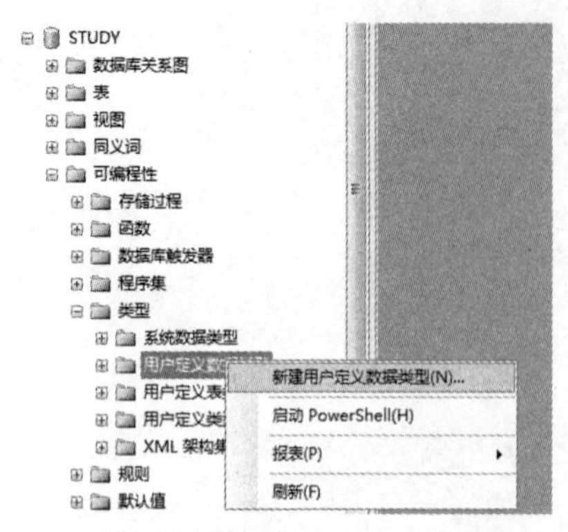

图 5–4　采用界面方式定义自定义数据类型

3. 自定义数据类型的界面实现

采用界面方式实现自定义数据类型的定义、使用和删除等非常方便，其步骤如下：

第一步：在 SQL Server 2008 的"对象资源管理器"中展开"数据库" STUDY→展开"可编程性"→展开"类型"→用鼠标右键单击"用户定义数据类型"→单击"新建用户定义数据类型"，如图 5–4 所示。

第二步：在弹出的窗口中输入新数据类型的名称"char_student"，选择"数据类型"为"char"，"长度"为"10"，不选"允许空值"，单击"确定"按钮，如图 5–5 所示。

脚本　帮助
常规
架构(S)：dbo
名称(N)：char_student
数据类型(D)：char
长度(L)：10
允许 NULL 值(U)
存储(T)：9　字节
绑定
默认值(E)：
规则(R)：

图 5–5　输入新数据类型的名称等

第三步：选择表 tb_student，用鼠标右键单击"设计"，在学号字段"studentid"的数据类型处，通过拉杆可以看到新数据类型"char_student"已经存在，选中它并保存表，即完成了新数据类型的使用，如图 5–6 所示。

第四步：当解除了数据库表中对自定义数据类型的使用后，在展开的"用户定义数据类型"中用鼠标右键单击自定义类型"char_student"，选择"删除"，即可删除自定义数据类型，如图 5–7 所示。

YH-20170318VEQA.S... - dbo.tb_student

列名	数据类型	允许 Null 值
studentid	char(10)	
name	tinyint	
sex	uniqueidentifier	
birthday	varbinary(50)	✓
address	varbinary(MAX)	✓
specialty	varchar(50)	✓
sumcredit	varchar(MAX)	✓
note	xml	✓
	char_student:...	

图 5–6　自定义数据类型的使用

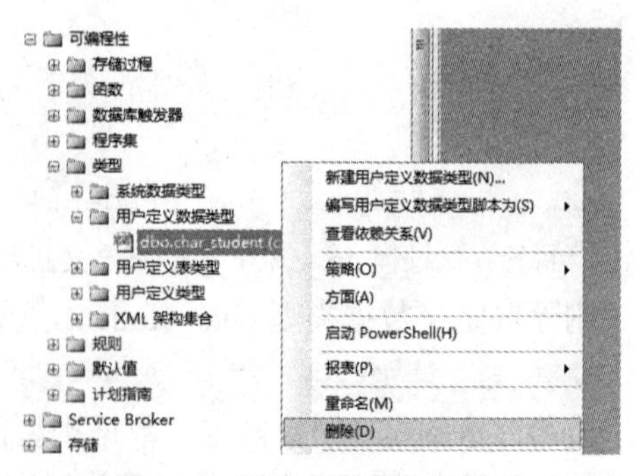

图 5–7　删除自定义数据类型

4. 运算符的使用

定义两个整型变量，按位运算。代码如下：

```
DECLARE @var1 int,@var2 int
set @var1=150
set @var2=175
select @var1&@var2,@var1|@var2
```

执行的结果如图 5–8 所示。

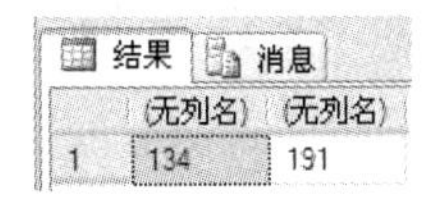

	(无列名)	(无列名)
1	134	191

图 5–8 执行结果（四）

判断学号为 001101 的学生是否存在，并输出该学生的情况。代码如下：

```
DECLARE @student char(8)
set @student='001101'
if(@student<>' ')
    select * from tb_student
      where studentid=@student
```

执行的结果如图 5–9 所示。

	studentid	name	sex	birthday	address	specialty	sumcredit	note
1	001101	李超	1	1994-10-03 00:00:00.000	银城东苑9－702	通信工程	56	已提前修完一门课

图 5–9 执行结果（五）

查询总学分在 40～50 之外的所有学生的学号和姓名。代码如下：

```
select studentid,name from tb_student
    where sumcredit not between 40 and 50
```

查询所有选课学生的姓名。代码如下：

```
select distinct name from tb_student
    where exists(select * from tb_score)
```

即只要在 tb_score 表中选修了任何课程，就查询显示出姓名，distinct 用于消除重复姓名。

字符串的连接。代码如下：

```
select(studentid+','+name)as 学号和姓名 from tb_student
    where studentid='001102'
```

执行的结果如图 5–10 所示。

	学号和姓名
1	001102 ,刘丽

图 5–10 执行结果（六）

【任务总结】

本任务实践了变量的定义、变量的赋值和变量的使用，它们的顺序不能颠倒，变量在经定义和赋值后，才可以像数值一样在各种语句中任意使用。

本任务还实践了自定义数据类型。自定义数据类型的使用方法与系统数据类型完全相同，而删除自定义数据类型前要先解除数据库表对该数据类型的使用。

本任务还实践了运算符的使用，通过各种运算符的运用，可以实现很多功能。

任务二　流程控制语句的使用

【任务目标】

（1）掌握语句块的使用方法；

（2）掌握条件语句的使用方法；

（3）掌握分支语句的使用方法；

（4）掌握循环语句的使用方法。

【任务分析】

（1）语句块和条件语句的使用比较简单。将多个 T–SQL 语句放入 begin 和 end 之间就是一个完整的语句块，而将两个 T–SQL 语句按照语法，分别置于条件和结果的位置就构成了一个条件语句。

（2）分支语句通常需要嵌入 select 查询语句中使用，采用多种判断以确定多个结果中的一种结果。

（3）循环语句可以构成强大的功能，特别需要注意，本循环语句是先进行循环变量与循环体总量的比较，再执行循环体中的语句。

【知识准备】

T–SQL 语言中包含许多流程控制语句，见表 5–2。

表 5–2　SQL Server 流程控制语句

控制语句	说　明	控制语句	说　明
begin…end	语句块	continue	重新开始下一次循环
if…和 if…else	条件语句	break	退出内层循环
case	分支语句	return	无条件返回
goto	无条件转移语句	—	—
while	循环语句	—	—

（1）语句块的语法：

```
begin
    T-SQL 语句 1
```

```
    T-SQL 语句 2
    …
end
```

多个 T-SQL 语句放在一起作为一个整体来运行。

（2）条件语句的语法：

```
if 条件表达式
    T-SQL 语句 1
else
    T-SQL 语句 2
```

条件表达式为真时，执行 T-SQL 语句 1，否则，执行 T-SQL 语句 2。本条件语句也可更为简单：

```
if 条件表达式
    T-SQL 语句
```

（3）分支语句的语法：

```
case
    when 条件语句 1 then 值 1
    when 条件语句 2 then 值 2
    ……
    else 值 n
end
```

条件语句 1 为真时，得到值 1，条件语句 2 为真时，得到值 2，……，所有条件语句都为假时，得到值 n。

（4）循环语句的语法：

```
while 条件语句
      T-SQL 语句块
```

当条件语句为真时，执行 T-SQL 语句块。

【任务实施】

1. begin…end 语句块

查询所有学生的情况，再查询所有的课程。代码如下：

```
use STUDY
go
begin
    select * from tb_student
    select * from tb_course
end
```

2. 条件语句

查询总学分大于 50 分的学生人数。代码如下：

```
DECLARE @num int
```

```
select @num=(select count()from tb_student where sumcredit>50)
if @num>0
    select @num as '总学分大于 50 分的人数'
```

如果“计算机基础”课程的平均成绩高于 70 分，则显示“平均成绩高于 70 分”，否则显示“平均成绩低于 70 分”。代码如下：

```
if
(select avg(score)from tb_student,tb_score,tb_course
w here tb_student.studentid=tb_score.studentid
   and tb_course.courseid=tb_score.courseid
   and tb_course.coursename='计算机基础'
)>70
   select '平均成绩高于 70 分'
else
   select '平均成绩低于 70 分'
```

本例中，查询语句返回的值用于条件判断。

3. 分支语句

输出学生表 tb_student 中的学号、姓名、专业和性别，性别值按照“男”或“女”显示。代码如下：

```
select studentid,name,specialty,sex=
         case
             when sex=1 then '男'
             when sex=0 then '女'
             else '无'
         end
      from tb_student
      where sumcredit>42
```

4. while 循环语句

将学号为 001106 的学生的总学分通过循环语句修改到大于等于 62，每次加 2 分，判断循环了几次。代码如下：

```
DECLARE @num int
set @num=0
while(select sumcredit from tb_student where studentid='001106')<62
   begin
      update tb_student set sumcredit=sumcredit+2 where studentid='001106'
      set @num=@num+1
     end
select @num as 循环次数
```

执行的结果是需要 7 次循环。

【任务总结】

本任务实践了 SQL Server 程序设计中流程控制语句的使用，在程序设计中，条件语句、分支语句和循环语句是最重要的控制语句，经过实践同学们可体会到，利用上述控制语句，配合变量和查询语句的使用，可以设计出各种有用的功能来。

任务三　系统函数的使用

【任务目标】

（1）掌握聚合函数的使用方法；

（2）掌握日期时间函数的使用方法；

（3）掌握数学函数的使用方法；

（4）掌握其他函数的使用方法；

（5）掌握字符串函数的使用方法。

【任务分析】

每一个系统函数实际上都是一段程序，用来完成一种实用的功能，学习系统函数的使用，无形中大大拓展了实现功能的手段，增强了程序设计的能力。

学习系统函数的关键是了解函数的功能、参数的用法和数据类型、返回值的数据类型等，通过【任务实施】中的例子，模仿使用，很快就能掌握。

【知识准备】

SQL Server 2008 中包含大量的系统函数，展开“对象资源管理器”中的“可编程性”下的“函数”，可看到分门别类的系统函数，如图 5–11 所示。

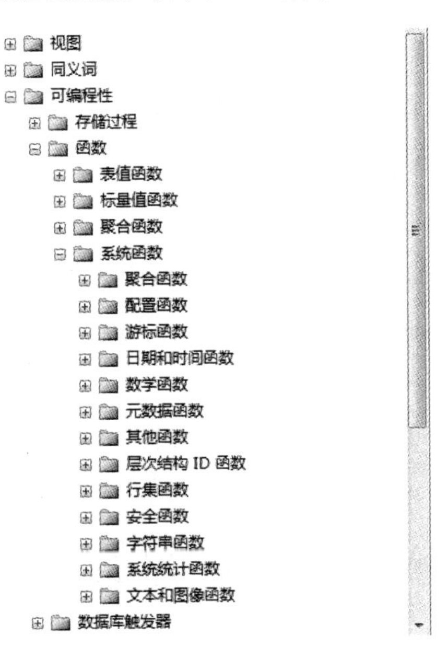

图 5–11　分门别类的系统函数

大量的系统函数为T–SQL程序设计提供了强大的支持，其中以聚合函数、日期时间函数、数学函数、其他函数、字符串函数等用得最多。常用函数见表5–3。

表5–3　常用函数

函数分类	函数名	函数的意义及用法
聚合函数	avg()	求表达式的平均值，返回integer、decimal或float
	count()	求表达式的平均值，返回integer
	max()	求表达式的最大值
	min()	求表达式的最小值
	sum()	求表达式的累积，返回integer、decimal或float
日期时间函数	getdate()	求系统日期和时间，无须表达式，返回datetime
	day()	求datetime型数值中的日子，返回integer
	month()	求datetime型数值中的月份，返回integer
	year()	求datetime型数值中的年份，返回integer
数学函数	abs()	求一个数值的绝对值
	rand()	求一个随机数，表达式可有可无，返回float
	sin()	求表达式的正弦值，返回float
	cos()	求表达式的余弦值，返回float
	pi()	求圆周率值，无须表达式，返回float
	sqrt()	求表达式的平方根，返回float
	square()	求表达式的平方值，返回float
其他函数	convert()	实现数据的类型转换
	isdate()	判断一个表达式是否为日期类型，是则返回1，否则返回0
	isnull()	判断一个表达式是否为NULL，是则返回1，否则返回0
	isnumberic()	判断一个表达式是否为数值类型，是则返回1，否则返回0
字符串函数	ascii()	返回表达式最左端字符的ASCII值
	char()	将ASCII码转换为字符
	left()	返回从字符左边开始指定个数的字符
	ltrim()	去掉字符串最左边的空格后再返回
	replace()	用第三个字符串替换第一个字符串中包含的第二个字符串，并返回替换后的字符串
	substring()	返回字符串中从指定位置开始的指定长度的字符串

注：表中聚合函数的使用请参考前面章节。

【任务实施】

（1）日期时间函数的使用——求系统时间。

```
select getdate(),year(getdate()),month(getdate()),day(getdate())
```

执行的结果如图 5–12 所示。

（2）数学函数的使用——产生一个 0～1 的随机数。

```
DECLARE @RD float
set @RD=rand()
select @RD
```

执行的结果如图 5–13 所示。

结果　消息

	(无列名)	(无列名)	(无列名)	(无列名)
1	2011-09-24 19:44:18.687	2011	9	24

图 5–12　执行结果（七）

	(无列名)
1	0.892945049454692

图 5–13　执行结果（八）

（3）其他函数的使用——判断一个变量是否是数值型。

```
DECLARE @SW integer
set @SW=365
if isnumeric(@SW)=1
print '该变量是数值型'
else
print '该变量不是数值型'
```

执行的结果如图 5–14 所示。

（4）字符串函数的使用——求字符串“she speakes Chinese”中第 5 个字符开始的 7 个字符。

```
DECLARE @EG char(30)
set @EG='she speakes chinese'
select substring(@EG,5,7)
```

执行的结果如图 5–15 所示。

图 5–14　执行结果（九）

	(无列名)
1	SPEAKES

图 5–15　执行结果（十）

> **小提示：**
>
> 本任务仅实践了 4 种系统函数的使用，其他函数的使用也基本相似，图 5–16 显示了 SQL Server 2008 中的所有函数，展开这些函数，可看到每个函数的使用说明，大胆尝试很容易掌握。

可编程性
存储过程
函数
表值函数
标量值函数
聚合函数
系统函数
聚合函数
配置函数
游标函数
日期和时间函数
数学函数
Abs()
参数
表达式(精确数字或近似数字)
返回与该表达式相同的类型
Acos()
Asin()

图 5–16　SQL Server 2008 中系统函数的使用说明

项目总结

本项目实践了 T–SQL 程序设计中的变量定义、新建自定义数据类型、流程控制语句的使用和系统函数的使用等，内容不难但很多，尤其是众多的系统函数，可以使程序设计体现很多功能。虽然 T–SQL 程序设计是在数据库服务器后台进行的操作，实践中很少这样使用，但很多前台开发工具在软件设计时，都允许内嵌 T–SQL 语句并调用系统函数，这使软件开发既快捷又简单，因此，本项目的学习在未来就业时具有较强的实践意义。

小结与习题

本章介绍了如下内容：

（1）变量的定义以及常量和变量的使用方法；
（2）系统数据类型和用户自定义数据类型；
（3）运算符及其优先级；
（4）4 种常用的流程控制语句；
（5）系统函数的使用。

一、判断题

1. T–SQL 语言的全名是结构化查询语言。（　）
2. 局部变量以“@@”开头，初始值为 NULL。（　）
3. between x and y 等价于＞=x 且＜=y。（　）
4. 数据库查询时，用 order by 语句进行排序，递增为 desc，递减为 asc。（　）

二、简答题

1. 什么是常量？请写出至少两种常量类型。

2. 如何在 SQL Server 2008 中定义变量及对变量进行赋值？

3. 请说明在查询语句中参数 distinct 及 top 的作用。

4. 模糊查询时通配符“–”（下划线）和“%”分别匹配几个字符？

5. 使用 T–SQL 命令，在 STUDY 数据库中创建一个自定义数据类型 faxno，基本类型为 varchar，长度为 24，不允许为空。

第六章 索引与数据完整性

项目八　索引的创建和删除

项目需求

在 SQL Server 2008 中，针对数据库 STUDY 中的表创建聚集索引和非聚集索引。

完成项目的条件

（1）数据库管理系统 SQL Server 2008 处于运行状态，用户数据库 STUDY 完好；
（2）掌握数据库系统中“对象资源管理器”的使用方法；
（3）掌握聚集索引和非聚集索引的概念及其创建方法。

方案设计

每个表只能有一个聚集索引，但可以有多个非聚集索引，一张表的主键本身就是一个聚集索引，因此若要对包含主键的表再创建聚集索引，必须先移除主键才能创建。

索引可以创建在一个字段上，也可以创建在多个字段上。应先创建聚集索引而后再创建非聚集索引，因为表的正文数据是按照聚集索引来排序的，若先创建非聚集索引再创建聚集索引，则正文数据会按照聚集索引的列重新排序，这会导致非聚集索引无效。

相关知识和技能

一、创建索引的原因

当查阅某本书的某个章节时，为了提高查阅速度，不是从书的第一页开始顺序查找，而是首先找到书的目录索引，找到需要的章节在目录中的页码，然后根据这一页码直接找到需要的章节。如果把表的数据看作书的内容，则索引就是书的目录。书的目录指向了书的内容（通过页码），同样，索引是表的关键值，它提供了指向表中行（记录）的指针。目录中的页码是到达书的内容的直接路径，而索引也是到达表数据的直接路径，它使人们可更高效地访问数据。本项目利用索引快速访问数据库表中的特定信息，并为选定的表创建、编辑或删除索引。

二、索引的概念

索引是以表为基础的数据库对象，保存着表中排序的索引列，并且记录了索引列在数据表中的物理存储位置，实现了表中的数据的逻辑排序，提高了 SQL Server 系统的性能，加快了数据的查询速度，减少了系统的响应时间。它是由除存放表的数据页面以外的索引页面组成的。每个索引页面中的行都包含逻辑指针，通过该指针可以直接检索到数据，这会加速物理数据的检索速度。对表中的列（字段）是否创建索引以及创建何种索引，对检索的速度会有很大的影响。创建了索引的列几乎是立即响应，而未创建索引的列就需要等很长时间。因为对于未创建索引的列，SQL Server 需要逐行进行搜索，这种搜索耗费的时间直接同表中的数据量成正比。当数据量很大时，耗费的时间是难以想象的。

三、创建索引应考虑的主要因素

（1）如果一个表建有大量索引，其会影响 insert、update 和 delete 语句的性能，因为在表中的数据更改时，所有索引都需进行适当的调整。

（2）覆盖的查询可以提高性能。覆盖的查询是指查询中所有指定的列都包含在同一个索引中。创建覆盖一个查询的索引可以提高性能，因为该查询的所有数据都包含在索引自身当中。

（3）对小型表进行索引可能不会产生优化效果，因为 SQL Server 在遍历索引以搜索数据时，花费的时间可能会比简单的表扫描还长。

四、索引的分类

1. 聚集索引

聚集索引会对表和视图进行物理排序，所以这种索引非常有效，每个表或视图只能有一个聚集索引。将表中的记录在物理数据页中的位置按索引字段值重新排序，再将重排后的结果写回磁盘。如果表中没有聚集索引，SQL Server 会用主键列作为聚集索引。在语句“create index”中，使用“clustered”选项建立聚集索引。创建时应注意：

（1）每个表只能有一个聚集索引；

（2）表中的物理顺序和索引中的物理顺序是相同的；

（3）保证有足够的空间创建聚集索引。

可考虑将聚集索引用于下面几种情况：

（4）包含大量非重复值的列；

（5）使用下列运算符返回一个范围值的查询：between、＞、＞=、＜和＜=；

（6）被连续访问的列；

（7）返回大型结果集的查询；

（8）经常被使用连接或 group by 子句的列。

2. 非聚集索引

非聚集索引与书中的索引类似，数据存储在一个地方，索引存储在另一个地方，索引带有指针指向数据的存储位置。非聚集索引不会对表或视图进行物理排序，具有与表的数据完全分离的结构，其由数据行指针和一个索引值构成。考虑将非聚集索引用于下面的情况：

（1）包含大量非重复值的列，如姓氏和名字的组合（如果聚集索引用于其他列）。

（2）不返回大型结果集的查询。

（3）返回精确匹配的查询的搜索条件（where 子句）中经常使用的列。

（4）在特定的查询中覆盖一个表中的所有列。

3. 唯一索引

唯一索引（unique index）表示表中任何两行记录的索引值都不相同，与表的主键类似。它可以确保索引列不包含重复的值。在多列唯一索引的情况下，该索引可以确保索引列中每个值组合都是唯一的。如果该索引列上已经存在重复值，系统就会报错。

五、合理使用索引

选择创建不同的索引时要考虑实际情况，在不同情况下创建聚集索引还是非聚集索引可参考表 6–1。

表 6–1 合理使用聚集索引和非聚集索引

动作描述	使用聚集索引	使用非聚集索引
列经常被分组排序	√	√
返回某范围内的数据	√	×
一个或极少不同值	×	×
小数目的不同值	√	×
大数目的不同值	×	√
频繁更新的列	×	√
外键列	√	√
主键列	√	√
频繁修改索引列	×	√

任务 索引的创建和删除

【任务目标】

（1）掌握在 SQL Server Management Studio 中创建索引的方法；

（2）掌握在 SQL Server Management Studio 中删除索引的方法；

（3）掌握使用 SQL 语言创建索引的方法；

（4）掌握使用 SQL 语言删除索引的方法。

【任务分析】

能够对学生表 tb_student 中的“studentid（学号）”字段创建聚集索引，因为“studentid（学号）”字段在整个列表中是唯一的；对学生表中的“name（学生姓名）”字段创建非聚集索引，因为“name（学生姓名）”字段可能会出现重复值；对课程表 tb_course 中的“coursename

（课程名称）”字段创建唯一性索引；掌握删除学生成绩数据库中表的索引的方法。

【任务准备】

1. 使用 T–SQL 语言创建索引的方法

只有表或视图的所有者才能为表创建索引，可以随时创建索引，无论表中是否有数据。创建索引是通过 create index 语句来完成的，其语法格式如下：

```
create[unique][clustered | nonclustered]index 索引名
on{表|视图}(列[asc|desc][,…n])
```

各选项的含义如下：

（1）unique 为表或视图创建唯一索引（不允许存在索引值相同的两行）。视图上的聚集索引必须是 unique 索引。

（2）clustered 创建聚集索引。如果没有指定 clustered，则创建非聚集索引。具有聚集索引的视图称为索引视图。必须先为视图创建唯一聚集索引，然后才能为该视图定义其他索引。

（3）nonclustered 创建一个指定表的逻辑排序的对象，即非聚集索引。每个表最多可以有 249 个非聚集索引（无论这些非聚集索引的创建方式如何，是使用 primary key 和 unique 约束隐式创建，还是使用 create index 显式创建）。

（4）索引名：在表或视图中必须唯一，但在数据库中不必唯一。索引名必须遵循标识符规则。

（5）表：包含要创建索引的列的表。可以选择指定数据库和表所有者。

（6）视图：要建立索引的视图的名称。

（7）列：应用索引的列。指定两个或多个列名，可为指定列的组合值创建组合索引。在 table 后的圆括号中列出组合索引中要包括的列（按排序优先级排列）。

（8）［asc| desc］确定具体某个索引列的排序方向［升序（asc）或降序（desc）］，默认设置为 asc（升序）。

（9）n 表示可以为特定索引指定多个列的占位符。

2. 使用 T–SQL 语言删除索引的方法

从当前数据表中删除索引使用 drop index 语句，其语法格式如下：

```
drop index 表索引名 | 视图索引名[,…n]
```

其中，表索引名和视图索引名是索引列所在的表或索引视图；index 是要除去的索引名称。索引名必须符合标识符的规则。n 表示可以指定多个索引的占位符。

【任务实施】

一、索引的界面操作

（1）通过 SQL Server 2008 界面操作为表 tb_student 中的“studentid”（学号）字段创建聚集索引方法如下：

① 打开“SQL Server Management Studio”窗口，选择数据库 STUDY 中的表 tb_student，然后在“索引”处单击鼠标右键，在打开的快捷菜单中执行“新建索引”命令，打开“新建索引”窗口，如图 6–1 所示。

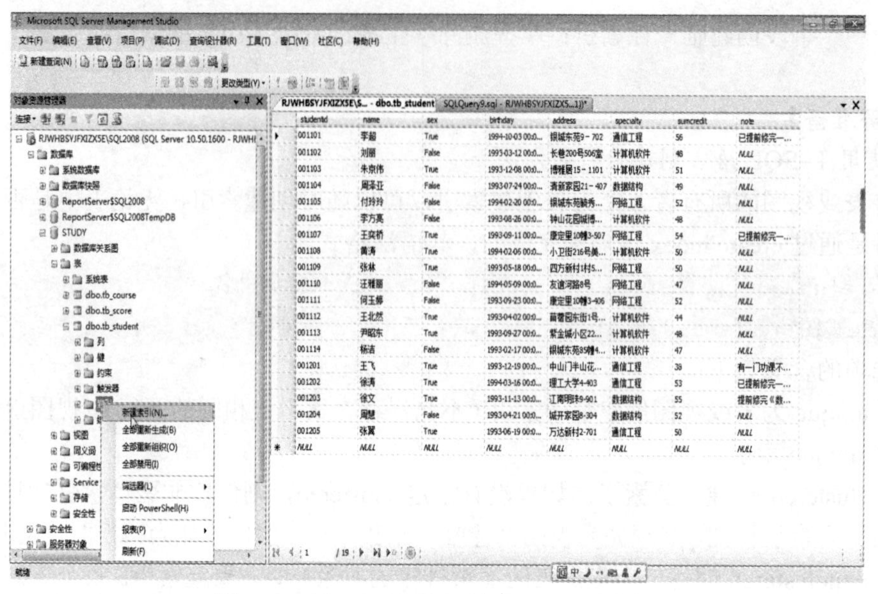

图 6–1　利用“对象资源管理器”创建索引

② 在“索引名称”文本框中输入索引名称，这里输入“studentID”，如图 6–2 所示。

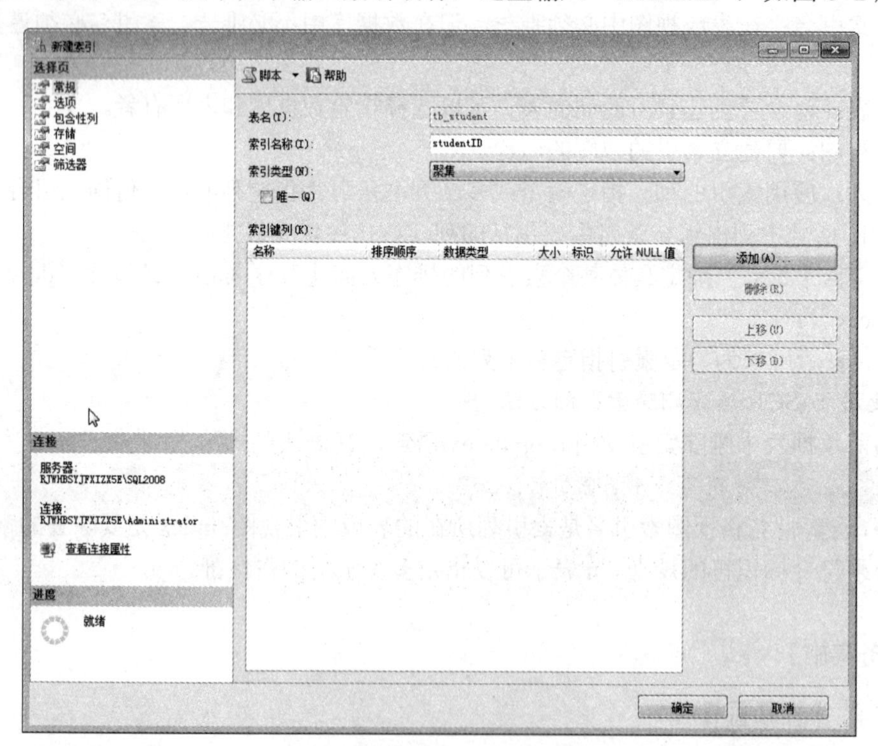

图 6–2　输入索引名称

③ 单击“添加”按钮，打开“从‘dbo.tb_student’中选择列”对话框，如图 6–3 所示。

④ 设置其他选项，例如是创建聚集索引还是创建非聚集索引、是否创建唯一索引等。

⑤ 在“选择页”列表中，选择“选项”选项，可打开“选项”选项卡。在此选项卡中，可以设置一些其他选项。

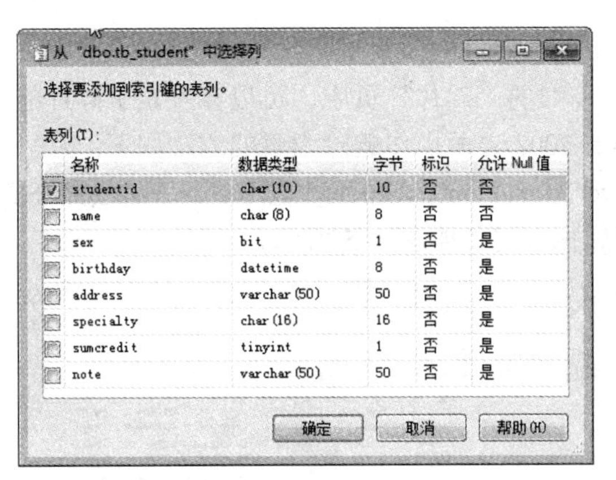

图 6–3　“从‘dbo.tb_student’中选择列”对话框

⑥ 完成后，单击“确定”按钮，即可创建一个新的索引。

（2）通过 SQL Server 2008 界面操作查看索引的方法如下：

① 在“对象资源管理器”窗口里，选择数据库 STUDY 中的表 tb_student，然后在“索引”处单击鼠标右键，在打开的快捷菜单中执行“属性”命令，出现“属性索引”窗口，如图 6–4 所示。

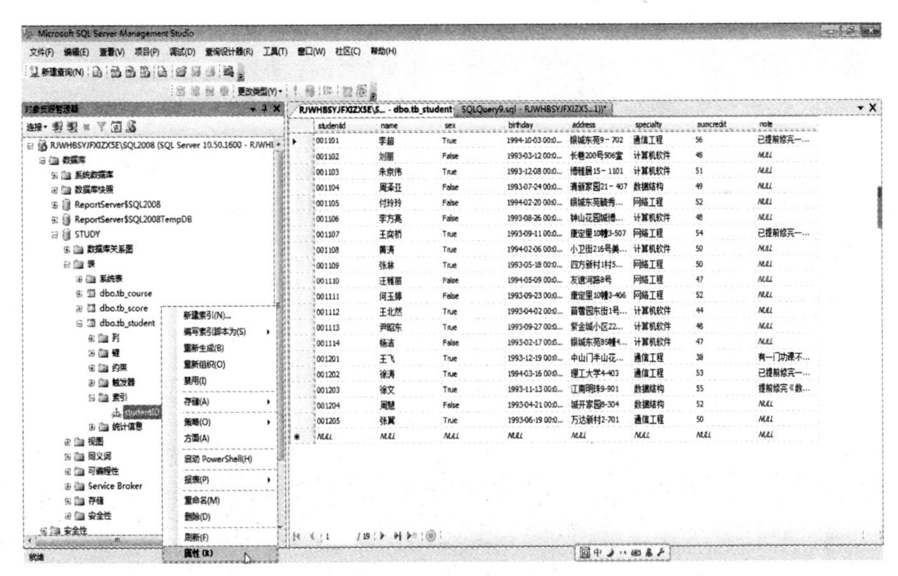

图 6–4　查看索引

② 在“索引属性”窗口的“常规”页中，可以查看或修改所选择的表或视图的索引的类型等属性信息。

③ 在“索引属性”窗口的“选项”页中，可以查看或修改所选索引的属性。

④ 在“索引属性”窗口的“包含性列”页中，可以修改以非键列的形式包含在非聚集索引中的列集。

⑤ 在“索引属性”窗口的“存储”页中，可以查看或修改所选索引的文件组或分区方案属性。此页仅对聚集索引可用。

⑥ 在“索引属性”窗口的“空间”页中，可以查看或修改索引的空间属性。修改任何空

间属性后，将会删除并重新创建该空间索引。

⑦ 在“索引属性”窗口的“碎片”页中，可以查看索引碎片的状态和重新组织索引。

（3）通过 SQL Server 2008 界面操作删除索引的方法如下：

① 打开“SQL Server Management Studio”窗口，选择数据库 STYDY 中的表 tb_student，在要删除的索引上单击鼠标右键，如图 6–5 所示。

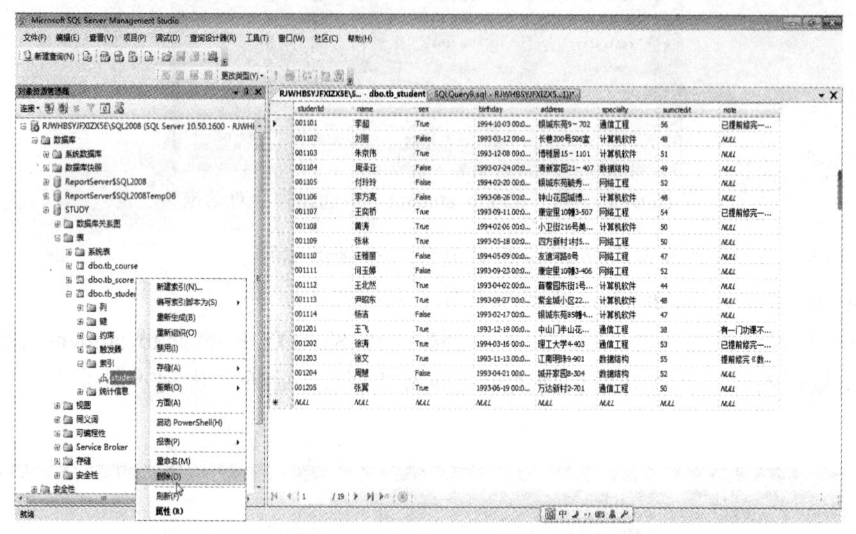

图 6–5　利用“对象资源管理器”删除索引

② 出现“删除对象”对话框，确认无误后，单击“确定”按钮，完成删除操作。

（4）通过 SQL Server 2008 界面操作为表 tb_student 中的“name”（姓名）字段创建非聚集索引方法如下：

① 详见【任务实施】“一、索引的界面操作”的步骤（1）。

② 在“索引名称”文本框中输入索引名称，这里输入“name1”，如图 6–6 所示。

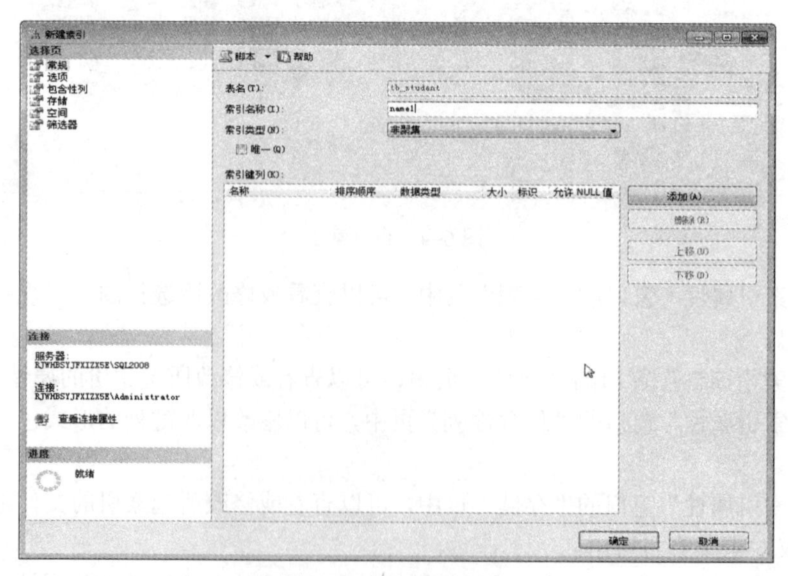

图 6–6　输入索引名称

③ 单击“添加”按钮，打开“从‘dbo.tb_student’中选择列”对话框，如图 6–7 所示。

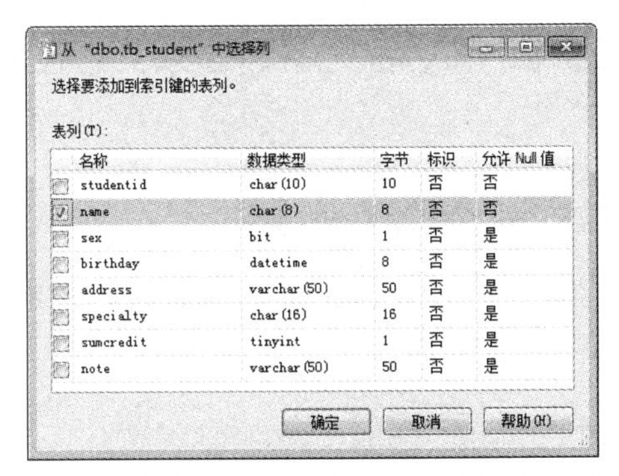

图 6–7 “从‘dbo.tb_student’中选择列”对话框

④ 其余步骤详见【任务实施】“一、索引的界面操作”的步骤（4）、（5）、（6）。

二、索引的语法使用

（1）通过 T–SQL 语言为表 tb_course 的“coursename”（课程名）”列创建索引。

```
use STUDY
go
create index  course_name  on tb_course(coursename)
```

（2）创建聚集索引，根据表 tb_student 中“studentid（学号）”列创建唯一聚集索引。

```
create unique clustered index student_name
on tb_student(studentid)
```

（3）删除 STUDY 数据库中表 tb_course 中一个索引名为“course_name”的索引。

```
drop index tb_course.course_name
```

> 注意：
> （1）要合理地创建索引，而不要认为索引越多越好，否则不仅达不到提高性能的目的，反而会适得其反。
> （2）每个表只能有一个聚集索引。
> （3）聚集索引适合检索连续键值。

【任务总结】

本任务用两种方法为数据库 STUDY 中表 tb_student 的字段“studentid”创建聚集索引，为字段“name”创建了非聚集索引，并作了删除索引的操作。SQL Server 2008 界面操作相对较简单，T–SQL 语言也需要了解。本任务在实际数据库操作中运用较广泛。

项目总结

本项目主要介绍了索引的相关概念，其主要内容包括索引的概念、优点，索引的创建和索引的管理。索引是一种特殊类型的数据库对象，可以用来提高表中数据的访问速度，并且能够强制某些数据完整性。

项目九　数据约束和数据完整性

项目需求

为数据库表中的字段设置默认值约束、unique 约束、CHECK 约束和 identity 属性，设置主键、外键，并实现数据的参照完整性。

完成项目的条件

（1）数据库管理系统 SQL Server 2008 处于运行状态，用户数据库 STUDY 完好；

（2）理解默认值约束、unique 约束、CHECK 约束和 identity 属性的意义，并已掌握设置的方法；

（3）理解主键、外键、数据完整性的概念，掌握主键、外键的设置方法和主、从表的参照完整性的设置方法。

方案设计

（1）用界面操作实现表字段的默认值约束；

（2）用界面操作实现表的 unique 约束；

（3）用界面操作实现表字段的 CHECK 约束；

（4）用界面操作设置表字段的 identity 属性；

（5）用界面操作设置和移除表的主键；

（6）用界面操作实现主、从表的参照完整性。

相关知识和技能

一、数据的约束

SQL Server 2008 提供了多种对表数据的强制约束，主要有以下几种。

1. primary key（主键）约束

在表中定义一个主键，唯一地标识表中的行，一个表有且只有一个主键约束。也就是说，在数据表中不能存在主键值相同的两行数据，而且位于主键约束下的数据应使用确定的数据，不能输入 NULL 来代替确定的数据。在管理数据时，应确保每个数据表都拥有自己唯一的主键，从而实现数据的实体完整性。

在 SQL Server 2008 中，主键约束的创建方式有两种：

（1）作为表定义的一部分在创建表时创建；

（2）对没有主键的表添加主键约束。

2. unique 约束

unique 约束强制执行值的唯一性。对于 unique 约束中的列，表中不允许有两行包含相同的非空值。

3. foreign key（外键）约束

用于强制实现表之间的参照完整性，外键必须和主表的主键或唯一键对应，外键约束不允许为空值。

4. CHECK 约束

CHECK 约束实际上是字段输入内容的验证规则，表示一个字段的输入内容必须满足CHECK 约束的条件，若不满足，则数据无法正常输入。可以为每列指定多个 CHECK 约束，它通过对一个逻辑表达式的结果进行判断来对数据进行检查。例如，限制学生的年龄为 15～20 岁，就可以通过在“年龄”列上设置 CHECK 约束，确保年龄的有效性。

5. default（默认值）约束

默认值约束是指在用户没有提供某些列的数据时，数据库系统为用户提供的默认值。若将表中某列定义了默认值约束后，用户在插入新的数据行时，如果没有为该列指定数据，那么系统将默认值赋给该列，当然该默认值也可以是空值（NULL）。默认值（约束）是一种数据库对象，可以绑定到一个或多个列上。

6. identity 属性

identity 是标识的意思，也即“唯一”的意思。每张数据库表都需要有主键，用于唯一标识该数据集，然而在现实社会中常常有许多事物本身不存在唯一的属性，例如：同样规格、色彩，同样价格的衣服每天被销售许多次，销售时间固然可以作为唯一属性，但人们并不关心，只要有简单的销售序号就可解决该表主键的问题了，事实上序号的值是多少人们也并不关心，这时候，就可以为该表增加一个具有唯一标识的序号列。

SQL Server 2008 在系统中专门安排了列的 identity 属性（即标识属性），它有唯一值，作为表的主键，当然也不为空，一旦设置了某列的 identity 属性，则其属性值无须用户提供，系统在每增加一行记录时自动增量赋值，在默认情况下标识列的初始值（标识种子）和增量（标识增量）均为一。

需要注意的是，每个表只能为一个列设置标识属性，且该列的数据类型只能是整型类的，如 decimal、int、numeric、smallint、bigint 或 tinyint 等。

在数据库 STUDY 的表 tb_score 中，同一个学号可以选修多门课程并获取相应的成绩，既可以将学号和课程号这两列联合起来组成主键，也可以为该表增加一个标识列作为主键。比较起来，后者更简便、更常用。

二、数据完整性

数据完整性是数据库设计方面一个非常重要的问题，数据完整性代表数据的正确性、一致性与可靠性。实施数据完整性的目的在于确保数据的质量。根据数据的完整性所作用的数据库对象和范围的不同，数据完整性分为实体完整性、域完整性、参照完整性三种。

（1）实体完整性：又称为行完整性，把数据表中的每行看作一个实体，要求所有行都具有唯一标识。实体完整性可由主键来实现。表中的主键在所有记录上的取值必须唯一。例如，图书表中，图书编号必须唯一，以保证每一种图书的唯一性。通过索引、unique 约束、主键约束或 identity 属性可实现数据的实体完整性。

（2）域完整性：又称为列完整性，指给定列输入的有效性。要求数据表中指定列的数据具有正确的数据类型、格式和有效的数据范围。实现域完整性的方法有：限制类型（通过数据类型）、格式（通过 CHECK 约束和规则）或可能的取值范围（通过 CHECK 约束、default 定义、not NULL 定义和规则）等。

（3）参照完整性：又称为引用完整性，用于确保相关联的表间的数据保持一致，避免因一个表的记录修改，造成另一个表的内容变为无效的值。参照完整性是相关联的两个表之间的约束，是通过表的外键和主键来维护的。对于两张存在实际联系的表，而不建立相互之间的约束，那么，独立地对其中一张表的记录进行增加、修改、删除，将会影响另一张表的数据完整性。例如：修改父表中关键字的值后，子表关键字的值未作相应改变；删除父表的某记录后，子表的相应记录未删除，致使这些记录成为孤立记录；对于子表插入的记录，父表中没有相应关键字值的记录；等等。当建立父表和子表之间的相互参照之后，这些情况将不允许存在，这样就保证了两张表中数据的参照完整性。

任务一　设置默认值约束、unique 约束、CHECK 约束和 identity 属性

【任务目标】

（1）理解默认值的概念，掌握默认值的设置方法；

（2）理解 unique 约束、CHECK 约束的意义，掌握其设置方法；

（3）了解 identity 属性的意义及其设置方法。

【任务分析】

（1）可以利用界面操作进行默认值约束的设置，当数据表的某列定义了默认值后，可以省略该列的数据输入，系统自动将默认值赋给该列。

（2）可以利用界面操作进行默认值约束的设置，当对数据表的某列设置了 unique 约束后，就可保证不同记录中该列的值是唯一的。

（3）可以利用界面操作进行 CHECK 约束的设置，当数据表中的某列设定了 CHECK 约束后，该列的值就必须经由 CHECK 约束中表达式的约束，否则系统会报错。

（4）可以利用界面操作进行 identity 属性的设置，对属于整型系列数据类型的字段可以进行 identity 属性的设置，且一张表中只允许有一个列这样设置，当某列被设置成 identity 属性后，该列的值就由系统按照种子和增量的设置自动确定，用户不能人为更改。被设置成 identity 属性的列通常会被设置成该表的主键。

【知识准备】

参见本项目【相关知识和技能】中“一、数据的约束”的内容。

【任务实施】

一、利用界面操作设置默认值约束

为数据库表 tb_student 的“sex”字段设置默认值的步骤如下：

启动 SQL Server Management Studio 工具，在“对象资源管理器”窗口中展开数据库 STUDY，选择表 tb_student，用鼠标右键单击“设计”，在右面的表设计器中选中需要设置默认值的字段（“sex”字段），在下面的“列属性”窗口中“常规”栏的“默认值或绑定”行中输入默认值为 1，保存后再打开，就可看到图 6–8 所示的情况。

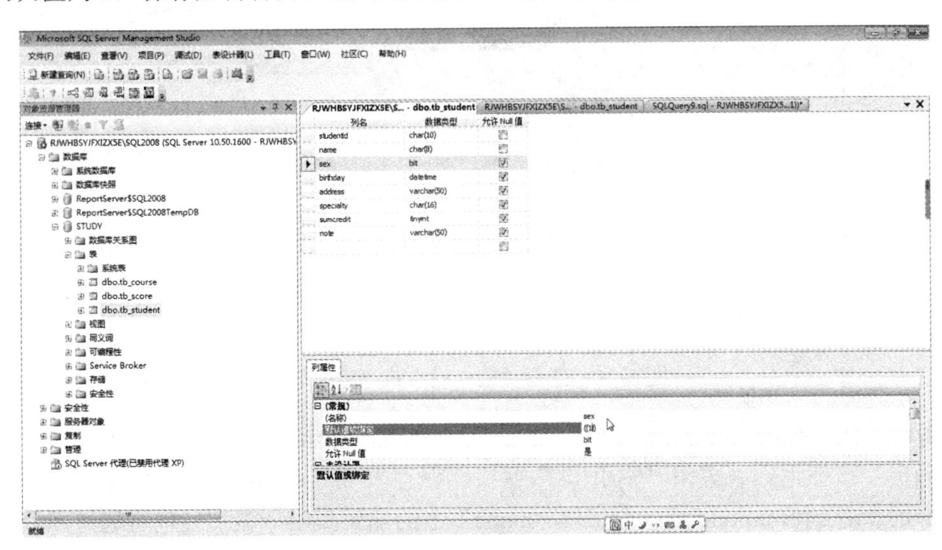

图 6–8　设定默认值

二、利用界面操作设置 unique 约束

为表 tb_student 的“name”字段设置 unique 约束的步骤如下：

（1）启动 SQL Server Management Studio 工具，在“对象资源管理器”窗口中展开数据库 STUDY，选择表 tb_student，用鼠标右键单击“设计”，用鼠标右键单击界面的空白处，选择“索引/键”命令，如图 6–9 所示，出现“索引/键”窗口，在“类型”栏中选择“唯一键”，如图 6–10 所示。

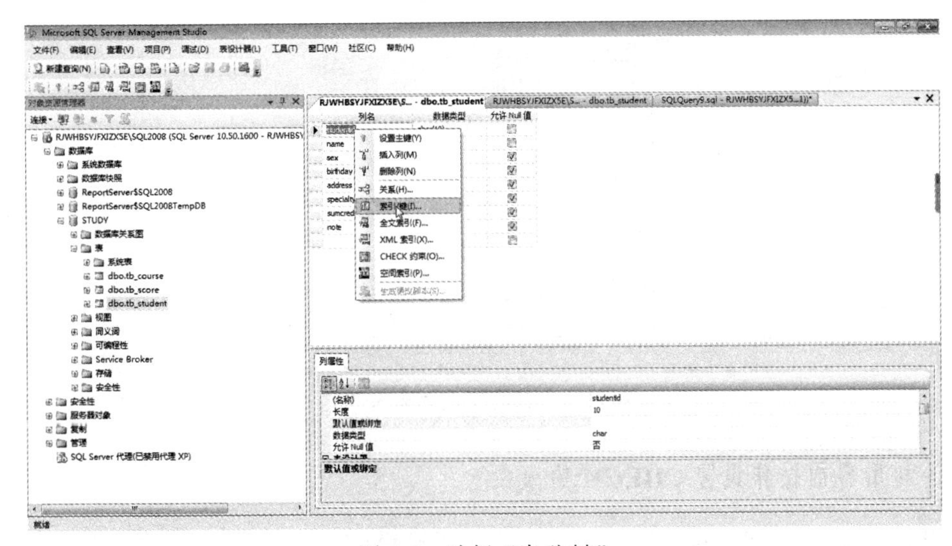

图 6–9　选择“索引/键”

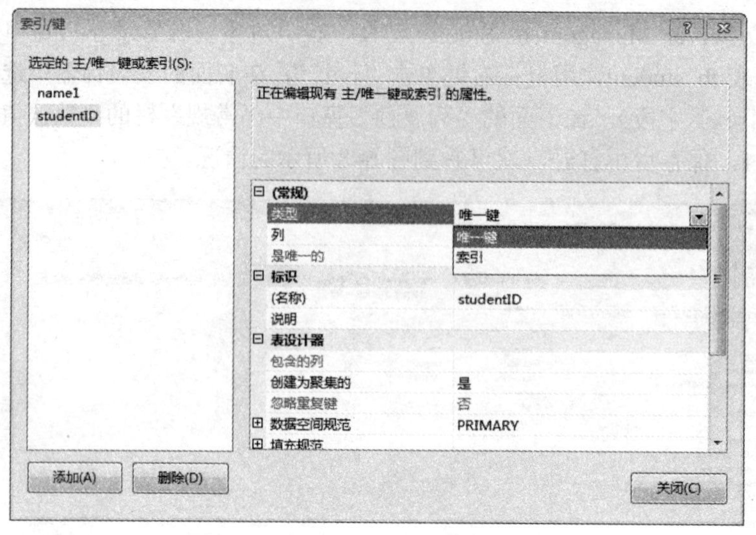

图 6–10　选择“唯一键”或“索引”

（2）在“列”栏的右边单击，弹出“索引列”窗口，选择字段“name”，如图 6–11 所示，单击“确定”按钮返回，关闭“索引/键”窗口，保存表 tb_student，刷新界面，可在图 6–12 所示的界面上看到该 unique 是一个字段“name”上的非聚集唯一索引（也可通过新建索引来完成创建，同学们可自己尝试）。

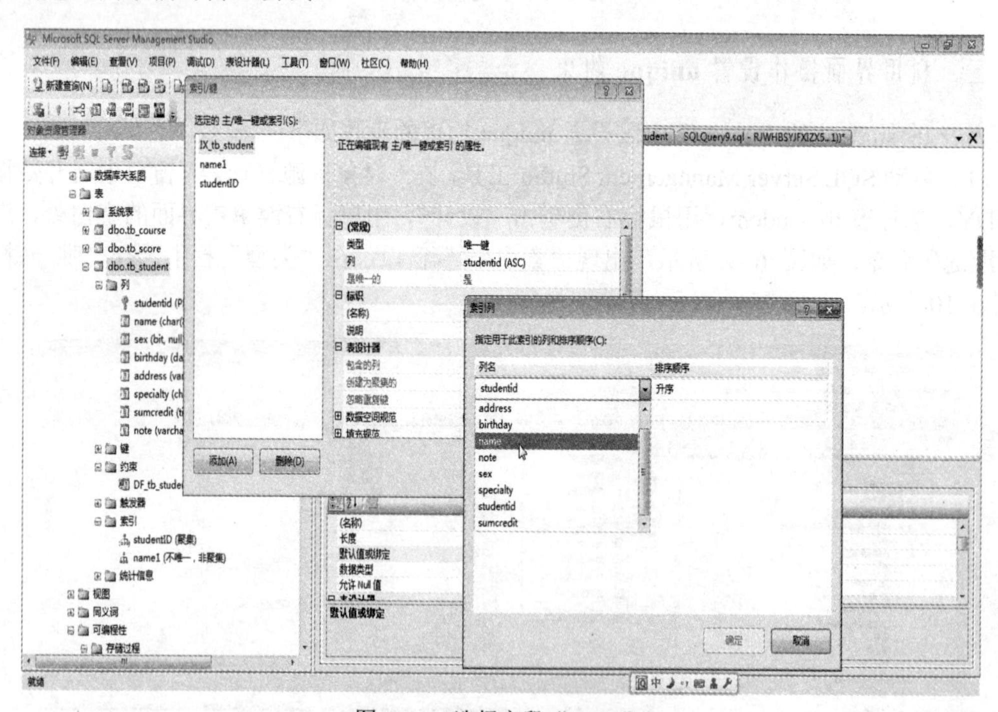

图 6–11　选择字段“name”

三、利用界面操作设置 CHECK 约束

为表 tb_student 的“sumcredit（总学分）”字段设置 CHECK 约束的步骤如下：

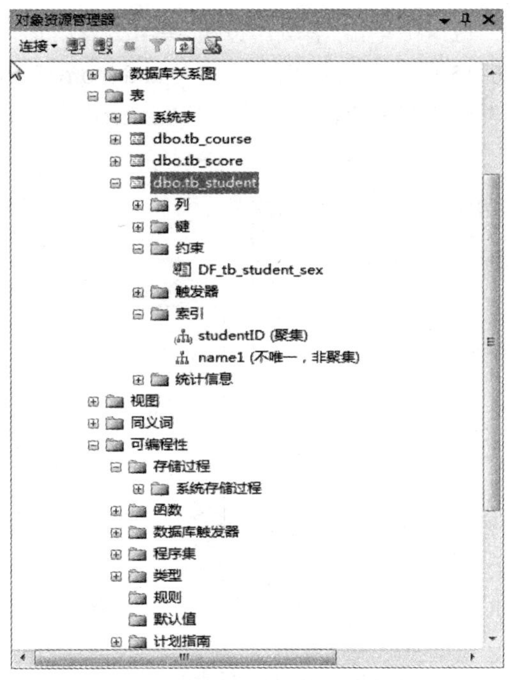

图 6–12　等同于唯一的非聚集索引

（1）启动 SQL Server Management Studio 工具，在“对象资源管理器”窗口中展开数据库 STUDY，选择表 tb_score，用鼠标右键单击“设计”，用鼠标右键单击界面的空白处，选择“CHECK 约束”命令，如图 6–13 所示，出现“CHECK 约束”窗口，如图 6–14 所示。

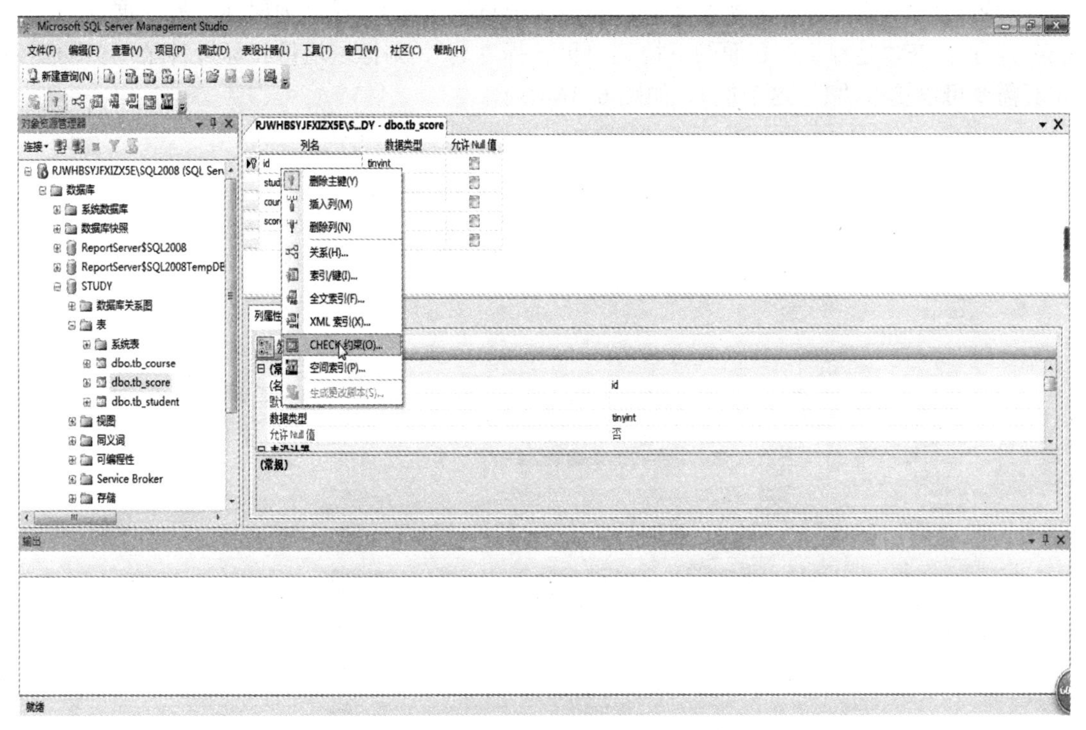

图 6–13　选择“CHECK 约束”命令

（2）在“CHECK 约束”窗口中单击“添加”按钮，单击“表达式”栏的右面，出现“CHECK 约束表达式”窗口，如图 6–15 所示，输入“score＞=0 and score＜=100”，单击“确定”按钮，单击“关闭”按钮，保存表设计器窗口，完成了对“sumcredit”字段进行的 CHECK 约束的设置。

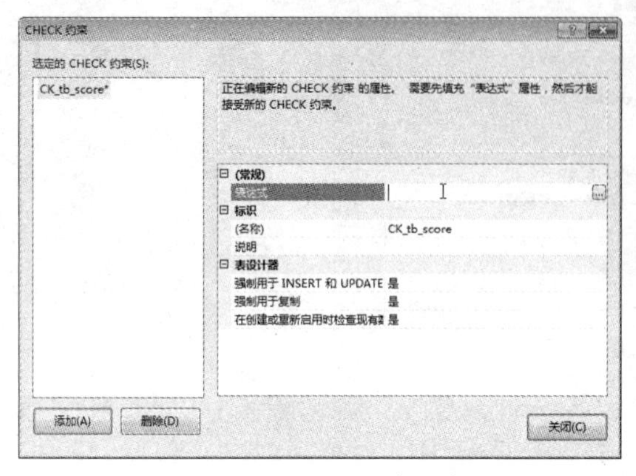

图 6–14 “CHECK 约束”窗口

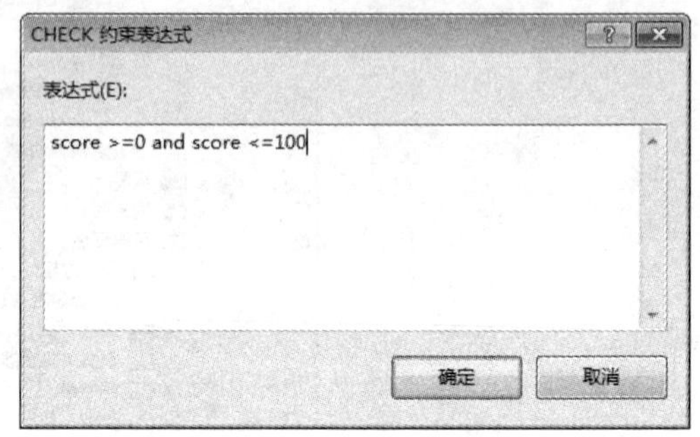

图 6–15 输入约束表达式

四、利用界面操作设置表字段的 identity 属性

将表 tb_score 中的“id”字段设置成 identity 属性的步骤如下：

（1）启动 SQL Server Management Studio 工具，在“对象资源管理器”窗口中展开数据库 STUDY，选择 tb_score 表，单击鼠标右键，选择“设计”。

（2）选择“id”字段（其类型为 tinyint，属于整型系列），在“列属性”栏中展开“标识规范”节点，在“是标识”右面的下拉菜单里选择“是”，则标量增量和标量种子均自动变为 1（若需要可以更改“1”这个值），如图 6–16 所示。

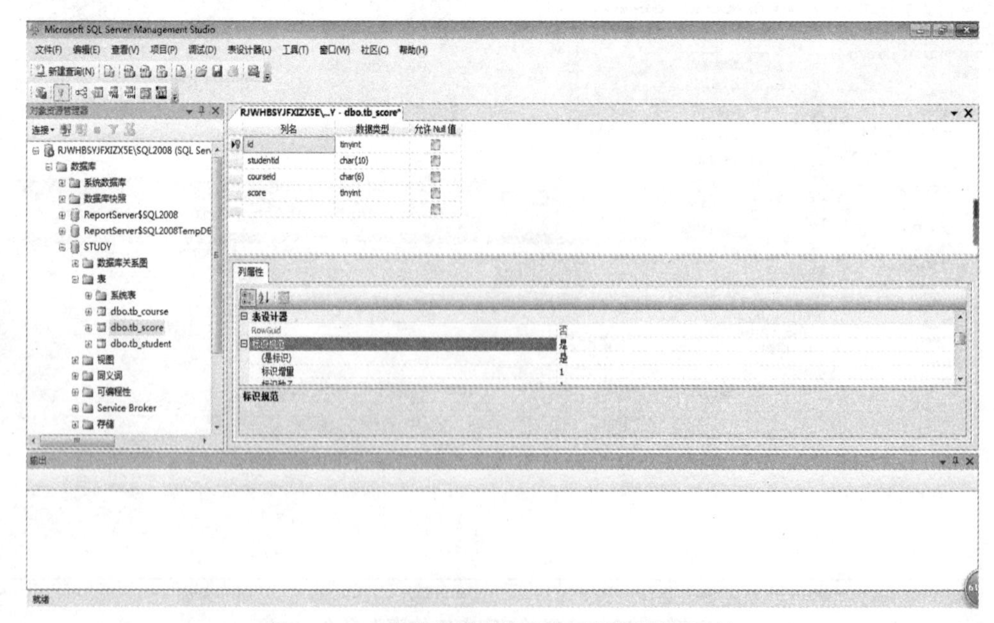

图 6–16 在表设计器中为序号列设置标识属性

【任务总结】

本任务学习了数据约束的概念，并实践了几种数据约束的设置方法，包括默认值约束、unique 约束、CHECK 约束等，同时学习了 identity 属性的概念、意义，以及设置的方法。这些技能在实际数据库应用中很有用。

任务二　创建主键、外键并实现参照完整性

【任务目标】

（1）了解数据完整性的基本概念和分类；

（2）掌握利用界面方法实现主键约束，了解利用语法创建主键；

（3）掌握利用界面方法实现参照完整性。

【任务分析】

为数据库的表设置主键约束，并针对主、从表实现数据的相互参照。只需熟练掌握界面操作方法即可，而使用语法的实现方法只需要作了解。

【知识准备】

（1）创建主键约束的语法如下：

```
create table 数据表名
    ({<列定义><列的约束>}[,…n]
      [约束名>]
primary key(列名1)[,...n]
```

（2）参照完整性知识请参见本项目【相关知识与技能】中的“二、数据完整性”。

【任务实施】

（1）通过“对象资源管理器”为表 tb_student 中的 studentid 定义主键约束。

① 启动 SQL Server Management Studio 工具，在“对象资源管理器”窗口中依次打开各节点到要修改的表，例如表 tb_student，单击鼠标右键，在弹出的快捷菜单中选择“设计”命令，打开表设计窗口。

② 选择指定的列，在列名的左侧出现三角符号，如果设置的主键为多个，则按住 Ctrl 键单击相应的列，在选中的列上单击鼠标右键，在弹出的快捷菜单中选择“设置主键”命令，如图 6–17 所示，这时选定的列左侧显示一个钥匙图标，表示该列是主键列，如图 6–18 所示。

（2）通过“对象资源管理器”定义主、从表间的参照关系。

① 创建表的主键，如果在创建表的时候已经定义了表 tb_student 中的学号字段“studentid”为主键，那么就不需要再定义主表的主键了。

② 启动“SQL Server Management Studio”，在“对象资源管理器”中展开数据库 STUDY，选择“数据库关系图”，单击鼠标右键，在出现的快捷菜单中选择“新建数据库关系图”菜单项，打开“添加表”窗口，如图 6–19 所示。

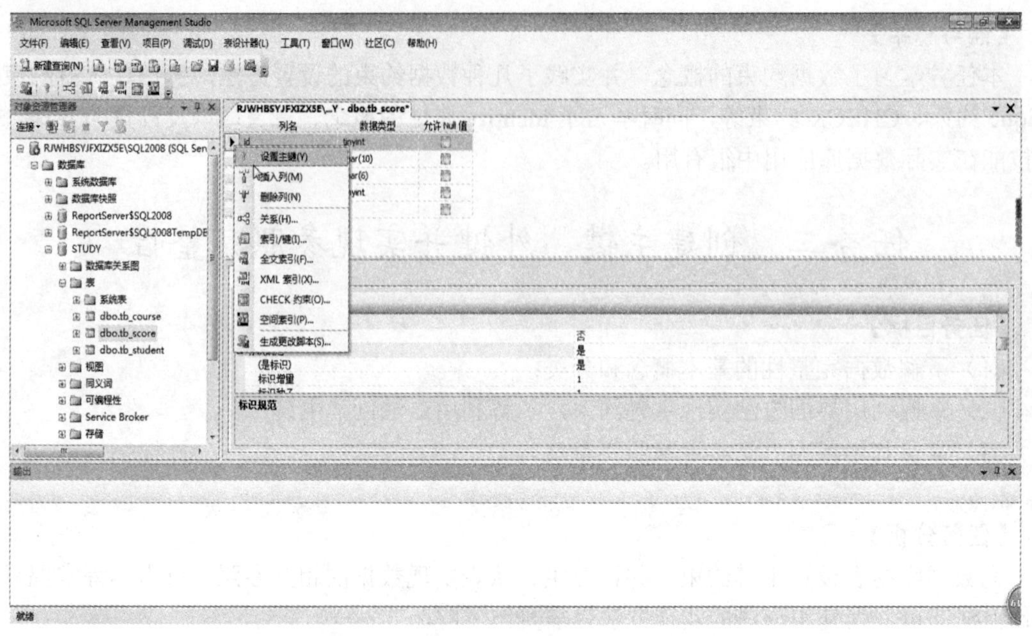

图 6–17　设置主键

列名	数据类型	允许 Null 值
id	tinyint	□
studentid	char(10)	□
courseid	char(6)	□
score	tinyint	□
		□

图 6–18　设置后的主键

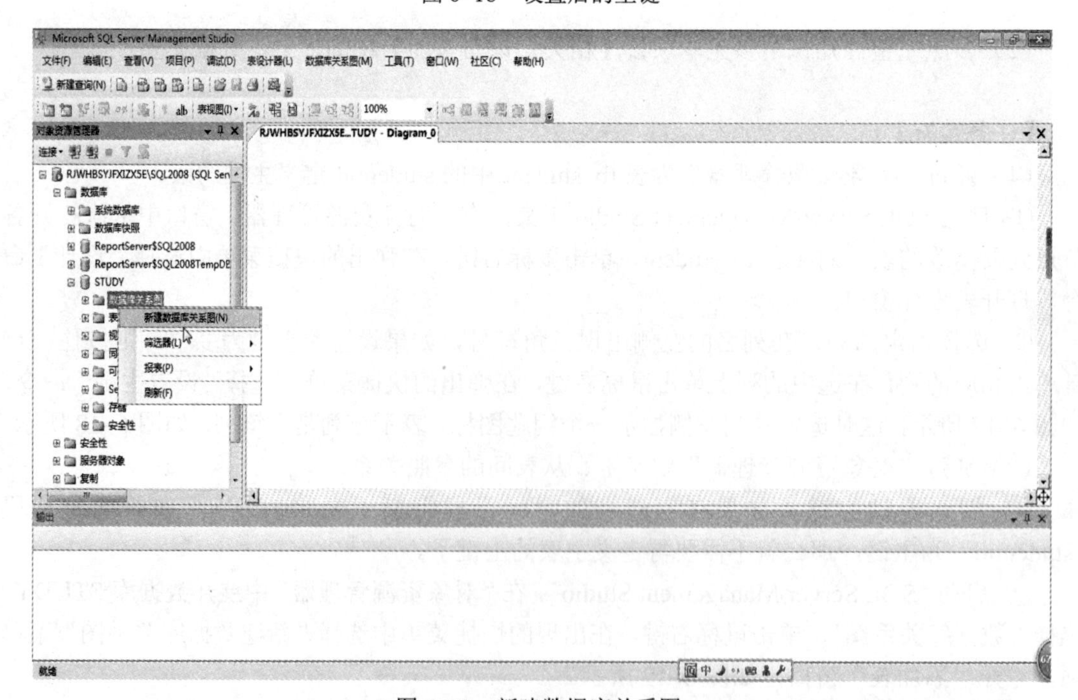

图 6–19　新建数据库关系图

③ 在出现的“添加表”窗口中选择要添加的表，本例中选择了表 tb_student 和表 tb_score。单击“添加”按钮完成表的添加，之后单击“关闭”按钮退出窗口，如图 6–20 所示。

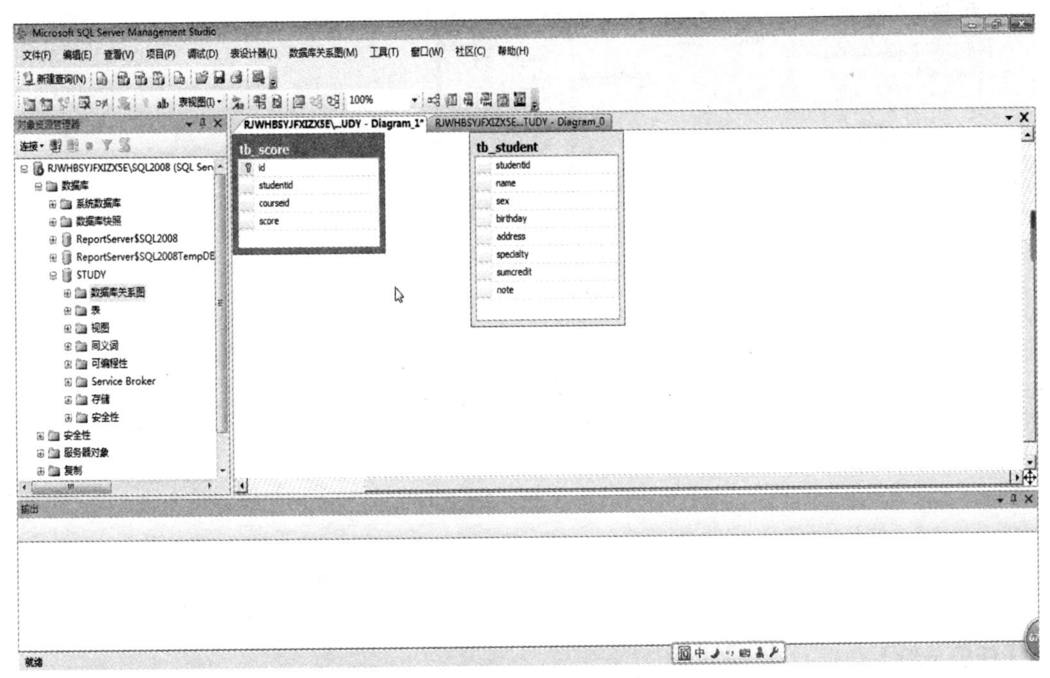

图 6–20　添加表 tb_student 和表 tb_score

④ 在“数据库关系图设计”窗口将鼠标指向主表的主键，并拖动到从表，即将表 tb_student 中的“studentid”字段拖动到从表 tb_score 中的“studentid”字段。

⑤ 在弹出的“表和列”窗口中输入关系名，设置主键表和列名，如图 6–21 所示，单击“表和列”窗口中的“确定”按钮，再单击“外键关系”窗口中的“确认”按钮，进入图 6–22 所示的界面。

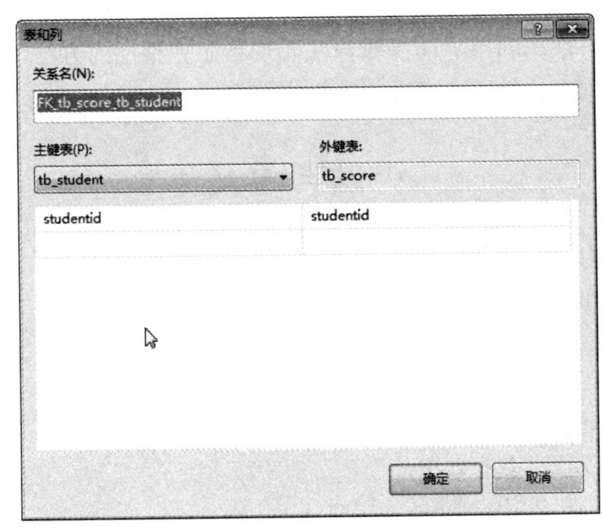

图 6–21　输入关系名，设置主键表和列名

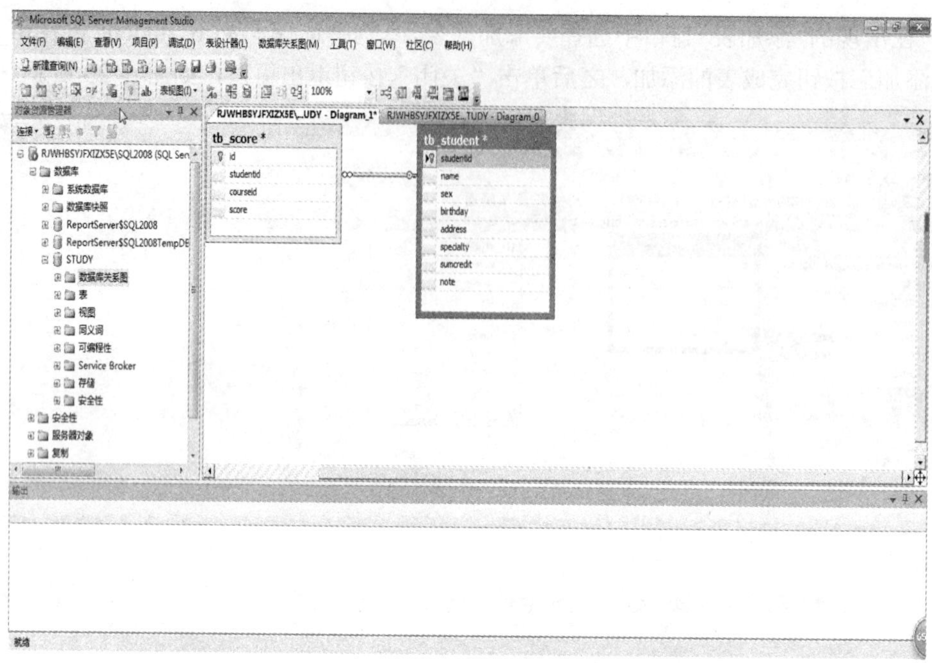

图 6–22　设置参照完整性后，主表和从表的参照关系

【任务总结】

本任务主要完成了利用界面操作方法实现主键约束，以及界面操作实现主、从表的数据之间的参照完整性，优秀的数据库设计中必须设置主、从表的数据参照，以便保证数据完整合理。

项目总结

本项目介绍了默认值的概念、数据完整性的基本概念和分类，需要掌握默认值的创建和使用方法，identity 属性的设置方法，利用界面操作方法实现主键约束、unique 约束、CHECK 约束的定义和删除的方法，利用界面操作方法实现参照完整性的方法。它们在当前就业中使用较多，同学们要加强理论学习，多进行上机实验。

小结与习题

本章介绍了如下内容：

（1）索引的概念和索引的建立原则；

（2）索引的分类；

（3）索引的创建、管理方法；

（4）完整性和约束的概念和意义；

（5）创建和删除各种约束的方法；

（6）默认值的概念和意义；

（7）创建和删除默认值的方法。

一、选择题

1. 关于 SQL Server 中索引的叙述正确的是______。

A. 表可以建立多个聚集索引

B. 表可以定义多个非聚集索引

C. 数据库的数据保存在同一个表中

D. 索引不会改变表中的数据

2. 关于索引的描述错误的是______。

A. 表的任何数据列都可以添加索引

B. 索引的列最好不要含有许多重复的值

C. 不给很少使用的列添加索引

D. 数据库中的聚集索引越多搜索效率就越高

3. 关于 SQL Server 中的约束叙述正确的是______。

A. 约束只能保证数据的有效性，不能保证数据的完整性

B. 既可以给列创建约束，也可以给表创建约束

C. 约束定义得过多，有可能降低数据库的性能

D. 不要给非键值列添加约束

二、简答题

1. 描述索引的概念和作用。
2. 说明数据完整性的含义和分类。
3. 索引与约束的区别是什么？
4. SQL Server 中聚集索引和非聚集索引的区别是什么？

第七章

存储过程和触发器

项目十　存储过程的创建与使用

项目需求

在 SQL Server 2008 中针对 3 种不同情况创建相应的用户存储过程，并学会存储过程的使用。

完成项目的条件

（1）SQL Server 2008 数据库管理系统处于运行状态，用户数据库 STUDY 完好；
（2）掌握数据库系统中“对象资源管理器”的使用方法；
（3）掌握 T–SQL 语言编程知识；
（4）掌握常见的用户存储过程的创建和删除方法。

方案设计

存储过程就是数据库语言中的函数，首先要具备 T–SQL 语言编程的基础，其次要掌握声明存储过程的方法，最后要掌握执行存储过程的方法。

作为数据库语言中的函数，存储过程可以包含或不包含变量，对于有变量的存储过程，还需要在存储过程中定义变量。

本项目将介绍创建、执行和删除存储过程的方法。

相关知识和技能

一、存储过程的概念

存储过程是为完成特定的功能而汇集在一起的一组 SQL 程序语句，经编译后存储在数据库中的 SQL 程序。存储过程可以接受输入参数，向客户端返回表格或标量结果和消息，调用数据定义语言（DDL）和数据操作语言（DML）语句，然后返回输出参数。存储过程是数据库中的一个重要对象，一个设计良好的数据库应用程序常常用到存储过程。

二、存储过程的优点

（1）存储过程运行的速度比较快，它在服务器中运行，比 SQL 语句的运行速度快 2～

10倍。

（2）存储过程可以接受参数、输出参数、返回单个或多个结果集以及返回值，可以向程序返回错误原因。

（3）使用存储过程可以完成所有的数据库操作，并通过编程方式控制对数据库信息访问的权限，确保数据库的安全。

（4）存储过程主要在服务器中运行，以减少对客户机的压力。

（5）可以在单个存储过程中执行一系列 SQL 语句，可以自动完成一些需要预先执行的任务。

（6）增加网络流量，降低网络负担，如果使用单条调用语句的方式，就必须传输大量的 SQL 语句。

三、存储过程的类型

（1）系统存储过程。系统存储过程可以作为命令执行，定义在系统数据库 master 中，以“_sp”为前缀。

（2）扩展存储过程。扩展存储过程以“xp_”开头，是在 SQL Server 2008 环境之外执行的动态链接库 DLL。因为扩展存储过程命令不易编写，而且可能会引发安全性问题，所以本书不详细介绍扩展存储过程。

（3）用户存储过程。用户存储过程可以通过 T–SQL 语言编写，也可以通过 CLR 方式编写。

① T–SQL 存储过程是指保存的 T–SQL 语句集合，它可以接受和返回用户提供的参数。例如，存储过程中可能包含根据客户端应用程序提供的信息在一个或多个表中插入新行所需的语句，存储过程也可能从数据库向客户端应用程序返回数据。

② CLR 存储过程是指对 Microsoft.NET Framework 公共语言运行时（CLR）方法的引用，它可以接受和返回用户提供的参数。它在.NET Framework 程序集中是作为类的公共静态方法实现的。

任务　存储过程的创建与使用

【任务目标】

（1）了解存储过程的概念以及存储过程的类型；

（2）熟练掌握设计存储过程的方法；

（3）掌握用 T–SQL 命令创建、执行和删除存储过程的方法。

【任务分析】

在 SQL Server 中，可以使用两种方法创建存储过程：一个是使用创建存储过程模板来创建存储过程；另一个是利用 T–SQL 命令创建存储过程。

【知识准备】

1. 用 T–SQL 命令创建存储过程

语法形式如下：

```
create proc 新存储过程名[;number]
[指定存储过程名]
as 执行的操作[…n]
```

其中各参数含义如下：

（1）新存储过程名：用于指定存储过程名，必须符合标识符规则，并且对于数据库及所在架构必须唯一。这个名称应当尽量避免与系统内置函数的名称相同，否则会发生错误，也应当尽量避免使用“sp_”作为前缀。

（2）执行的操作：过程中要包含的任意数目和类型的 T–SQL 语句，存储过程体中可以包含一条或多条 T–SQL 语句，除了 DCL、DML、DDL 命令外，还能包含过程式语句，如变量的定义与赋值语句、流程控制语句。

2. 用 T–SQL 命令执行存储过程

语法形式如下：

```
exec 存储过程名
```

3. 用 T–SQL 命令删除存储过程

语法形式如下：

```
drop procedure {存储过程名 }[,…n]
```

【任务实施】

1. 无参数的存储过程

创建无参数的存储过程，返回 STUDY 数据库中表 tb_student 中学号为 001204 的学生的成绩情况。

创建存储过程 exp1 的代码如下：

```
use STUDY
go
create procedure exp1
as
select *
     from tb_student
       where studentid='001204'
go
```

将上述代码输入到“新建查询”中，单击“执行”，完成存储过程 exp1 的创建，如图 7–1 所示。

执行存储过程的程序代码为：

```
exec exp1
```

输入上述代码并用鼠标选中，再单击“执行”，结果如图 7–2 所示。

2. 带参数的存储过程

从 STUDY 数据库的 3 个表中查询某人指定课程的成绩和学分。

创建存储过程 exp2 的代码如下：

图 7-1 存储过程 exp1 的创建

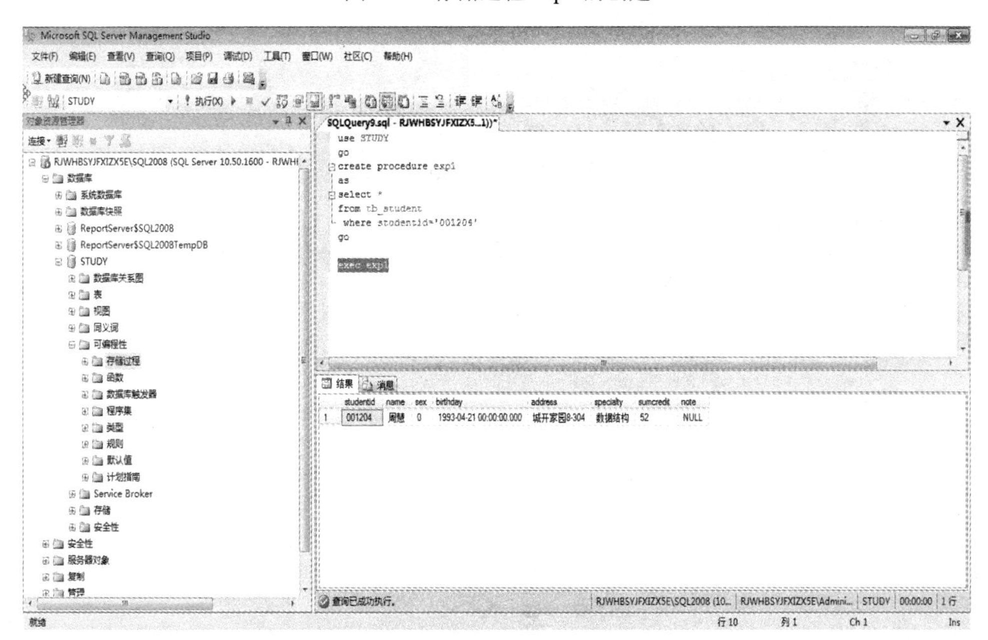

图 7-2 存储过程 exp1 的执行结果

```
use STUDY
go
create procedure exp2 @name char(8),@coursename char(16)
    as
        select a.studentid,name,coursename,score,t.credit
            from tb_student  a  inner join  tb_score  b
                on a.studentid=b.studentid inner  join tb_course  t
```

```
                    on b.courseid=t.courseid
                    where a.name=@name and t.coursename=@coursename
go
```

将上述代码输入到“新建查询”中，单击“执行”，完成存储过程 exp2 的创建，如图 7–3 所示。

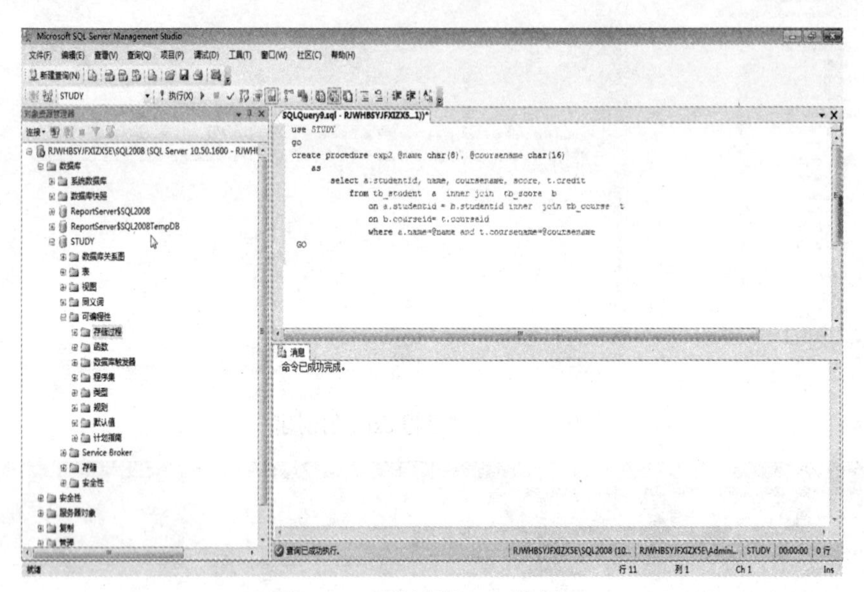

图 7–3　存储过程 exp2 的创建

执行存储过程的代码为：

```
execute exp2 "张林","计算机基础"
```

输入上述代码并用鼠标选中，再单击“执行”，结果如图 7–4 所示。

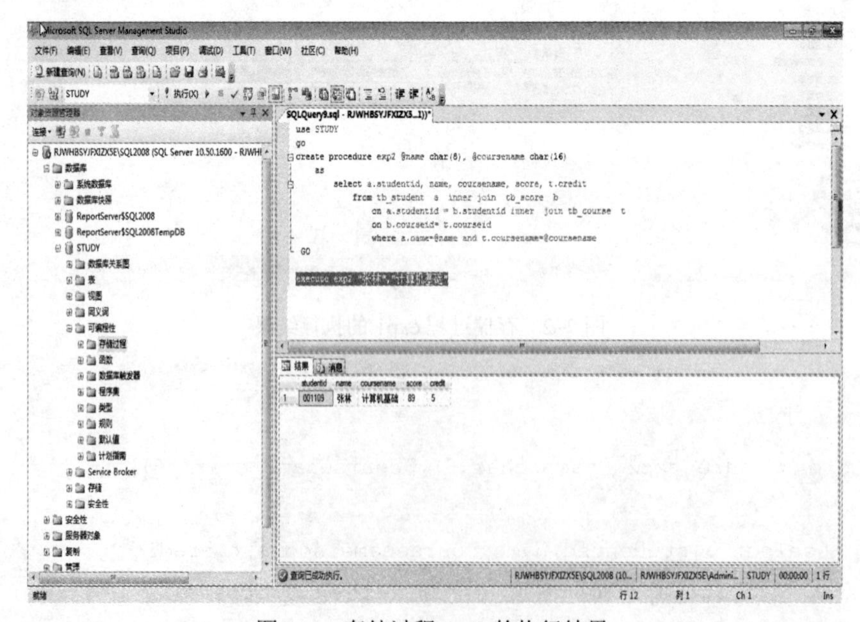

图 7–4　存储过程 exp2 的执行结果

3. 创建模式匹配参数的存储过程

从 STUDY 的 3 个表的连接中返回指定姓李的学生的学号、姓名、所选课程名称及该课程的成绩。

创建存储过程的代码如下：

```
use STUDY
go
create procedure exp3 @name varchar(30)='李%'
   as
      select a.studentid,a.name,c.coursename,b.score
         from  tb_student a  inner join  tb_score  b
         on a.studentid=b.studentid inner join tb_course c
         on c.courseid=b.courseid
         where name like @name
go
```

将上述代码输入到“新建查询”中，单击“执行”，完成存储过程 exp3 的创建，如图 7–5 所示。

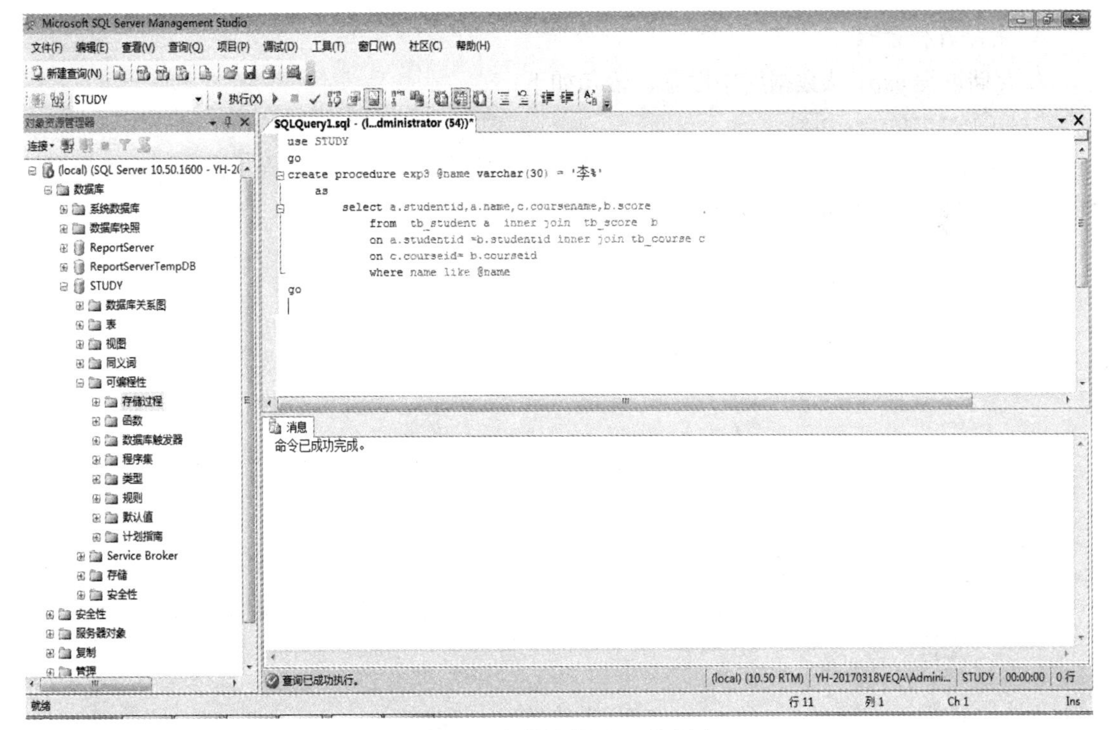

图 7–5　存储过程 exp3 的创建

执行存储过程的代码为：

```
exec exp3
```

输入上述代码并用鼠标选中，再单击“执行”，结果如图 7–6 所示。

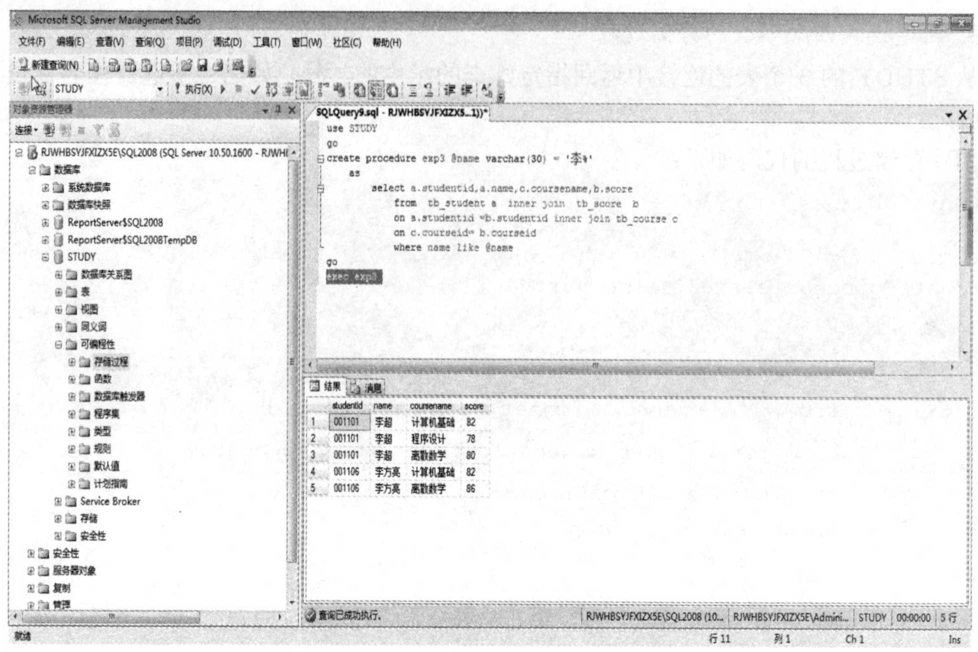

图 7–6 存储过程 exp3 的执行结果

4. 删除存储过程

将存储过程 exp1 从数据库中删除，语句如下：

```
drop procedure exp1
```

输入上述代码并用鼠标选中，再单击“执行”，就可以删除存储过程，也可以在“资源管理器”中用鼠标操作来删除，如图 7–7 所示。

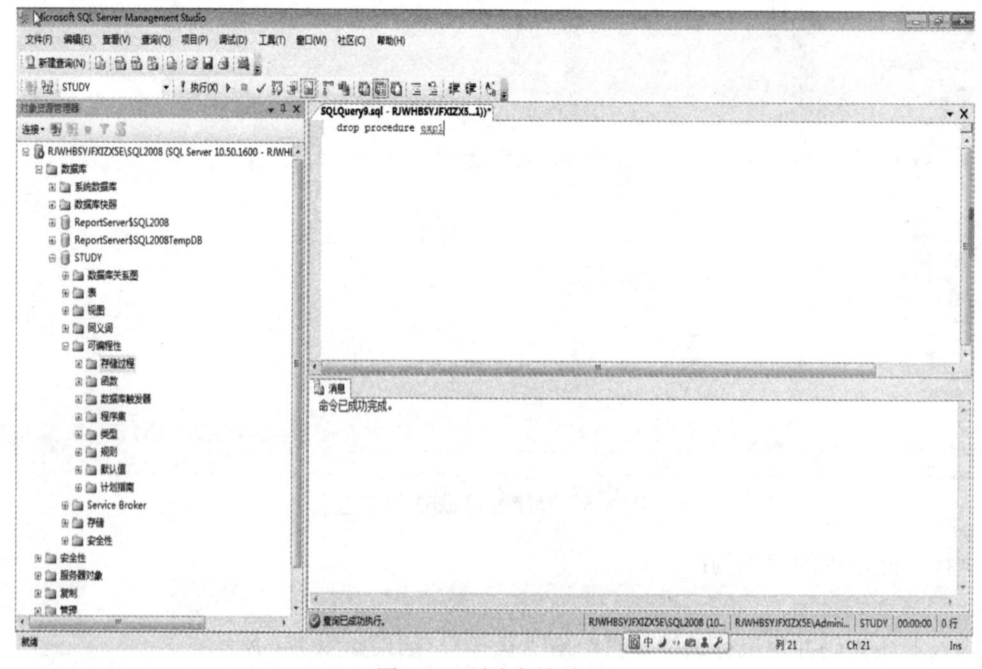

图 7–7 删除存储过程

> 注意：
>
> （1）不要使用“sp_”前缀，“sp_”前缀是为系统存储过程保留的；
>
> （2）尽量少用可选参数，执行额外的工作会影响系统性能。

【任务总结】

本任务实践了存储过程的创建、执行和删除的过程，对于存储过程的创建，本任务分别尝试了无参数、带参数和参数模式匹配 3 种存储过程的实例，学生从中可体会到存储过程的应用潜力非同一般。

存储过程技术是数据库程序设计中较高级的技术，具有功能强大、执行效率高、安全性好等优点，有兴趣的同学可以进一步深入了解。

项目总结

本项目介绍了 SQL Server 2008 的存储过程，这是个重要的数据库对象，使用存储过程，可以将 T–SQL 语句和控制流语句预编译并保存到服务器端，这不仅提高了访问数据的速度和效率，还提供了良好的安全机制。

项目十一　触发器的创建与使用

项目需求

在 SQL Server 2008 数据库管理系统中创建 3 种 DML 触发器，并学会使用和删除的方法。

完成项目的条件

（1）SQL Server 2008 数据库管理系统处于运行状态，用户数据库 STUDY 完好；

（2）掌握数据库系统中“对象资源管理器”的使用方法；

（3）掌握 T–SQL 语言编程知识；

（4）掌握创建和删除触发器的语法。

方案设计

本项目先介绍触发器的概念、类型、用处以及创建语法，再以“学生成绩管理系统”中的数据库 STUDY 为例子，详细说明如何用 T–SQL 命令创建 3 种最常见的 DML 触发器，通过实例说明创建触发器时参数的意义。本项目还简单介绍了 SQL Server 2008 新增的 DDL 触发器及其使用方法。

相关知识和技能

一、触发器的概念

触发器是一个关联到表的数据对象，它不需要被调用，当针对一个表的特殊事件出现时，它就会被触发。

触发器是一种特殊类型的存储过程，也是由 SQL 语句组成的，因此用在存储过程中的语句也可以用在触发器的定义中。触发器与表的关系密切，用于保护表中的数据，当有操作影响到触发器保护的数据时，触发器将自动执行。

触发器由“触”和“发”两个动作组成，当对一张表进行 insert、update 或 delete 等操作时（此为“触”），SQL Server 2008 就会自动执行触发器所定义的 SQL 语句（此为“发”）。

二、触发器的类型

在 SQL Server 2008 中，按照触发事件的不同可将触发器分为两大类：

（1）DML 触发器：DML 触发器在数据库中发生数据操作语言（DML）事件时将启用。DML 事件包括在指定表或视图中修改数据的 insert 语句、update 语句和 delete 语句。因而，DML 触发器还可分为 3 种类型：insert 触发器、update 触发器和 delete 触发器。

利用 DML 触发器可以方便地保持数据库中的数据完整性。例如，对于数据库 STUDY 的 3 个表 tb_student、tb_score 和 tb_course，当需要插入某学号的课程成绩时，该学号应该是 tb_student 表中存在的，课程号应该是 tb_course 表中存在的，此时，可通过定义 insert 触发器

实现上述功能。再如：当需要删除表 tb_student 中某学号的记录时，可以在表 tb_student 上定义 delete 触发器，该触发器同时删除成绩表 tb_score 中所有该学生的记录。

（2）DDL 触发器：DDL 触发器是 SQL Server 2008 新增的功能，也是由相应的事件触发，但 DDL 触发器触发的事件是数据定义语句（DDL）语句。这些语句主要是以 create、alter、drop 等关键字开头的语句。

DDL 触发器的主要作用是执行管理操作，例如审核系统、控制数据库的操作等。在通常情况下，DDL 触发器主要用于以下操作需求：防止对数据库架构进行某些修改；希望数据库中发生某些变化以利于相应数据库架构中的更改；记录数据库架构中的更改或事件。

三、inserted 表和 deleted 表

在触发器执行的时候，系统会产生两个临时表：inserted 表和 deleted 表。

1. inserted 表

当向表中插入数据时，insert 触发器触发执行，插入到触发器表中的新行被插入到 inserted 表中。

2. deleted 表

当删除表中的记录时，delete 触发器触发执行，从触发器表中删除的行被插入到 deleted 表中。

inserted 表和 deleted 表都是临时表，它们在触发器执行时被创建，待触发器执行完后消失，所以，只可以在触发器的语句中使用 select 语句查询这两个表，不能直接对 inserted 表和 deleted 表中的数据进行更改。

修改一条记录等于插入一条新记录，同时删除旧记录，故当更新表中的记录时，update 触发器触发执行，先从触发器表中删除旧行，然后再插入新行。其中被删除的旧行被插入到 deleted 表中，插入的新行被插入到 inserted 表中。

任务　触发器的创建与使用

【任务目标】

（1）掌握判断使用何种触发器；

（2）掌握用 T–SQL 语言创建 insert、update 和 delete 触发器的方法；

（3）掌握用 SQL Server 管理平台创建触发器的方法。

【任务分析】

在完成触发器的创建与使用时，先确定触发器的种类，确定到底是 DML 触发器还是 DDL 触发器，如果是 DML 触发器，用户还要根据数据类型确定是 insert 触发器、update 触发器，还是 delete 触发器，然后再根据约束规则，确定是希望触发事件发生后还是发生前来触发执行触发器，从而确定是 after 类型还是 instead of 类型的触发器。

【知识准备】

（1）inserted 表和 deleted 表。

详见【相关知识和技能】。

（2）使用 create trigger 命令创建 DML 触发器的语法形式如下：

```
create trigger 触发器名称
   on {表|视图}
   { for |after | instead of }
        {[insert][,][update][,][delete]}
as {触发器条件[;][...n]
        }
```

其中各参数含义如下：

① after 说明触发器在指定的所有操作都已成功执行后才触发。如果仅指定 for 关键字，则 after 是默认设置。不能在视图上定义 after 触发器。

② instead of 指定执行触发器而不是执行触发 SQL 语句，从而替代触发语句的操作。

③ {[delete][,][insert][,][update]}指定在表或视图上执行哪些数据修改语句时将激活触发器的关键字。

④ as 是触发器要执行的操作。

（3）使用 create trigger 命令创建 DDL 触发器的语法形式如下：

```
create trigger触发器名称
    on {当前服务器 | 当前数据库 }
    { for | after } { 事件名称|事件组名称 }[,...n]
as{     触发器条件[;][...n]
      }
```

其中各参数含义如下：

① 事件名称|事件组名称：T-SQL 语言事件的名称或事件组的名称，事件执行后，将触发此 DDL 触发器。其中，事件名称有：CREATE_TABLE、ALTER_TABLE、DROP_TABLE、CREATE_USER、CREATE_VIEW 等；事件组名称有：CREATE_DATABASE、ALTER_DATABASE 等。

② as 是触发器要执行的操作。

（4）使用 drop trigger 语句删除触发器

触发器本身是存在于表中的，因此，当表被删除时，表中的触发器也将一起被删除。删除触发器使用 drop trigger 语句，语法格式如下：

```
drop trigger 触发器名称[,...n][;]/*删除 DML 触发器*/
drop trigger 触发器名称[,...n]on {当前数据库 | 当前服务器}[;]        /*删除 DDL 触发
器*/
```

【任务实施】

（1）创建 insert 触发器，每次向表中插入一行数据就会激活该触发器，从而执行触发器中的操作。如向表 tb_score 中插入一个学生的成绩时，将表 tb_student 中该学生的总学分加上添加的课程的学分。

```
create trigger tb_score_insert
```

```
        on tb_score after insert
    as
    begin
        declare @num char(6),@kc_num char(3)
        declare @xf int
        select @num=studentid,@kc_num=courseid from inserted
        select @xf=credit from tb_course where courseid=@kc_num
        update tb_student  set sumcredit=sumcredit+@xf  where name=@num
        print '修改成功'
    end
```

说明：本例使用 select 语句从 insert 临时表查找出插入到 tb_score 表的一行记录，然后根据课程号的值查到学分值，最后修改表 tb_student 中的总学分。

（2）创建 update 触发器。update 触发器在对触发器执行 update 语句后触发。如修改表 tb_student 中的学号时，同时也要将表 tb_score 中的学号修改成相应的学号（假设表 tb_student 和表 tb_score 之间没有定义外键约束）。

```
create trigger tb_student_update
    on tb_student after update
    as
    begin
        declare @old_num char(6),@new_num char(6)
        select @old_num=studentid from deleted
        select @new_num=studentid from inserted
        update tb_score set studentid=@new_num where studnetid=@old_num
    end
```

接着修改表 tb_student 中的一行数据，如把“001204”改成“001210”，并查看触发器执行结果：

```
update tb_student set studentid='001210' where studentid='001204'
go
select * from tb_score where studentid='001210'
```

（3）创建 delete 触发器，在删除表 tb_student 中的一条记录时将表 tb_score 中该学生的相应记录也删除。

```
create trigger tb_student_delete
    on tb_student after delete
      as
        begin
            delete from tb_score
                  where studentid in(select studentid from deleted)
      end
```

（4）创建 instead of 触发器。触发 instead of 触发器时只执行触发器内部的 SQL 语句，而不执行激活该触发器的 SQL 语句。

创建表 table1，只有一列，其值为 a，在表中创建 instead of insert 触发器，当向表中插入记录时显示相应消息。

```
use STUDY
go
create table table1(a int)
go
create trigger table1_insert
on table1 instead of insert
as
  print instead of trigger is working
```

向表中插入一行数据：

```
insert T into table1 value(10)
```

这时，触发器仅执行：

```
print instead of trigger is working
```

没执行：

```
insert into table1 value(10)
```

（5）创建数据库 STUDY 作用域的 DDL 触发器，当删除一个表时（事件名称为 DROP_TABLE），提示禁止该操作，然后回滚删除表的操作。

```
create trigger safety
    on database
    after DROP_TABLE
    as
        print '不能删除该表'
        rollback transaction
```

尝试删除表 table1：

```
drop table table1
```

（6）删除 DDL 触发器 safety。

```
drop trigger safety on database
```

【任务总结】

使用 DML 触发器时，after 触发器只能用于数据表中，instead of 触发器可以用于数据表中和视图中，但两种触发器都不可以建立在临时表上。一个数据表可以有多个触发器，但一个触发器只能对应一个表。在同一个数据表中，对每个操作而言可以建立许多 after 触发器，但 instead of 触发器针对每个操作只能建立一个。如果针对某个操作既设置了 after 触发器，又设置了 instead of 触发器，则 instead of 触发器一定会被激活，after 触发器就不一定了。

项目总结

本项目介绍了触发器的概念和使用方法。触发器这是一个功能强大的数据库对象，在实际使用中运用较多，可以在有数据修改时自动强制执行相应的业务规则，主要用于保护表中的数据，保持数据库中的数据完整性。像存储过程一样，触发器是 SQL 程序设计中的高级技术，在优秀的数据库设计中很常见。

小结与习题

本章介绍了如下内容：

（1）存储过程的定义方法；

（2）执行存储过程的方法；

（3）触发器的概念；

（4）查看、更改和删除触发器的方法。

一、填空题

1. SQL Server 2008 中提供了 3 种存储过程，分别是__________、____________、______________。

2. 请写出执行存储过程的几种最常用的方式，至少列出 3 种：________、________、_________。

3. SQL Server 2008 中提供了 2 种类型的触发器，它们分别是______________和__________________。

二、选择题

1. 以下______用来创建一个触发器。

A. create procedure　　B. create trigger

C. drop procedure　　D. drop trigger

2. 触发器创建在______中。

A. 表　　B. 视图　　C. 数据库　　D. 查询

3. 要删除一个名为 AA 的存储过程，应用命令______procedure AA。

A. delete　　B. alter　　C. drop　　D. execute

4. 触发器可引用视图或临时表，并产生两个特殊的表______。

A. deleted、inserted　　B. delete、insert

C. view、table　　D. view1、table1

5. 执行带参数的存储过程，正确的方法是______。

A. 过程名（参数）　　B. 过程名参数

C. 过程名=参数　　D. ABC 都可以

6. 当删除______时，与它关联的触发器也同时被删除。

A. 视图　　B. 临时表　　C. 过程　　D. 表

三、问答题

1. 叙述存储过程的概念。
2. 存储过程的优点是什么？
3. 存储过程和触发器的主要区别是什么？
4. 使用触发器有哪些优点？
5. 如何使用系统存储过程修改触发器的名称？
6. 删除触发器的方法有哪些？

第八章

数据库的数据管理

项目十二　数据的导入与导出

项目需求

数据是一个较为抽象的概念，它的存储形式多样，除了可以在数据库中存储外，还可以以其他格式进行存储，在实际应用过程当中，经常需要对各种数据存储格式进行转换，如将外部数据源中的数据插入到 SQL Server 2008 表中，或者将 SQL Server 2008 表中的数据输出为用户指定的数据格式。本项目主要针对“学生成绩管理系统”，在 SQL Server 2008 中完成数据的导入和导出操作。

完成项目的条件

（1）理解数据导入和导出的概念；

（2）能够利用 SQL Server 管理控制台进行数据的导入和导出操作。

方案设计

在一个 Excel 表格当中存储新入学的学生的基本信息，然后将该表格中的信息导入 STUDY 数据库的表 tb_student 中，最后再将表 tb_student 中的所有数据导出到一个文本文件当中。

相关知识和技能

数据导入和导出概述

作为一名数据库管理员，经常需要将一种数据环境中的数据传输到另一种数据环境中，或者将几种数据环境中的数据合并复制到某种数据环境中。这里说的数据环境种类较多，它有可能是一种应用程序，有可能是不同厂家的数据库管理系统，也有可能是电子表格或文本文件等。将数据从一种数据环境传输到另一种数据环境就是数据的导入和导出。

数据的导入和导出是数据库系统与外部进行数据交换的操作。导入数据是从外部数据源中检索数据，并将数据插入到 SQL Server 2008 表的过程。导出数据是将 SQL Server 2008 中的数据转换为用户指定数据格式的过程。

SQL Server 2008 中可以导入的数据源主要包括 ODBC 数据源（如 Oracle 数据库、Access 数据库）、OLE DB 数据源（如其他 SQL Server 实例）、Excel 电子表格、ASCII 文本文件等。同样，也可以将 SQL Server 中的数据导出为这些格式。

任务　数据的导入与导出

【任务目标】

（1）理解数据导入和导出基本概念；

（2）掌握数据导入和导出的基本操作。

【任务分析】

将 Excel 电子表格中的数据导入到数据库中已存在的数据表当中，首先要将 Excel 表格中的数据导入到一张临时表中，再将临时表中的数据插入到被导入的表中。需要注意的是，导入的数据内容要符合被导入表的定义，如字段的数据类型、约束等。数据的导出跟导入类似，可以直接将数据库中表的数据导出为 Excel 表格。SQL Server 2008 提供多种工具来完成数据的导入和导出，其中利用图形界面的导入和导出向导比较直观和简单。

【知识准备】

（1）常见数据存储格式：

① 数据库：SQL Server、Oracle、Dbase、Access 等。

② 文本格式：ASCII 文本文件。

③ 电子表格：Excel 文件。

④ XML 格式：xml 文件。

（2）建立 Excel 电子表格，存储新入学学生的信息，数据如见表 8–1。

表 8–1　新入学学生的信息

学号	姓名	性别	出生年月	家庭住址	专业	总学分	备注
001301	赵观	1	1992–03–02	银河湾 8–1	软件工程	60	
001302	李冰	0	1993–10–18	仙林亚东城	通信工程	56	
001303	沈悦	0	1993–09–06	孝陵卫 8 号	通信工程	56	

【任务实施】

一、数据导入

（1）在“对象资源管理器”面板中选择并展开服务器，然后用鼠标右键单击 STUDY 数据库，在弹出的快捷菜单中选择“任务”→“导入数据”命令，如图 8–1 所示，进入“SQL Server 导入和导出向导”界面，如图 8–2 所示。

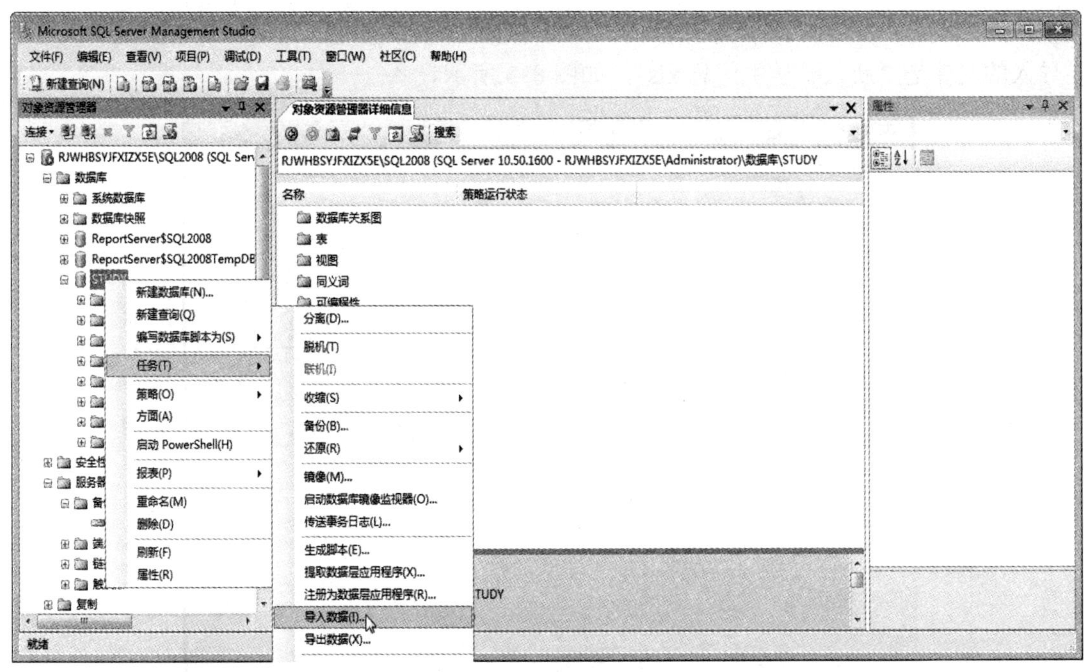

图 8–1　选择“导入数据”命令

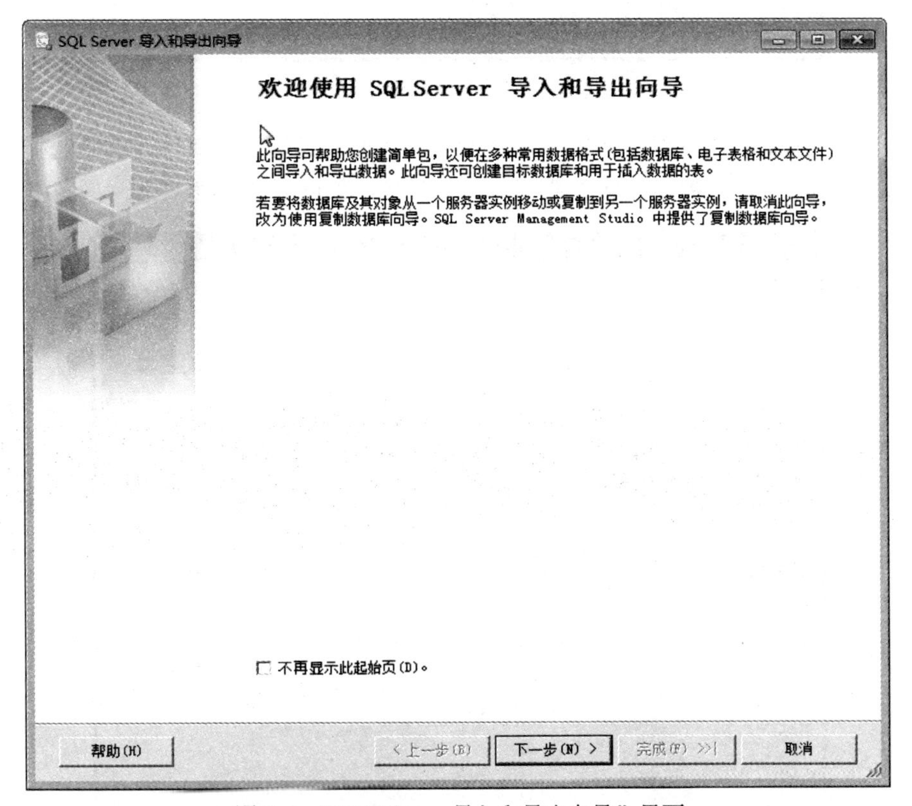

图 8–2　“SQL Server 导入和导出向导”界面

（2）单击“下一步”按钮，在“选择数据源”窗口中选择数据源。这里计划将 Excel 表格中的数据导入 SQL Server 中，因此需要在“数据源”下拉列表框中选择“Microsoft Excel”

选项，然后单击“Excel 文件路径”后的“浏览”按钮，选择要导入 Excel 表的文件名。这里要导入的文件是“新入学学生信息.xls”，如图 8–3 所示。

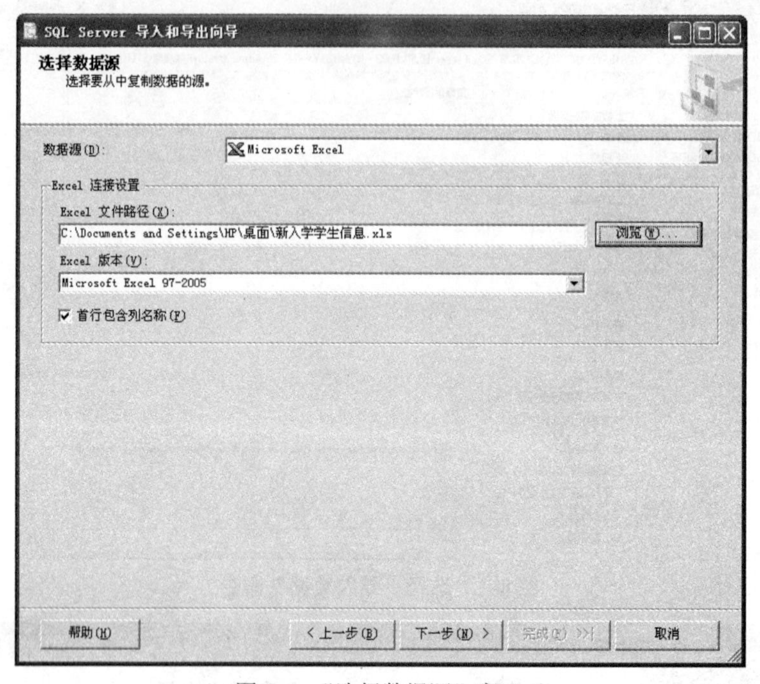

图 8–3 “选择数据源”窗口

（3）单击“下一步”按钮，弹出图 8–4 所示的“选择目标”窗口，目的是选择将数据导入哪里。这里采用默认的数据库服务器和数据库名称，如图 8–4 所示。

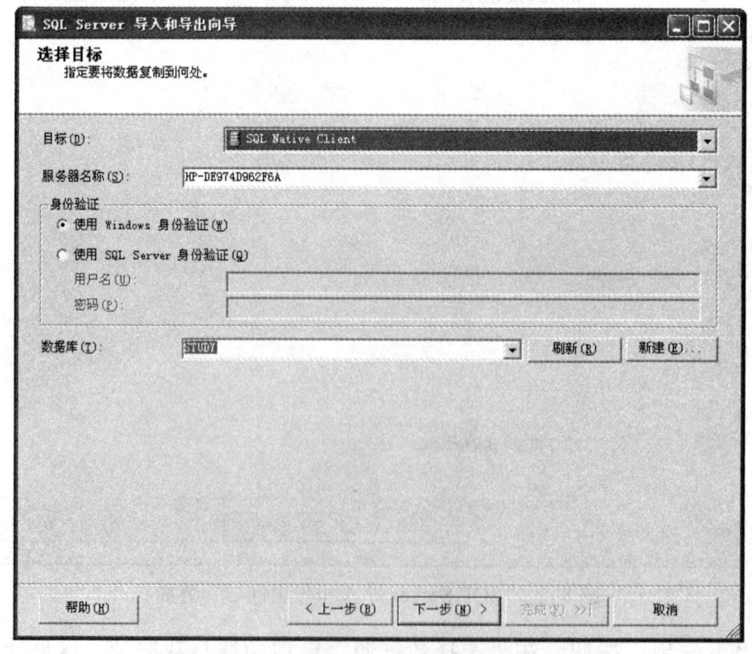

图 8–4 “选择目标”窗口

（4）单击“下一步”按钮，弹出图 8–5 所示的“指定表复制或查询”窗口，选中“复制一个或多个表或视图的数据”单选按钮。

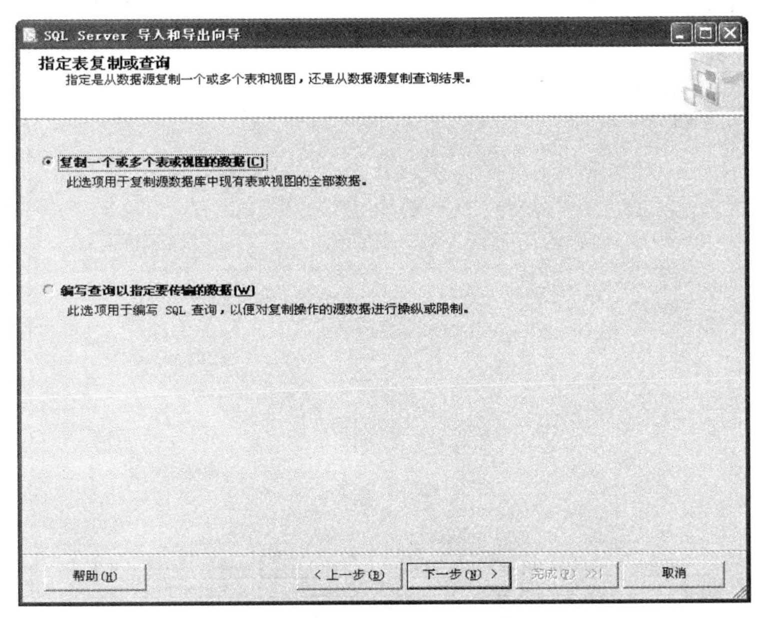

图 8–5 “指定表复制或查询”窗口

（5）单击“下一步”按钮，在图 8–6 所示的“选择源表和源视图”窗口中选择需要复制的表和视图。这里选择第一个工作簿，也可以通过编辑进行查看和修改。

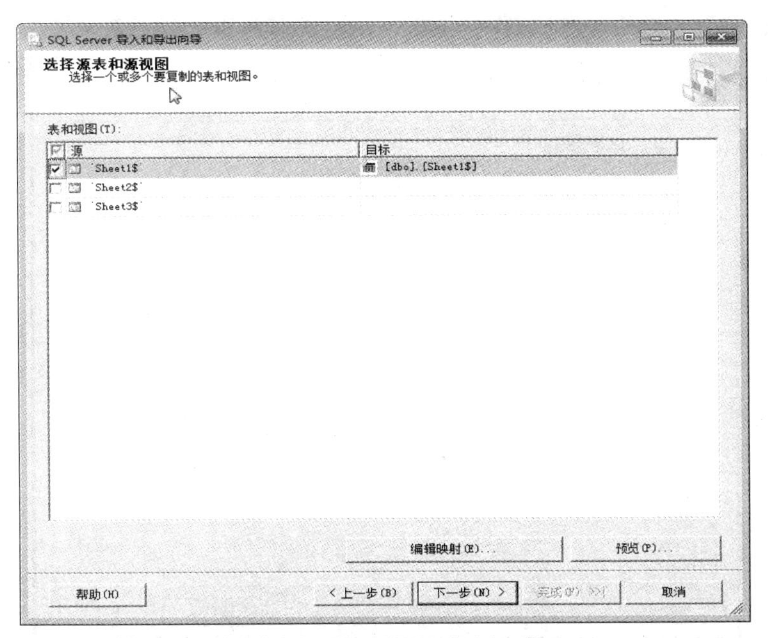

图 8–6 “选择源表和源视图”窗口

（6）单击“下一步”按钮，弹出图 8–7 所示的“保存并运行包”窗口，在此可以调度包的执行时间，这里选中“立即执行”复选框，也可以选择是否保存 SSIS 表，以便以后执行相同的任务。

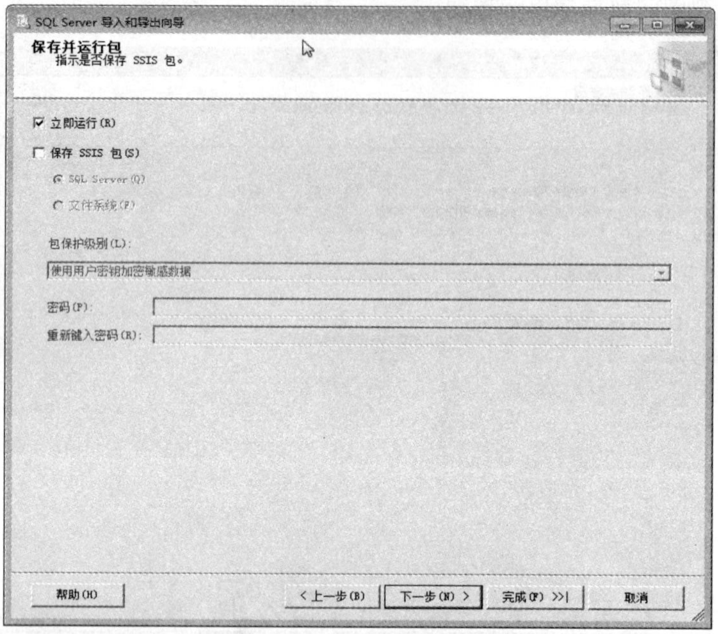

图 8–7 “保存并执行包”窗口

（7）单击“下一步”按钮，在弹出的图 8–8 所示的窗口中单击“完成”按钮，将出现图 8–9 所示的执行过程。若成功执行，即可完成将 Excel 表导入数据库的工作。

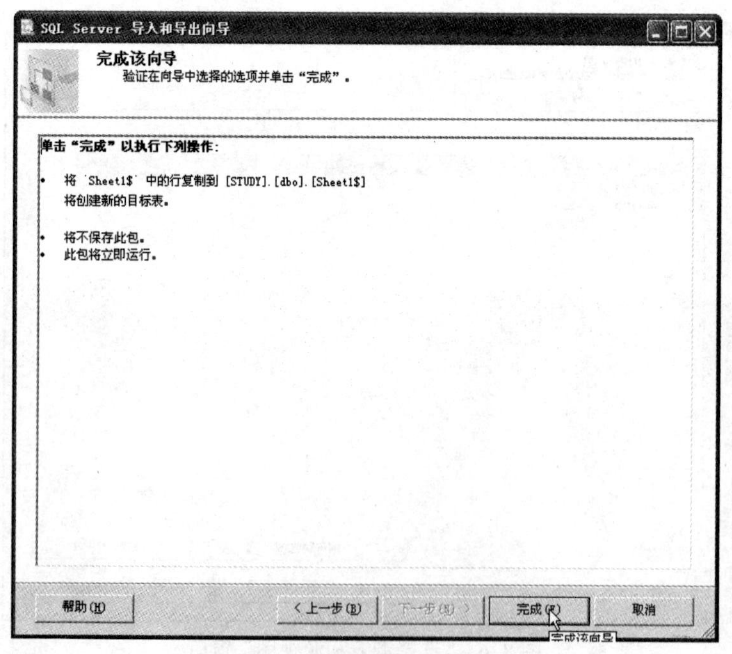

图 8–8 “完成向导”窗口

（8）成功导入数据之后，展开“对象资源管理器”，会看到刚导入的数据表 Sheet1$，这是一张临时数据表，如图 8–10 所示。

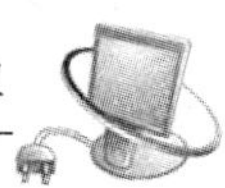

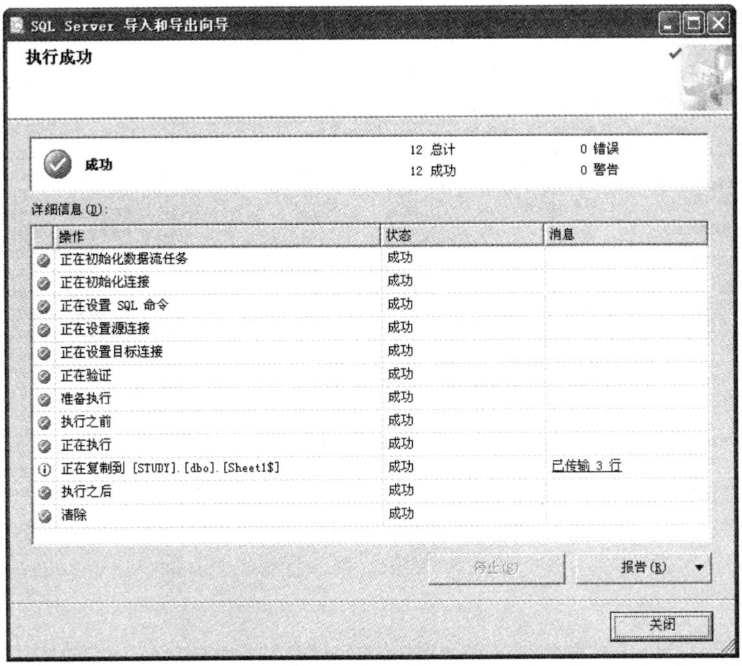

SQL Server 导入和导出向导
执行成功
成功
12 总计
12 成功
0 错误
0 警告
详细信息(D):
操作
状态
消息
正在初始化数据流任务　成功
正在初始化连接　成功
正在设置 SQL 命令　成功
正在设置源连接　成功
正在设置目标连接　成功
正在验证　成功
准备执行　成功
执行之前　成功
正在执行　成功
正在复制到 [STUDY].[dbo].[Sheet1$]　成功　已传输 3 行
执行之后　成功
清除　成功
停止(S)
报告(R)
关闭

图 8–9　执行过程

Microsoft SQL Server Management Studio
文件(F)　编辑(E)　视图(V)　工具(T)　窗口(W)　社区(C)　帮助(H)
新建查询(N)
摘要
dbo.Sheet1$
数据库
系统数据库
数据库快照
STUDY
数据库关系图
表
系统表
dbo.Sheet1$
dbo.tb_course
dbo.tb_score
dbo.tb_student
视图
同义词
可编程性
Service Broker
存储
安全性
安全性
服务器对象
复制
管理
Notification Services
名称
列
键
约束
触发器
索引
统计信息
就绪

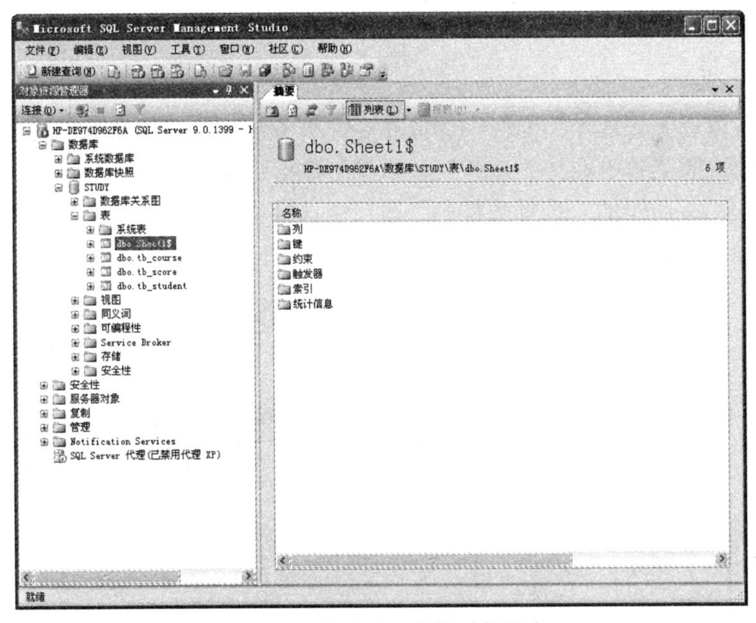

图 8–10　查看导入的临时数据表

（9）点击“新建查询”，打开查询分析器，执行以下 SQL 命令，将临时表 Sheet1$中的数据插入到表 tb_student 中：

```
use STUDY
  insert into tb_student
  select * from Sheet1$
```

（10）打开表 tb_student，查看导入的数据，如图 8–11 所示。

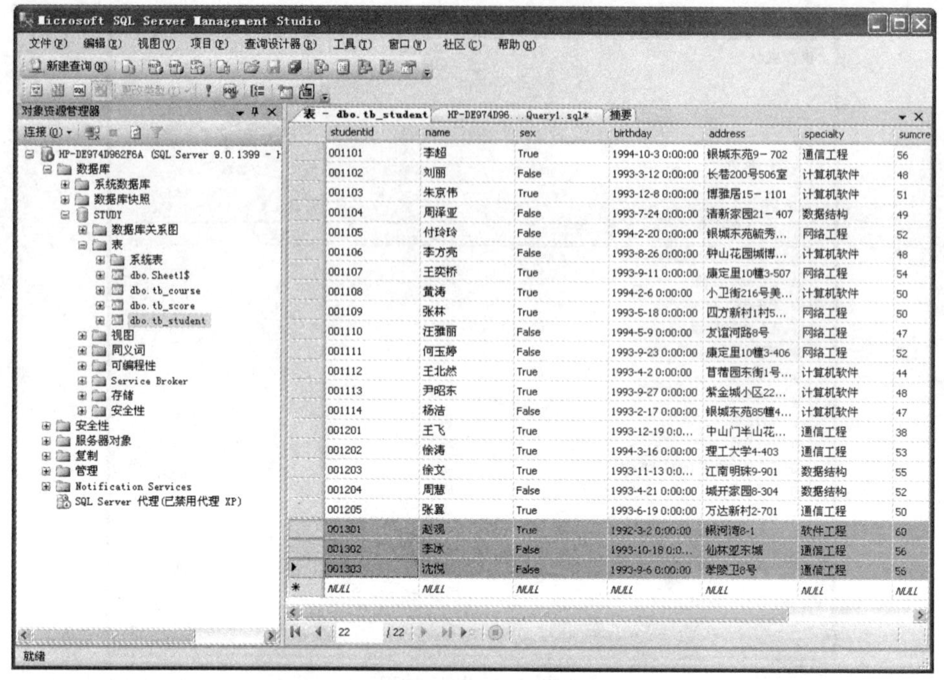

图 8–11 查看导入的数据

二、数据导出

（1）在“对象资源管理器”面板中选择并展开服务器，然后用鼠标右键单击 STUDY 数据库，在弹出的快捷菜单中选择”任务”→“导出数据”命令，打开“SQL Server 导入和导出向导”，在图 8–12 所示的“选择数据源”窗口中选择需要导出的数据源，这里选择默认的 STUDY 数据库。

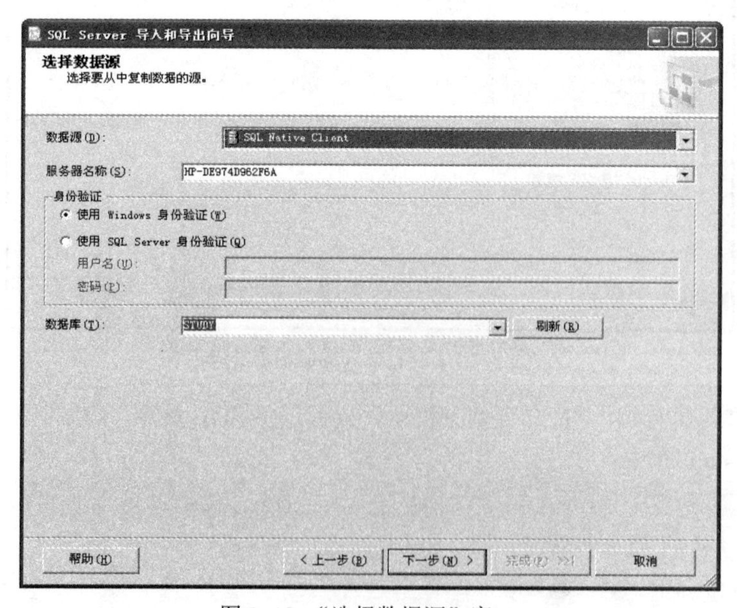

图 8–12 “选择数据源”窗口

（2）单击“下一步”按钮，在弹出的图 8–13 所示的“选择目标”窗口中，选择“目标”下拉列表框中的“平面文件目标”选项，并单击“文件名”旁边的“浏览”按钮，选择或新建一个空白文本文件“student.txt”。

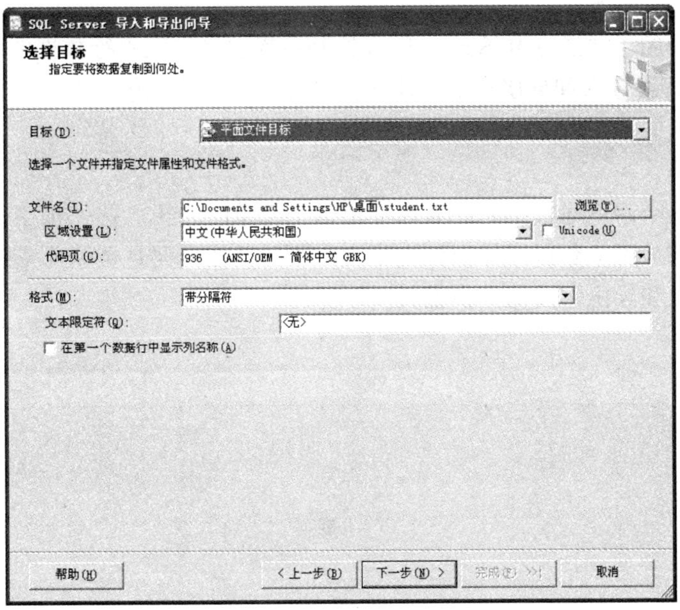

图 8–13　“选择目标”窗口

（3）在“配置平面文件目标”窗口中选择要导出的数据表或视图，在“源表或源视图”下拉列表中选择表 tb_student，这里还可以设置行分隔符和列分隔符，如图 8–14 所示。

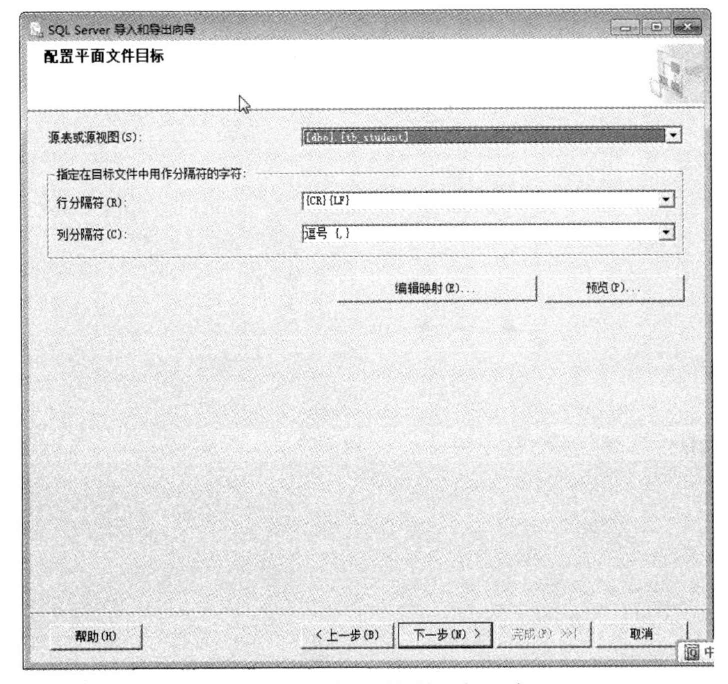

图 8–14　“配置平面文件目标”窗口

（4）单击“下一步”按钮直至完成，就可以将表 tb_student 表中的数据导出到文本文件当中。

【任务总结】

本任务主要介绍了通过 SQL Server 管理控制台界面操作来进行数据的导入和导出操作，只需按照 SQL Server 导入和导出向导一步步完成即可，这部分内容较为简单，比较容易掌握。

项目总结

本项目通过一个示例对数据的导入和导出作了简单的介绍，首先将 Excel 表格数据导入到数据库中，再将数据从数据库导出到文本文件中。其实只要是数据库支持的格式都可以进行相互之间的导入和导出，其操作步骤大同小异。

项目十三　数据库的备份与还原

项目需求

在使用数据库的过程当中最大的问题就是数据库中数据的丢失或损坏，为了防止此类情况的发生，就需要对数据库进行备份与还原操作。本项目针对“学生成绩管理系统”，在 SQL Server 2008 中完成数据的备份和还原操作。

完成项目的条件

（1）理解备份与还原的必要性；

（2）理解备份与还原的基本概念；

（3）能够对数据库进行备份与还原操作。

方案设计

分别利用 SQL Server 管理器界面和 T-SQL 命令对 STUDY 数据库进行备份与还原操作。

相关知识和技能

一、数据库备份与还原的必要性

尽管 SQL Server 2008 采取了各种措施来保证数据库的安全性和完整性，但硬件故障、软件错误、病毒、误操作等仍有可能发生，这些故障会造成运行事务的异常中断，影响数据库的正确性，甚至会破坏数据库，使数据库中的数据部分或全部丢失。因此数据库管理系统一般都提供对数据库进行备份与还原的功能。

下述情况需要使用数据库备份与数据库还原：

（1）存储介质损坏，例如存放数据库数据的硬盘损坏。

（2）用户误操作，例如用户误使用了 delete、update 等命令引起数据丢失或被破坏。

（3）病毒破坏，例如病毒会破坏操作系统，造成整个服务器崩溃或造成计算机无法启动。

（4）在不同的服务器之间移动数据库，例如把一个服务器上的某个数据库备份下来，然后还原到另一个服务器中。

（5）自然灾害、盗窃等造成数据丢失的其他原因。

二、数据库备份与还原的基本概念

数据库备份是将数据库或其中部分内容复制到某种存储介质上，如磁盘、磁带等，用于在系统发生故障后还原和恢复数据。

对 SQL Server 2008 数据库或事务日志进行备份，就是记录在进行备份操作时数据库中所有数据的状态，以便在数据库遭到破坏时能够及时地将其还原。执行备份操作必须拥有对数据库备份的权限许可，SQL Server 2008 只允许系统管理员、数据库所有者和数据库备份执行者备份数据库。

在备份数据库之前，需要对备份内容、备份频率以及存储介质等进行计划，即确定备份策略。设计备份策略的指导思想是：以最小的代价恢复数据。备份与还原是相互联系的，备份策略与恢复应结合起来考虑。

1. 备份内容

备份内容主要包括：系统数据库、用户数据库和事务日志。

（1）系统数据库记录了 SQL Server 系统配置参数、用户资料以及所有用户数据库等重要信息，主要包括 master、msdb 和 model 数据库。

（2）用户数据库中存储用户的数据。由于用户数据库具有很强的区别性，即每个用户数据库之间的数据一般都有很大差异，所以对用户数据库的备份尤为重要。

（3）事务日志记录了用户对数据的各种操作，平时系统会自动管理和维护所有的数据库事务日志。相比数据库备份，事务日志备份所需要的时间较短，但是还原需要的时间较长。

2. 备份频率

备份频率即间隔多长时间进行备份。确定备份频率主要考虑两点：一是系统恢复的工作量；二是系统执行的事务量。对于不同的数据库备份方法，备份频率也不同。如采用完全数据库备份，通常备份频率应低一些，而采用差异备份，事务日志的备份频率就应高一些。当在用户数据库中执行了加入数据、创建索引等操作时，应该对用户数据库进行备份，如果清除了事务日志，也应该备份数据库。

3. 备份设备

备份设备是指将数据库备份到的目标载体。常用的备份存储介质包括磁盘、磁带和命名管道等。

（1）磁盘：磁盘备份设备一般是硬盘或其他磁盘类存储介质上的文件。硬盘可以用于备份本地文件，也可以用于备份网络文件。

（2）磁带：它是大容量的备份介质，仅可用于备份本地文件。

（3）命名管道：它是一种逻辑通道，允许将备份的文件放在命名管道上，从而可以利用第三方软件包的备份和恢复能力。

> 提示：建议不要将数据库或者事务日志备份到数据库所在的同一物理磁盘上的文件中。如果包含数据库的磁盘设备发生故障，由于备份位于发生故障的同一磁盘上，因此无法恢复数据库。

4. 备份方法

数据库备份常用的两类方法是完全备份和差异备份，完全备份每次都备份整个数据库和事务日志，差异备份则是只备份自上次备份以来发生过变化的数据库数据，差异备份也称增

量备份。

在 SQL Server 2008 中，备份数据库有以下 4 种方式：

（1）完全备份。完全备份是按常规定期备份整个数据库，包括事务日志。完全数据库备份的主要优点是简单，备份是单一操作，可按一定的时间间隔预先设定，恢复时，只需一个步骤就可完成。但在备份的过程中需要花费的时间和空间最多，不宜频繁进行。

（2）差异备份。差异备份只备份自上次数据库备份后发生更改的部分数据库。对于一个经常修改的数据库，采用差异备份可以缩短备份和恢复的时间。差异备份比完全备份工作量小而且速度快，可以经常进行。恢复时，先恢复最后一次完全备份，再恢复最后一次差异备份。

（3）事务日志备份。事务日志备份只备份最后一次事务日志备份后所有的事务日志记录，备份所用的时间和空间更少。但利用事务日志备份进行恢复时，所需时间较长。恢复时，先恢复最后一次完全备份，再恢复最后一次差异备份，最后恢复最后一次差异备份以后进行的所有事务日志备份。

（4）文件或文件组备份。其只备份特定的数据库文件或数据库文件组，同时还定期备份事务日志。在恢复时只还原已损坏的文件，从而加快了恢复速度。

提示： 备份是一种十分耗费时间和资源的进行，不能频繁进行。应该根据数据库的使用情况确定一个适当的备份周期。

任务 数据库的备份与还原

【任务目标】

（1）了解备份的基本概念；

（2）理解备份设备的含义；

（3）掌握数据库备份和还原的方法。

【任务分析】

对于“学生成绩管理系统”而言，由于经常要更新学生的基本信息、课程信息以及成绩信息，为了防止数据丢失，所以需要对该用户数据库 STUDY 进行备份。对于数据库的备份，通常可采用两种方法，一是采用 SQL Server 管理器界面操作进行备份，二是采用 T–SQL 命令进行备份。还原数据库时也可以采用这两种方式。本任务采用 SQL Server 管理器界面操作进行数据库的备份与还原。

【知识准备】

一、物理设备与逻辑设备

SQL Server 数据库引擎通过物理设备名称和逻辑设备名称来识别备份设备。物理备份设备通过操作系统使用的路径名称来识别备份设备，如“D：\backup\study.bak”。逻辑备份设备用来标识物理备份设备的别名。逻辑备份设备永久地存储在系统表中。使用逻辑备份设备的优点是引用较为简单，不用给出复杂的物理设备路径，例如逻辑备份设备的名称可以是“study_backup”。

二、创建逻辑备份设备

如果想使用逻辑备份设备备份数据库，在备份数据库前，要保证数据库备份的逻辑备份设备必须存在，否则，用户需要创建一个用来保存数据库备份的逻辑备份设备。可以使用 SQL Server 管理器界面或系统存储过程来创建逻辑备份设备。

【任务实施】

1. 利用 SQL Server 管理器界面进行数据备份

（1）在“对象资源管理器”窗口中，单击“服务器对象”节点的“+”号，展开服务器对象节点。在“备份设备”上单击鼠标右键，弹出快捷菜单，选择“新建备份设备”命令，如图 8–15 所示。

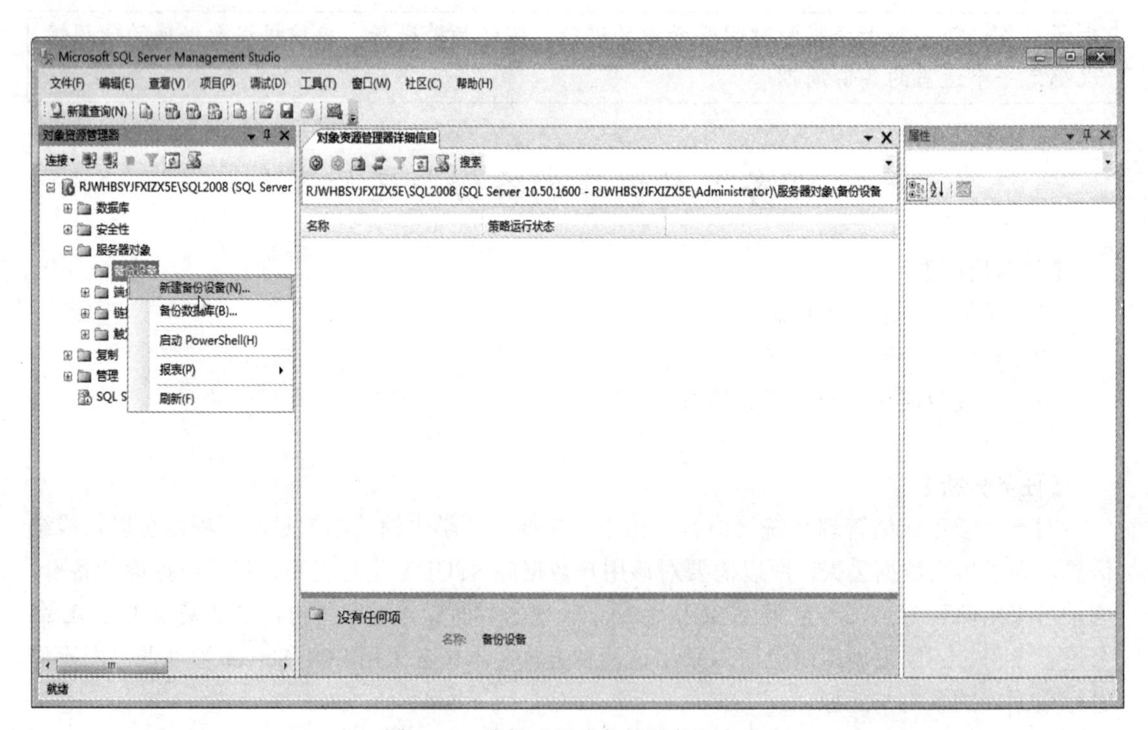

图 8–15　选择“新建备份设备”命令

（2）出现“备份设备”对话框，在“设备名称”编辑框中输入新创建的备份设备名称，在“目标”选项组中的“文件”编辑框中添加新建设备的路径和文件名称，如图 8–16 所示，最后单击“确定”按钮，完成逻辑备份设备的创建。

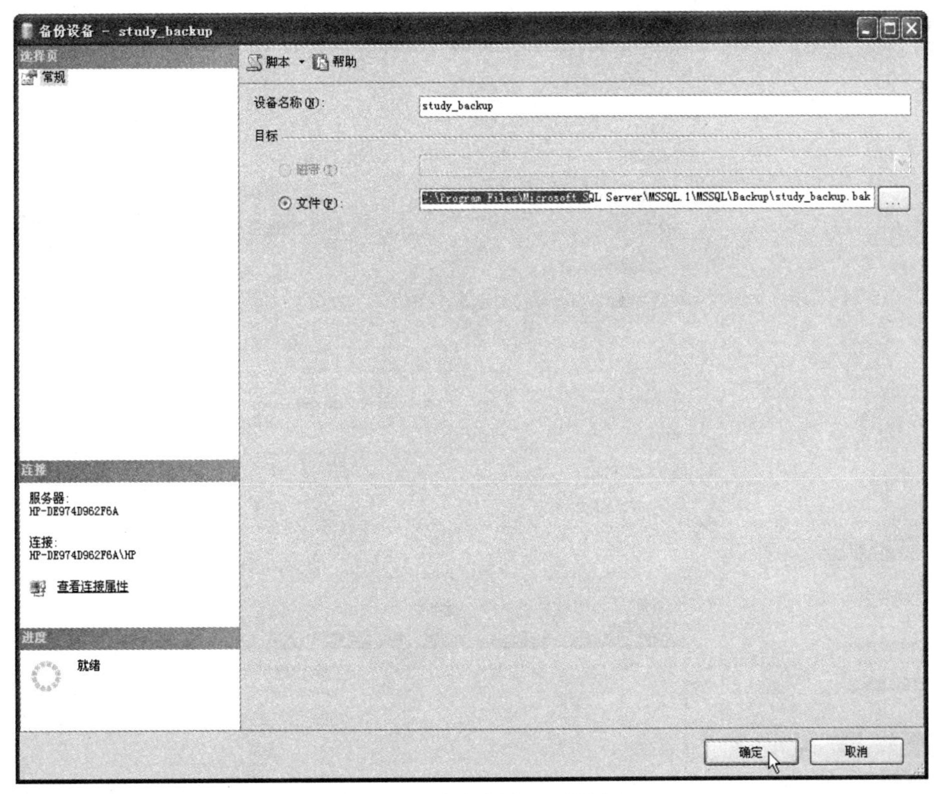

图 8–16　“备份设备”对话框

（3）在对象资源管理器窗口中，用鼠标右键单击要备份的数据库 STUDY，然后在弹出的快捷菜单中选择“任务”→“备份”命令，如图 8–17 所示。

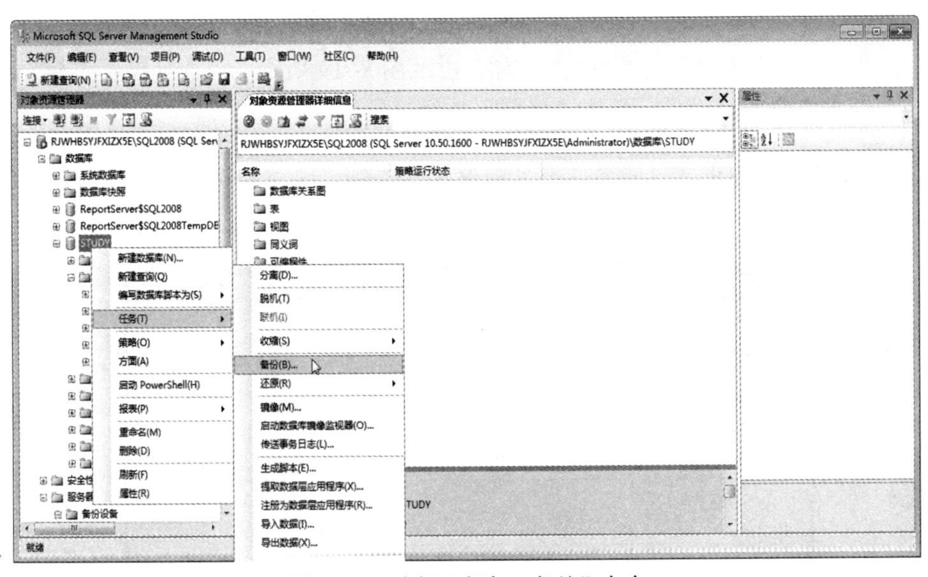

图 8–17　选择“任务→备份”命令

（4）出现图 8–18 所示的“备份数据库”对话框，在“源”区域中可以选择要备份的数据库、备份类型等。

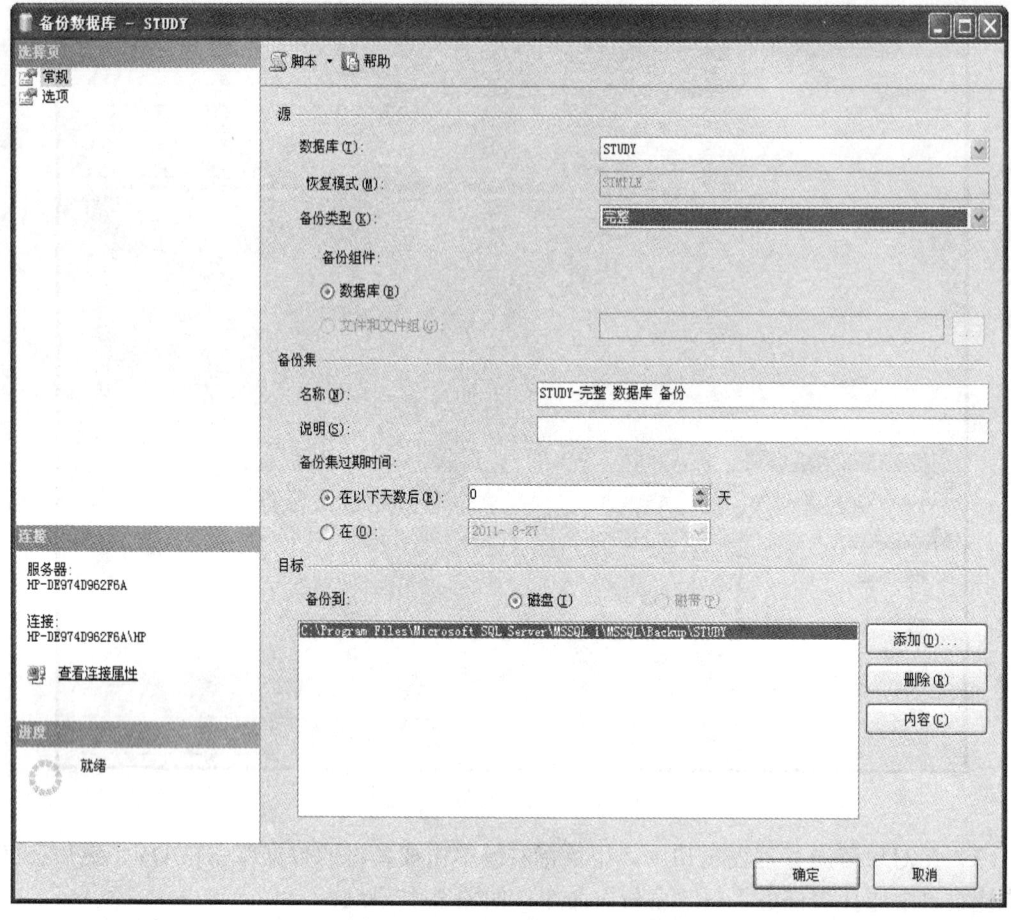

图 8–18 “备份数据库”对话框

（5）在“目标”区域中单击“添加”按钮，出现图 8–19 所示的“选择设备目标”对话框，指定一个备份文件或备份设备，单击“确定”按钮。

说明： 在一次备份操作中可以指定多个目标设备或文件，这样可以将一个数据库备份到多个文件或设备中。

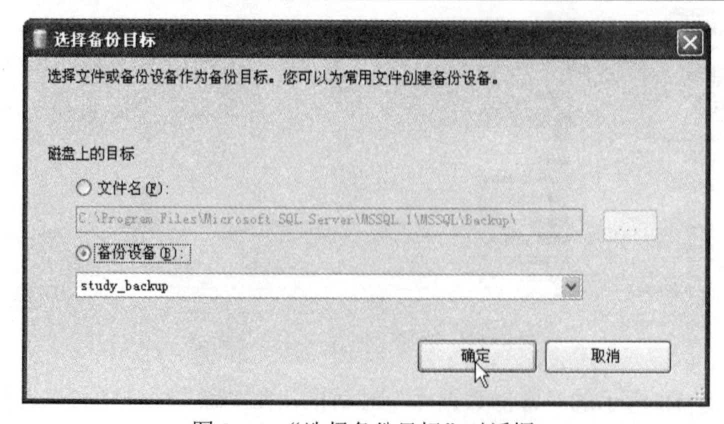

图 8–19 “选择备份目标”对话框

（6）回到“备份数据库”对话框，选择“选项页”的“选项”，在“覆盖媒体”区域中选择备份方式，如图 8–20 所示。

说明：若要将此次备份追加在原有备份数据的后面，则选择“追加到现有备份集”方式，若要将此次备份的数据覆盖原有备份数据，则选择“覆盖所有现有备份集”方式。

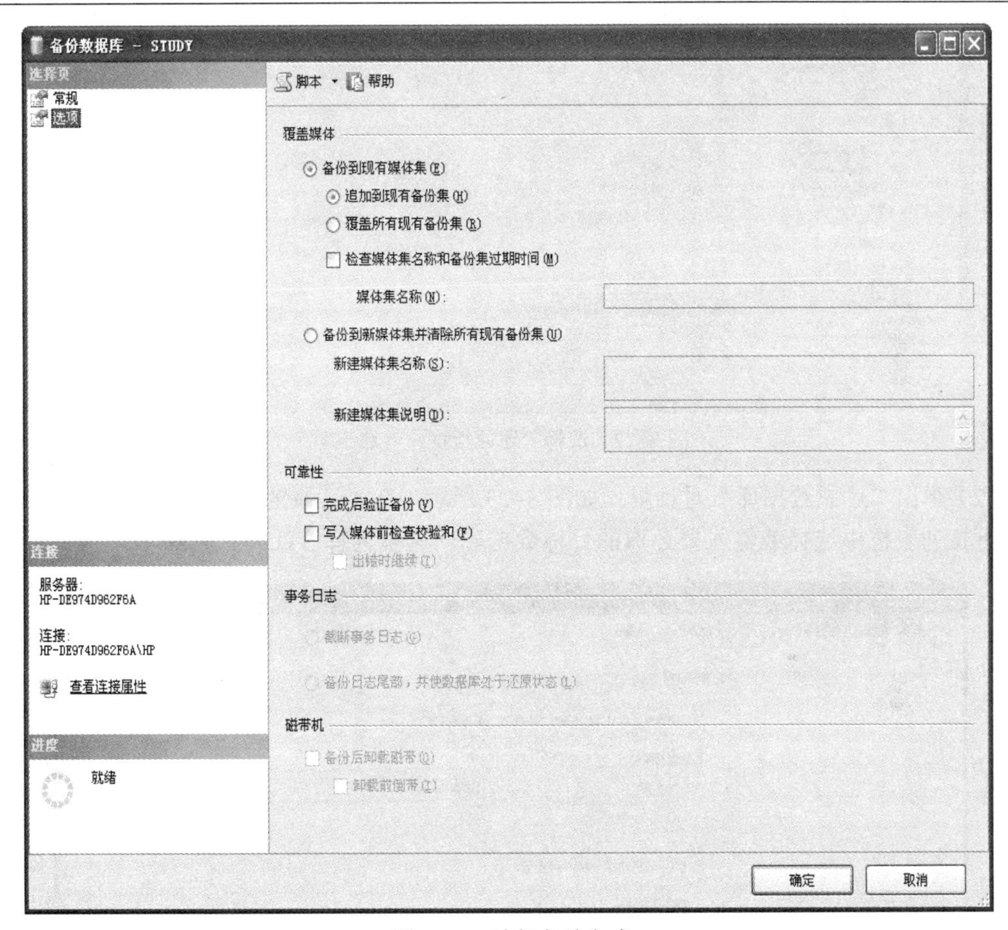

图 8–20　选择备份方式

（7）单击“确定”按钮，开始执行备份操作，成功完成备份之后，会出现图 8–21 所示的对话框。

图 8–21　备份完成对话框

2. 利用 SQL Server 管理器界面进行数据还原

（1）在“对象资源管理器”窗口中，用鼠标右键单击“数据库”，在弹出的快捷菜单中选择“还原数据库”命令，如图 8–22 所示。

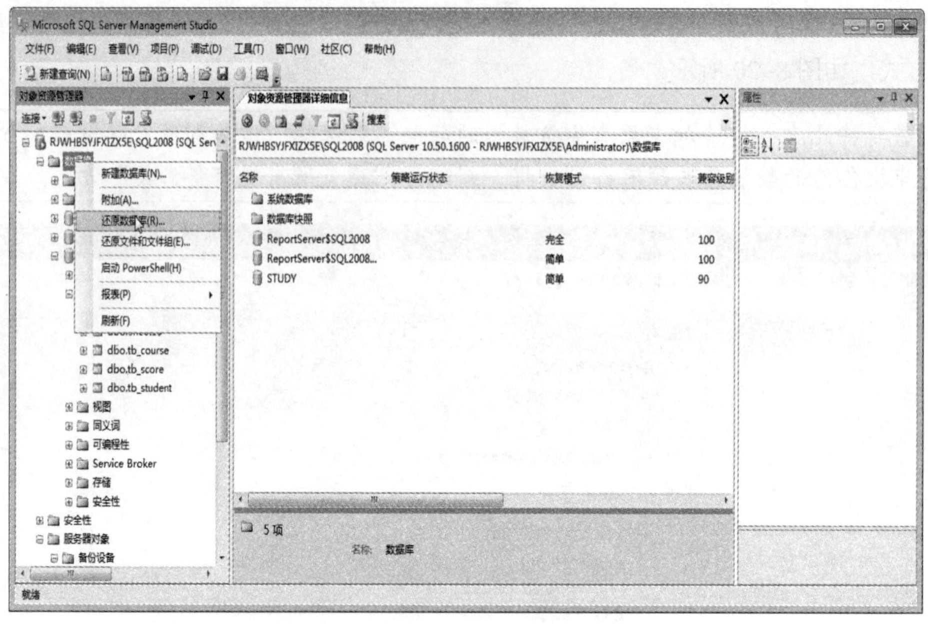

图 8–22　选择“还原数据库”命令

（2）弹出“还原数据库”对话框，如图 8–23 所示，在“还原的目标”区域的“目标数据库”下拉列表框中选择或输入要还原的目标数据库，这里选择 STUDY 数据库。

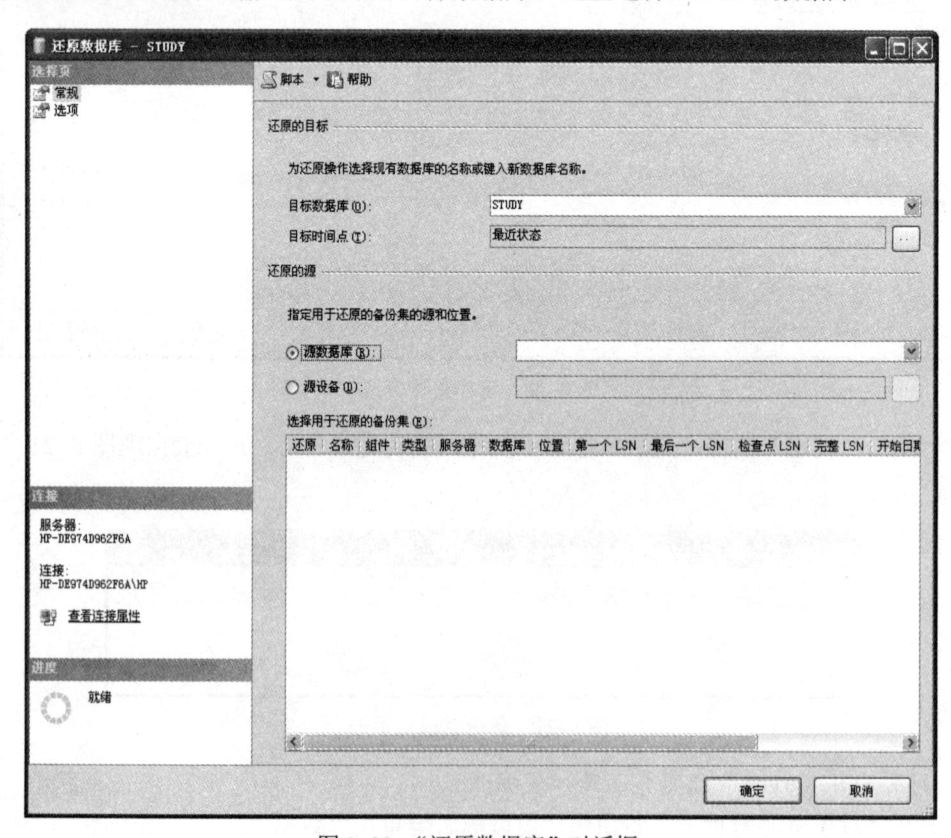

图 8–23　“还原数据库”对话框

（3）在“还原的源”区域中指定用于还原的备份集的源和位置，可以是“源数据库”或“源设备”，这里选择“源设备”。单击“源设备”右侧的按钮，弹出图 8–24 所示的“指定备份”对话框，选择备份媒体为“备份设备”，然后单击“添加”按钮，弹出图 8–25 所示的“选择备份设备”对话框，选择“study_backup”备份设备，单击“确定”按钮，返回“指定备份”对话框。

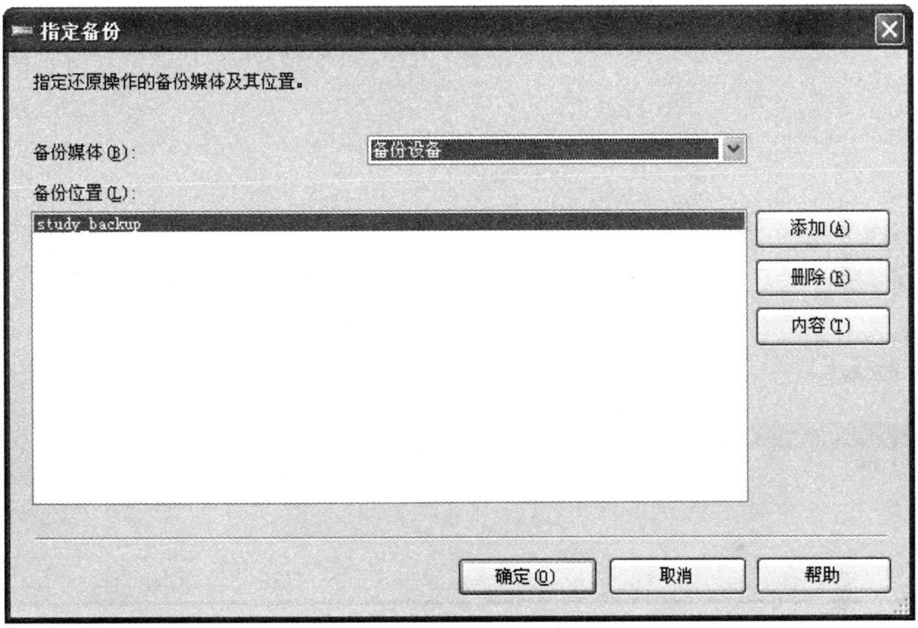

图 8–24　“指定备份”对话框

图 8–25　“选择备份设备”对话框

（4）单击“确定”按钮，返回“还原数据库”对话框，在“选项”标签页中设置还原选项以及恢复状态等相关参数，如图 8–26 所示。这里采用默认参数。

（5）单击“确定”按钮，开始还原操作。成功完成还原后，弹出图 8–27 所示的对话框。

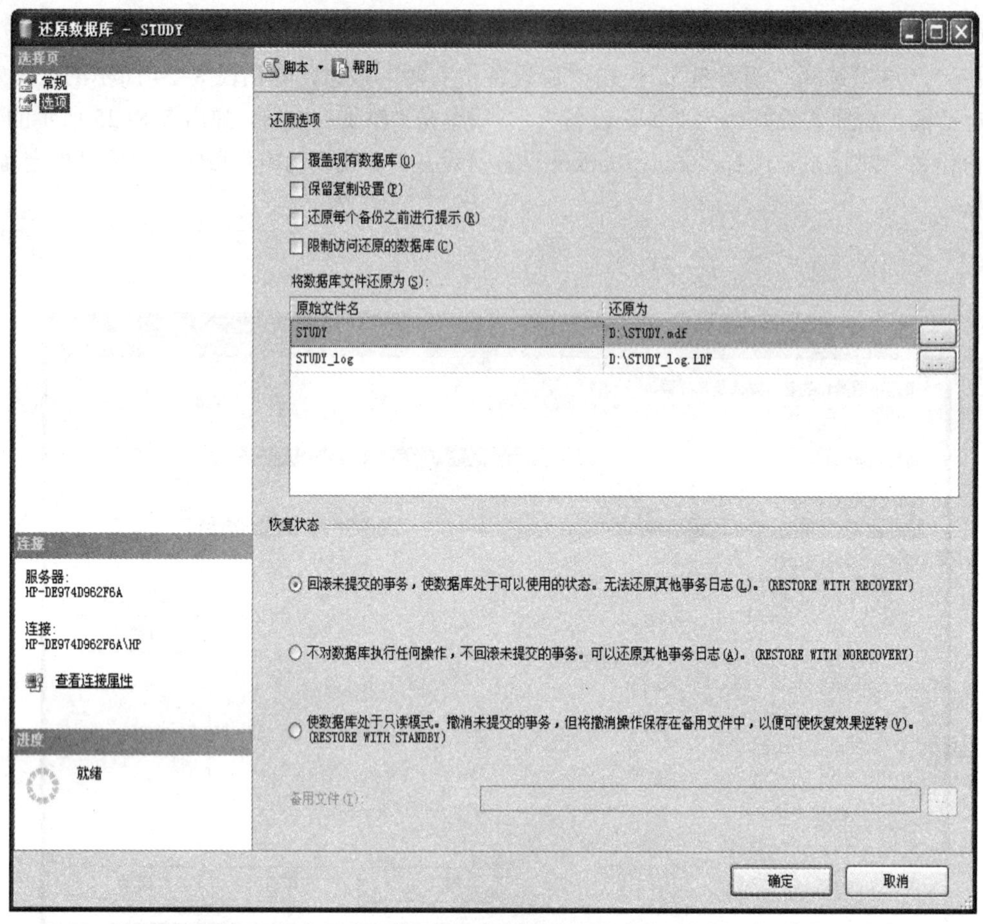

图 8–26 还原数据库选项设置

图 8–27 还原完成对话框

【知识拓展 1】

一、使用系统存储过程创建和删除备份设备

（1）使用系统存储过程 sp_addumpdevice 创建备份设备。

语法格式：

```
exec sp_addumpdevice'设备类型','逻辑名称','物理名称'
```

说明： 设备类型主要包括磁盘、磁带，分别用 disk 和 tape 标识。
如要创建逻辑名称为"study_backup"的备份设备，可以执行以下语句：

```
exec sp_addumpdevice  'disk','study_backup','d:\study.bak'
```

（2）使用系统存储过程 sp_dropdevice 删除备份设备。

语法格式：

```
exec sp_dropdevice'设备逻辑名称'
```

如要删除逻辑名称为“study_backup”的备份设备，可以执行以下语句：

```
exec sp_dropdevice'study_backup'
```

二、使用 T-SQL 命令备份和还原数据库

1. 使用 backup 语句执行备份操作。

（1）全库备份。

```
backup database 数据库名 to 备份设备名[with init|noinit]
```

说明： init 参数表示新备份的数据覆盖当前备份设备上的内容，noinit 表示新备份的数据添加到备份设备上已有的内容后面。

（2）差异备份。

```
backup database 数据库名 to 备份设备名 with differential[,init|noinit]
```

说明： differential 子句的作用是，指定只对在创建最新的数据库备份后数据库中发生变化的部分进行备份。

（3）日志备份。

```
backup log 数据库名 to 备份设备名[with init|noinit]
```

（4）文件和文件组备份。

```
backup database 数据库名 file='文件名'|filegroup='文件组名'to 备份设备名[with
init|noinit]
```

如要将 STUDY 数据库备份到逻辑设备 study_backup 中，执行差异备份，可执行如下语句：

```
backup database STUDY to study_backup with differential
```

2. 使用 restore 语句恢复数据库

（1）恢复整个数据库。

```
restore database 数据库名 from 备份设备名
[with recovery |norecovery|replace]
```

说明： 缺省为 recovery 选项。recovery 选项指定在数据库恢复完成后，SQL Server 回滚被恢复的数据库中所有未完成的事务，以保持数据库的一致性，在恢复后，用户可以直接访问数据库。norecovery 选项不回滚所有未完成的事务，在恢复结束后，用户不能访问数据库。所以一般 recovery 选项用于最后一个备份的恢复，norecovery 选项用于非最后一个备份的恢复。replace 选项指明 SQL Server 创建一个新的数据库，并将备份恢复到这个新数据库。

（2）恢复事务日志。

```
restore log 数据库名 from 备份设备名[with recovery|norecovery]
```

（3）恢复部分数据库。

```
restore database 数据库名 file=文件名|filegroup=文件组名 from 备份设备名[with partial,[norecovery|replace]]
```

说明：partial 表示只恢复数据库的一部分。如要恢复整个 STUDY 数据库，可执行如下语句：

```
restore database STUDY from study_backup
```

【知识拓展 2】

附加数据库：

如果硬盘上另有一个数据库文件，而且想把这个数据库文件添加到 SQL Server 2008 服务器中，这时就需要用到 SQL Server 2008 服务器提供的附加数据库功能。

与此相反，若需要将一个数据库文件拷贝出来，以便安装到别的安装有 SQL Server 2008 的服务器中，则可用鼠标右键单击该数据库后选择“分离”。

现在假设磁盘上有一个名为“book”的数据库文件，而 SQL Server 2008 服务器中没有这个数据库，可以通过附加的方式把数据库 book 附加到服务器中。

（1）在“对象资源管理器”面板中展开“服务器”，选中“数据库”并单击鼠标右键，如图 8–28 所示。

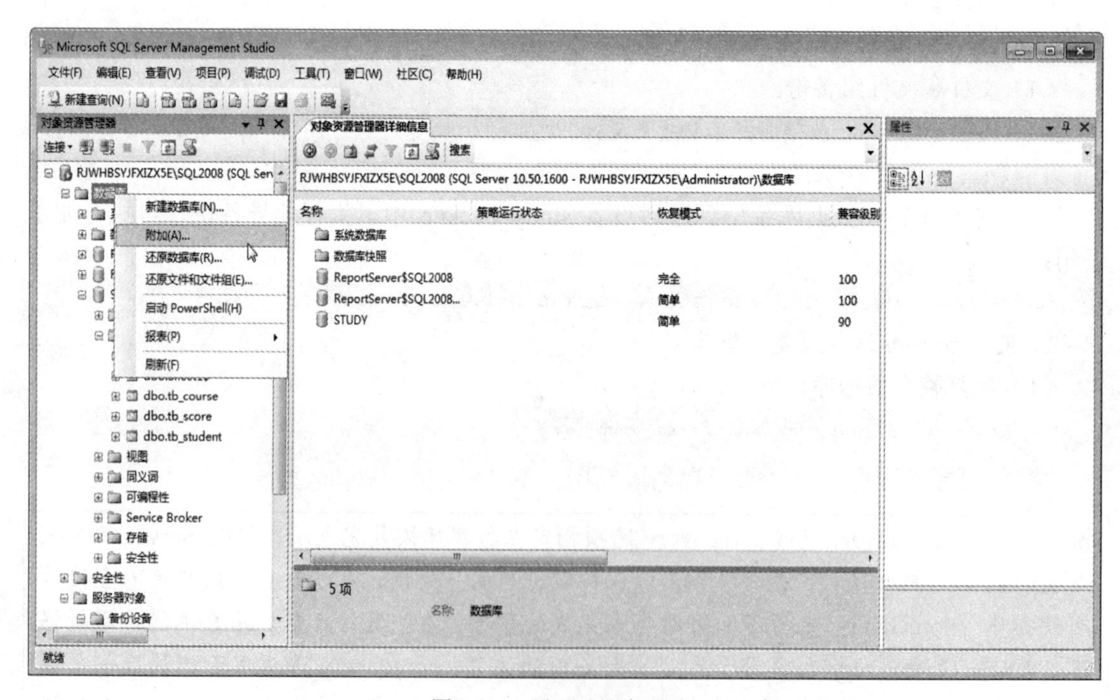

图 8–28 展开“服务器”

（2）选择“附加”命令，进入图 8–29 所示的“附加数据库”窗口。

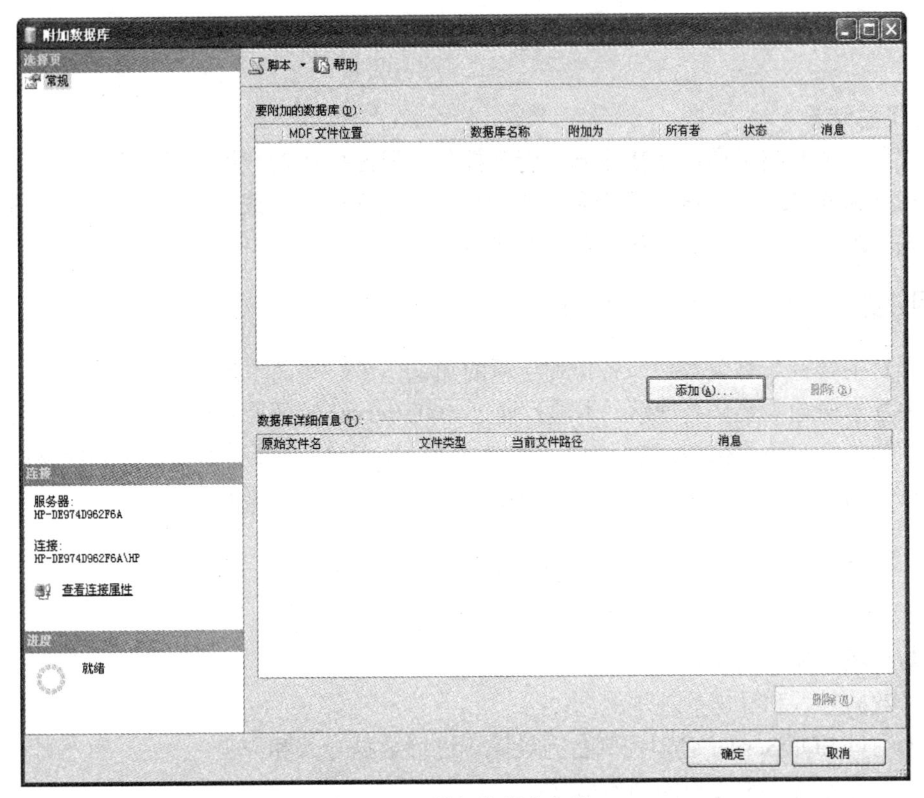

图 8–29 “附加数据库”窗口

（3）单击“添加”按钮，进入图 8–30 所示的窗口，选择数据库文件 book 所在的位置。

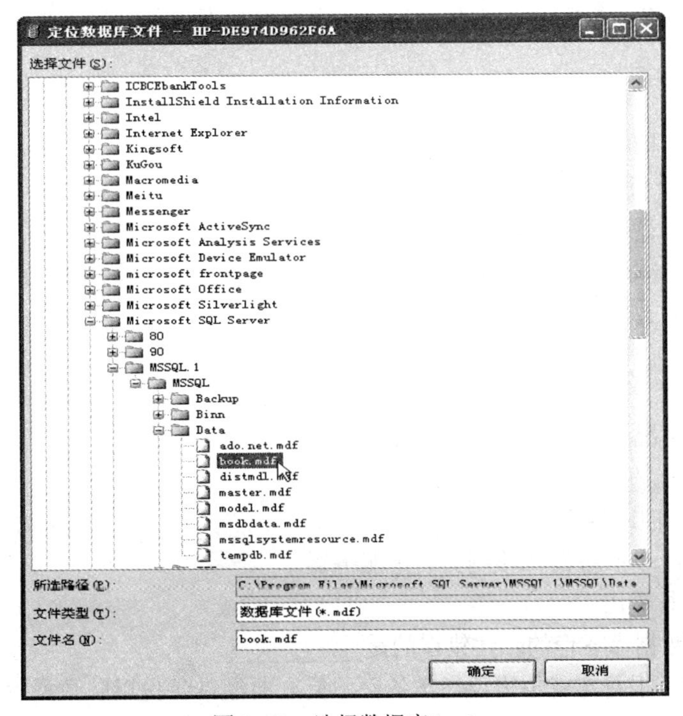

图 8–30　选择数据库 book

（4）单击“确定”按钮，即可完成数据库的添加。

【任务总结】

本任务主要介绍了通过 SQL Server 管理控制台界面操作对数据库进行备份和还原操作的方法，按照 SQL Server 数据库备份和还原向导按步操作即可完成，主要是要理解备份和还原中的一些基本概念，如备份设备、备份方法等。

项目总结

本项目主要针对有关数据库备份和还原的知识作了一些简单的介绍，其中有关备份和还原的相关基本概念需要认真理解。本项目通过 SQL Server 管理控制台向导操作示范了如何进行数据库的备份和还原操作，这部分内容较为简单，比较容易掌握。本项目对如何通过 T–SQL 命令进行数据库的备份和还原作了简单介绍，这部分内容了解即可。

小结与习题

本章介绍了如下内容：

（1）数据导入和导出的基本概念；

（2）通过 SQL Server 管理控制台向导操作进行数据导入和导出；

（3）数据库备份和还原的基本概念；

（4）备份设备的概念；

（5）常见数据库备份方法；

（6）通过 SQL Server 管理控制台向导操作进行数据库的备份和还原的方法。

一、填空题

1. 数据库备份的 4 种方式分别是__________备份、____________备份、____________备份和___________备份。

2. SQL Server 数据库备份的设备类型包括_________、__________和_____________。

3. 备份数据库选择备份目的地时，可指定到___________，也可指定到_____________。

4. 创建备份设备的 SQL 命令是_________________________。

二、选择题

1. 下列哪种情况无须进行数据库备份___________。

A. 存储介质损坏

B. 数据遭到病毒破坏

C. 将数据从一个服务器转移到另一个服务器

D. 将数据进行导出

2. 下列关于数据库备份的叙述错误的是__________。

A. 如果数据库很稳定就不需要经常备份，反之要经常备份以防数据库损坏

B. 数据库备份是一项很复杂的任务，应该由专业的管理人员来完成

C. 数据库库备份受到数据库恢复模式的制约

D. 数据库备份策略的选择应该综合考虑各方面因素，并不是备份得越多、越全就越好

3. 用来备份数据库的命令是___________。

A. Backup database　　B. Bkdatabase

C. Backup db　　D. Backup data

4. 使用下列__________系统存储过程可以创建一个备份设备。

A. sp_addbackup　　B. sp_backup

C. sp_addumpdevice　　D. sp_addevice

三、简答题

1. 什么是物理备份设备和逻辑备份设备？它们的区别是什么？

2. 简述备份数据库的原因。

3. 什么是增量备份？

第九章

数据库的安全管理

项目十四　在两种身份验证模式下建立用户账户

项目需求

建立两种身份验证模式下的用户账户，并分别用这两种账户登录 SQL Server 2008 管理系统。

完成项目的条件

（1）SQL Server 2008 数据库管理系统处于运行状态；
（2）掌握数据库系统中“对象资源管理器”的使用方法；
（3）掌握创建 Windows XP 操作系统用户的方法。

方案设计

由于数据库中数据的重要性，登录 SQL Server 2008 数据库管理系统并操作数据要求具有严格的安全措施。本项目提供两种身份验证模式供用户选择，对应这两种模式，用于登录 SQL Server 2008 的用户账户有两种创建方法，一种是 Window 身份验证模式的账户创建方法，需要通过在 Windows 操作系统中创建用户，并经过 SQL Server 2008 管理系统的认可；另一种是 SQL Server 2008 验证模式的账户创建方法，直接在 SQL Server 2008 管理系统中创建。两种创建用户账户的方法均通过界面操作来实现。

相关知识和技能

一、SQL Server 2008 的三层安全机制

数据库中的数据对于一个单位来说是非常重要的资源，数据的丢失或泄露可能会带来严重的后果和巨大的损失，因此数据库安全是数据库管理中一个十分重要的方面。SQL Server 2008 数据库系统的安全管理具有层次性，安全性级别可以分为 3 层，分别是 SQL Server 服务器级别的安全性、数据库级别的安全性、数据库对象级别的安全性。

（1）SQL Server 服务器级别的安全性。这一级别的安全性建立在控制服务器登录账号和密码的基础上，即必须具有正确的服务器登录账号和密码才能连接到 SQL Server 服务器中。SQL Server 提供了 Window 账号登录和 SQL Server 账号登录两种方式，用户提供正确的登录

账号和密码连接到服务器之后，就能获得相应的访问权限，可以执行相应的操作。

（2）数据库级别的安全性。用户提供正确的服务器登录账号和密码通过第一层的 SQL Server 服务器的安全性检查之后，将接受第二层的安全性检查，即是否具有访问某个数据库的权利。当建立服务器登录账号时，系统会提示选择默认的数据库。在默认情况下，master 数据库将作为登录账号的默认数据库。不过因为 master 数据库中保存了大量的系统信息，所以建议在建立登录账号时不要将 master 数据库设置为默认数据库。

（3）数据库对象级别的安全性。用户通过了前两层的安全性验证之后，在对具体的数据库安全对象进行操作时，将接受权限检查，即用户要想访问数据库里的对象，必须事先给予相应的访问权限，否则系统将拒绝访问。数据库对象的所有者拥有对该对象全部的操作权限，在创建数据库对象时，SQL Server 自动把该对象的所有权给予该对象的创建者。

二、两种 SQL Server 服务器级别的安全性

1. Windows 身份验证模式

在 Windows 身份验证模式下，SQL Server 检测当前使用 Windows 的用户账户，并在系统注册表中查找该用户，以确定该用户账户是否有权限登录。在这种方式下，用户不必提交登录名和密码让 SQL Server 验证。也就是说，用户身份由 Windows 进行确认，SQL Server 不要求提供密码，也不执行身份验证。Windows 身份验证是默认的身份验证，并且比 SQL Server 身份验证更为安全。

Windows 身份验证模式有以下主要优点：

（1）数据库管理员的工作可以集中在管理数据库上面，而不是管理用户账户。对用户账户的管理可以交给 Windows 去完成。

（2）Windows 有更强的用户账户管理工具，可以设置账户锁定、密码期限等。如果不是通过定制来扩展 SQL Server，SQL Server 是不具备这些功能的。

（3）Windows 的组策略支持多个用户同时被授权访问 SQL Server。

2. 混合身份验证模式

混合身份验证模式允许以 SQL Server 验证模式或者 Windows 身份验证模式来进行验证。使用哪个模式取决于在最初的通信时使用的网络库。用户既可以通过 Windows 账号登录，也可以通过 SQL Server 专用账号登录。当使用 SQL Server 身份验证时，在 SQL Server 中创建的登录名并不基于 Windows 用户账号。账号名和密码均通过 SQL Server 创建并存储在 SQL Server 中。通过 SQL Server 身份验证进行连接的用户每次连接时必须提供登录名和密码。

SQL Server 验证模式处理登录的过程为：用户在输入登录名和密码后，SQL Server 在系统注册表中检测输入的登录名和密码。如果输入的登录名存在，而且密码也正确，就可以登录到 SQL Server。

混合身份验证模式具有如下优点：

（1）创建了 Windows 之上的另外一个安全层次。

（2）支持更大范围的用户，例如非 Windows 客户、Novell 网络等。

（3）一个应用程序可以使用单个的 SQL Server 登录口令。

三、安全性的两阶段检验

1. 验证阶段（Authentication）

用户在 SQL Server 上获得对任何数据库的访问权限之前，必须登录到 SQL Server 上，并

且被认为是合法的。SQL Server 或者 Windows 对用户进行验证，如果验证通过，用户就可以连接到 SQL Server 上，否则，SQL Server 将拒绝用户登录，从而保证系统安全。

2. 许可确认阶段（Permission Validation）

用户验证通过后，登录到 SQL Server 上，系统检查用户是否有访问服务器上数据的权限。

任务一　在 Windows 身份验证模式下创建 SQL Server 系统的账户

【任务目标】

（1）理解 Windows 身份验证模式的概念；

（2）掌握在 Windows 身份验证模式下创建用户账户的方法。

【任务分析】

Windows 身份验证模式，即首先利用 Windows 操作系统自带的创建用户账户的功能建立账户，然后通知 SQL Server 2008 数据库系统，让系统默认该用户也就是 SQL Server 2008 数据库系统的合法用户。

【知识准备】

（1）掌握 Windows 操作系统中“计算机管理”的创建用户方法；

（2）理解 Windows 身份验证模式的概念；

（3）掌握 SQL Server 2008 数据库系统中“对象资源管理器”的使用方法。

【任务实施】

1. 创建 Windows XP 操作系统的用户

步骤如下：

（1）在任务栏中选择“开始”→“设置”→“控制面板”命令，弹出“控制面板”窗口。

（2）双击“管理工具”→“计算机管理”图标，弹出图 9–1 所示的“计算机管理”窗口。

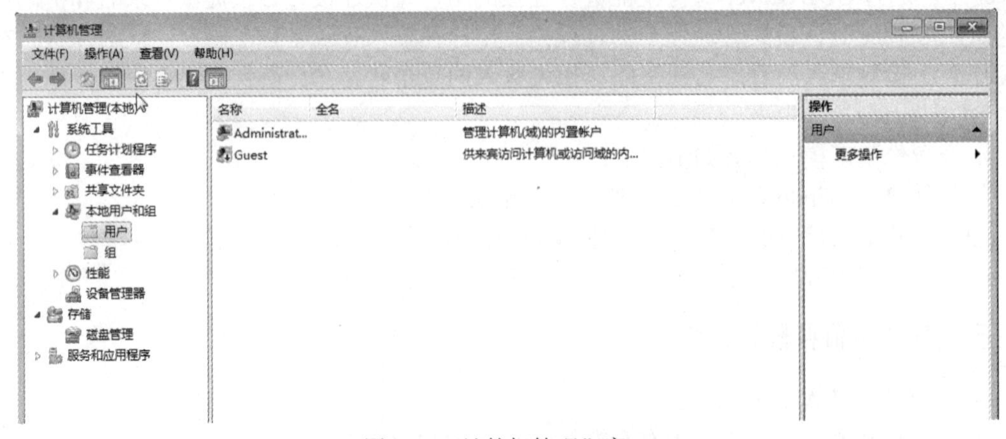

图 9–1　“计算机管理”窗口

（3）单击“本地用户和组”节点，用鼠标右键单击“用户”图标，弹出快捷菜单，选择“新用户”命令，弹出“新用户”对话框。

（4）在“用户名”文本框中输入“Teacher_Gao”，在“全名”文本框中输入“Teacher_Gao”，在“密码”和“确认密码”框中输入“123456”。取消“新用户”对话框中“用户下次登录时需该密码”项的选择，同时选择“密码永不过期”项，如图 9–2 所示，然后单击“创建”按钮。

图 9–2　“新用户”对话框

（5）关闭“新用户”对话框，在“用户管理”窗口出现图 9–3 所示的“Teacher_Gao”账户。

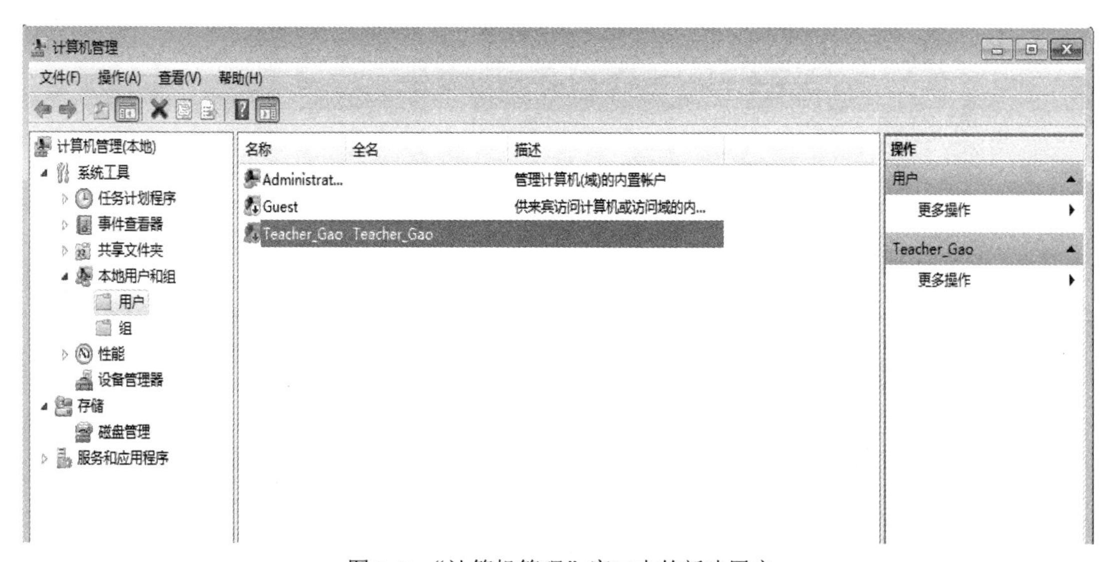

图 9–3　“计算机管理”窗口中的新建用户

2. 创建 SQL Server 2008 数据库系统的登录名

（1）打开 SQL Server Management Studio，找到“对象资源管理器”窗口的“安全性”标签并展开，用鼠标右键单击“登录名”，选择“新建登录名”命令，如图 9–4 所示。

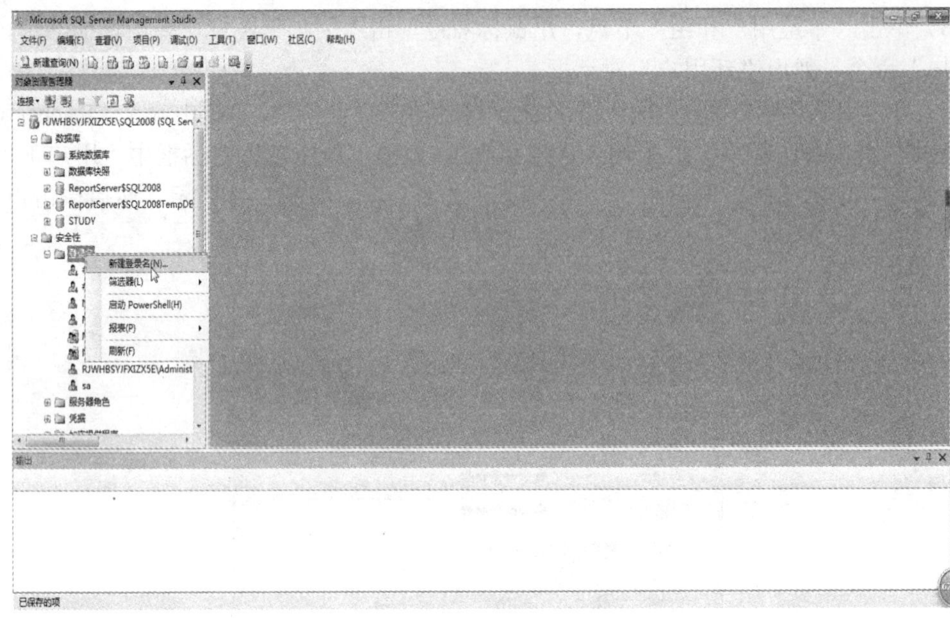

图 9–4 “登录名”右键快捷菜单

（2）弹出“登录名–新建”界面，在“常规”选项中确认是 Windows 身份验证，单击“登录名”文本框旁的“搜索”按钮，出现图 9–5 所示的“选择用户或组”对话框。

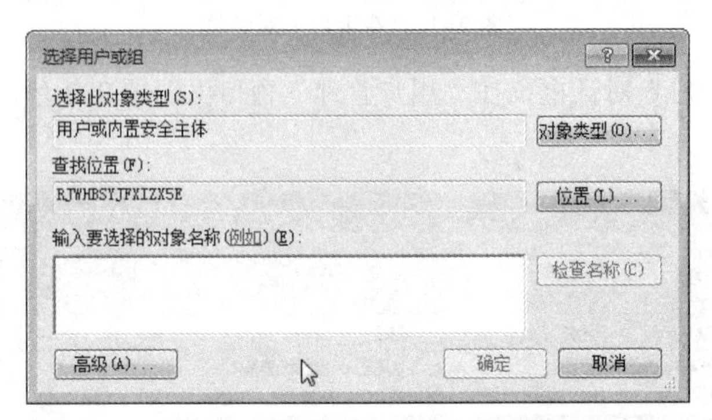

图 9–5 “选择用户或组”对话框

（3）单击“对象类型”按钮，弹出“对象类型”对话框，如图 9–6 所示，选中其中的“组”和“用户”后，单击“确定”按钮，弹出“选择用户或组”窗口。

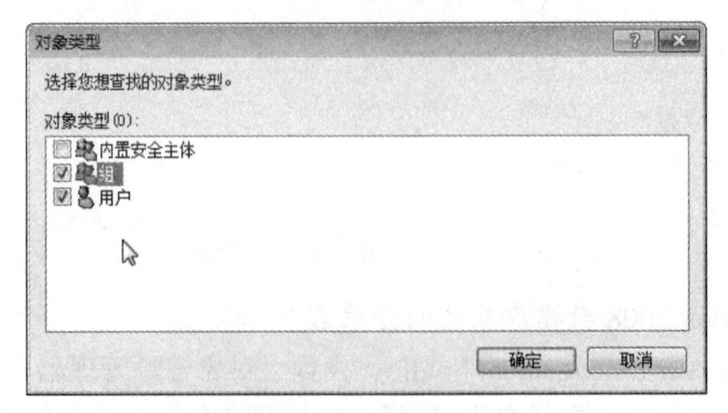

图 9–6 “对象类型”对话框

（4）在“选择用户或组”窗口中，单击“高级”按钮，再单击“立即查找”按钮，这时界面中会显示 Windows 系统中的所有账户和组，如图 9–7 所示。

图 9–7　“选择用户或组”窗口

（5）选中“Teacher_Gao”用户，单击“确定”按钮回到图 9–5 所示的“选择用户或组”窗口，可看到已经将 Windows XP 操作系统的用户“Teacher_Gao”选择进来，如图 9–8 所示。

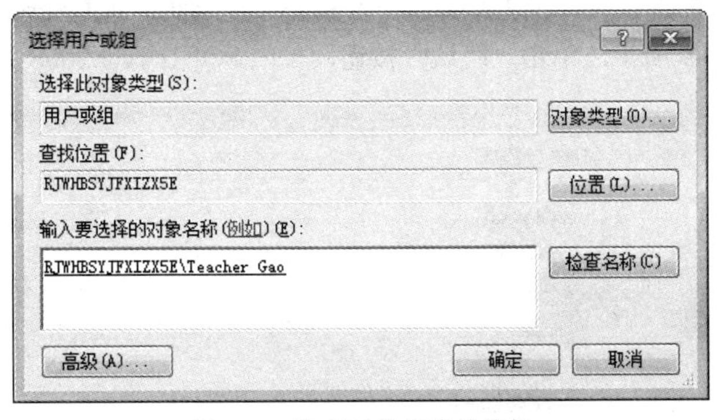

图 9–8　完成对象名称的选择

（6）单击“确定”按钮，回到“登录名–新建”界面，点击“确认”按钮完成登录名注册。

【任务总结】

本任务通过两个部分的界面操作完成了在 Windows 身份验证模式下的账户建立，它涉及 Windows 操作系统的账户创建和 SQL Server 2008 数据库管理系统的登录名创建。Windows 操作系统的账户创建是真正的创建，而 SQL Server 2008 数据库管理系统的登录名沿用了 Windows 操作系统的用户名，本质上是使用 Windows 操作系统创建的“一把钥匙”，它打开了 Windows 操作系统和 SQL Server 2008 数据库管理系统“两把锁”。

任务二　在混合身份验证模式下创建 SQL Server 系统的账户

【任务目标】

（1）理解 SQL Server 2008 身份验证模式的概念；

（2）掌握在 SQL Server 2008 身份验证模式下创建用户账户的方法。

【任务分析】

在混合身份验证模式下创建 SQL Server 系统的登录账户，必须在 SQL Server 2008 数据库管理系统中真实创建登录名，与 Windows 操作系统无关，因此只要利用 SQL Server 2008 数据库管理系统中的功能设置就可以实现目的。

【知识准备】

（1）理解混合身份验证模式的概念；

（2）掌握 SQL Server 2008 数据库管理系统中“对象资源管理器”的使用方法。

【任务实施】

在混合身份验证模式下创建 SQL Server 系统的用户账户的步骤如下：

（1）打开 SQL Server Management Studio，用鼠标右键单击“对象资源管理器”，选择“属性”，再选择“安全性”选项页，在“服务器身份验证”栏选择“SQL Server 和 Windows 身份验证模式（S）”，如图 9–9 所示，单击“确认”按钮，关闭 SQL Server 2008 数据库管理系统。

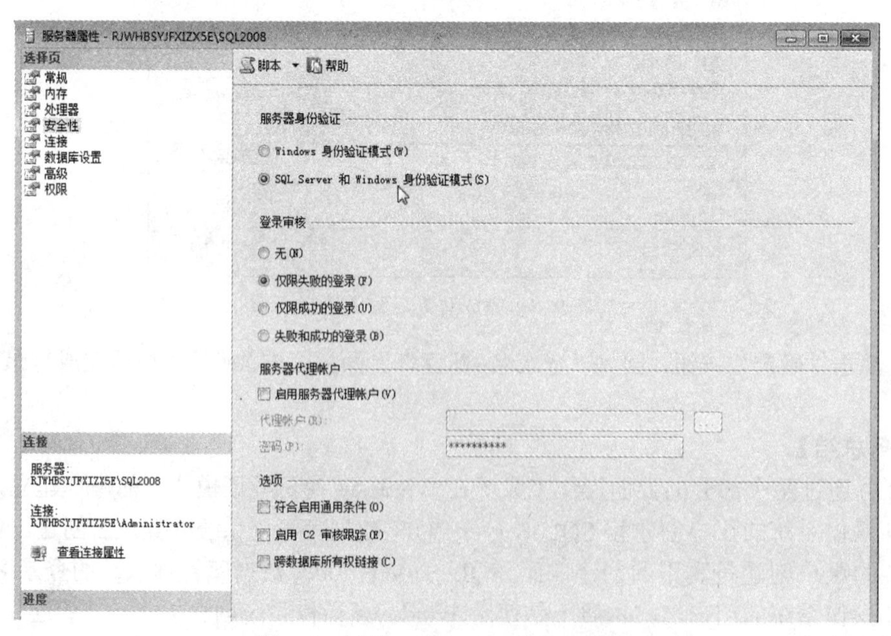

图 9–9　设置 SQL Server 的混合模式

（2）重新打开 SQL Server Management Studio，在“对象资源管理器”窗口中，展开“安全性”，用鼠标右键单击“登录名”，选择“新建登录名”。

（3）在“常规”选项页中，输入登录名“Student_zhang”，并选择“SQL Server 身份验证”模式，在“密码”和“确认密码”框中均输入“123456”，同时取消“用户在下次登录时必须更改密码”选项，单击“确认”按钮，即在混合身份验证模式下创建了系统的登录名，如图 9–10 所示。

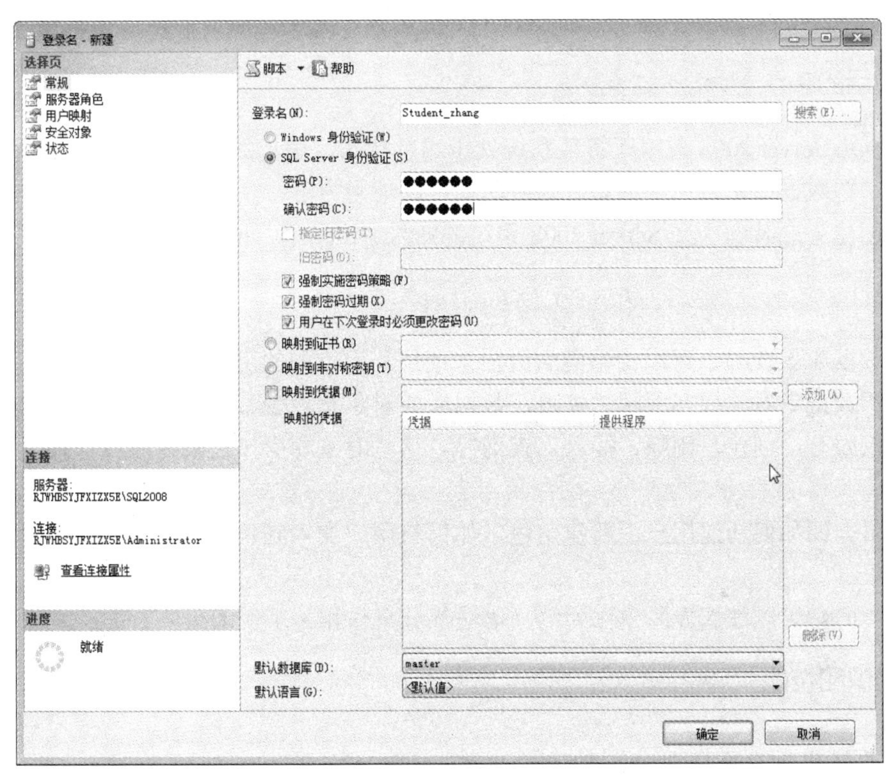

图 9–10 “登录名–新建”对话框

【任务总结】

本任务采用混合身份验证模式创建了 SQL Server 2008 系统的用户账户，该账户由登录名和密码构成，创建的过程均在“对象资源管理器”窗口中通过界面操作来实现，很容易掌握。

项目总结

本项目实践了用两种方法创建用于登录 SQL Server 2008 系统的用户账户的方法，用两种方法创建的账户分别对应登录 SQL Server 数据库系统的两种身份验证模式，一种是 Window 身份验证，另一种是 SQL Server 身份验证。

在用户启动运行 SQL Server 2008 系统时，不管选择哪种身份验证，只代表能够进入系统，并非意味着已经拥有操作数据库的权限，也即只是通过了 SQL Server 服务器级别的安全性认证，还未授予数据库级，甚至表级的权限。

项目十五　建立数据库用户和角色

项目需求

在 SQL Server 2008 中新建数据库 STUDY 的用户，并创建服务器角色和数据库角色。

完成项目的条件

（1）SQL Server 2008 数据库管理系统处于运行状态，用户数据库 STUDY 完好；
（2）掌握数据库系统中“对象资源管理器”的使用方法；
（3）创建了登录到 SQL Server 2008 系统的账号“Student_zhang”。

方案设计

用户数据库 STUDY 可以让不同的用户来使用，而不同的用户可以担当不同的角色，并针对不同的数据库对象拥有不同的权限，数据库的对象有：表、视图、规则、存储过程等，而操作的权限有：创建、删除、插入、查询等。这些对象和操作权限都可以被授予不同的用户或角色。

本项目介绍如何新建用户、新建角色，如何将用户加入到角色中，如何授予用户或角色更多的权限。

本项目的学习以掌握界面操作为主，语法部分只作相关了解即可。

相关知识和技能

一、数据库用户的概念

由上一项目可知，由两种身份验证模式获得的登录账号，是指能登录到 SQL Server 2008 系统的账号，属于服务器的层面，它本身并不能让用户访问具体的用户数据库，而要使用 SQL Server 数据库中的数据时，该账号必须同时还是某数据库的用户，就如进入公司必须拿钥匙先把大门打开，然后再拿另一把钥匙打开自己的办公室一样。用户如需访问某数据库，必须是该数据库的合法用户，进一步具有访问该数据库中数据的权限。

某用户数据库的用户可以在该数据库内创建，而因为该用户必须首先是 SQL Server 的用户，故通常在系统内搜索登录 SQL Server 的账号，并将该账号作为用户数据库的用户。

二、数据库用户的分类

默认的数据库用户有 dbo 用户、guest 用户和 sys 用户等。

（1）dbo 用户。数据库所有者或 dbo 用户是一个特殊类型的数据库用户，并且它被授予特殊的权限。一般来说，创建数据库的用户是数据库的所有者。dbo 被隐式地授予对数据库拥有所有权限，并能授予其他用户不同的权限。

（2）guest 用户。guest 就是临时客户、来宾客户的意思。它在系统里是受限制的用户，拥有部分权利，在默认情况下，guest 用户存在于 model 数据库中。

（3）sys 用户。所有系统对象包含在 sys 的架构中。这是创建在每个数据库中的特殊架构，但是它们仅在 master 数据库中可见。

三、角色的概念

角色是 SQL Server 2008 用来集中管理数据库权限而设置的特殊概念。在理解上角色相当于公司中的岗位，不同的角色具有不同的岗位权限。利用角色来授权十分便利，数据库管理员将操作数据库的特定权限的集合赋予角色，然后数据库管理员再将数据库用户加入到该角色中，从而使数据库用户同样拥有了相应的权限。这样省去了为每个数据库用户重复授予相同的权限。

SQL Server 2008 在服务器级提供了固定的服务器角色，在数据库级提供了数据库角色。用户可以修改固定的数据库角色，也可以自己创建新的数据库角色，再分配权限给新建的角色。

四、服务器角色

服务器角色的权限作用域为服务器范围，并且需要定义它们，这意味着这些角色将影响整个服务器，并且不能更改权限集。服务器角色是负责管理和维护 SQL Server 的组，一般只会指定需要管理服务器的登录者属于服务器角色。SQL Server 2008 在安装过程中定义了几个固定的服务器角色，其具体权限如下：

（1）sysadmin（全称为 System Administrators），可以在 SQL Server 中执行任何活动。

（2）serveradmin（全称为 Server Administrators），可以设置服务器范围的配置选项，关闭服务器。

（3）setupadmin（全称为 Setup Administrators），可以管理链接服务器和启动过程。

（4）securityadmin（全称为 Security Administrators），可以管理登录和创建数据库的权限，还可以读取错误日志和更改密码。

（5）processadmin（全称为 Process Administrators），可以管理在 SQL Server 中运行的进程。

（6）dbcreator（全称为 Database Creators），可以创建、更改和删除数据库。

（7）diskadmin（全称为 Disk Adminstrators），可以管理磁盘文件。

（8）bulkadmin（全称为 Bulk Insert Adminstrators），可以执行 bulk insert（大容量插入）语句。

（9）public public 角色具有查看任何数据库的权限。

五、数据库角色

数据库角色和登录账号类似，用户账号也可以分为组。SQL Scrver 在每个数据库中都提供了 10 个固定的数据库角色。与服务器角色不同的是，数据库角色权限的作用域仅限在特定的某个数据库内。

六、数据库角色的分类

数据库角色分为内置(固定)数据库角色、应用程序角色和用户定义角色。SQL Server 2008 在数据库级设置了固定数据库角色，来提供最基本的数据库权限的综合管理。固定数据库角色拥有已经授予的权限，也就是说，只需要将用户加进这些角色中，其即可继承全部相关的权限。

使用系统存储过程 sp_helpdbfixedrole 可以浏览所有的固定数据库角色的相关内容，如图 9–11 所示。

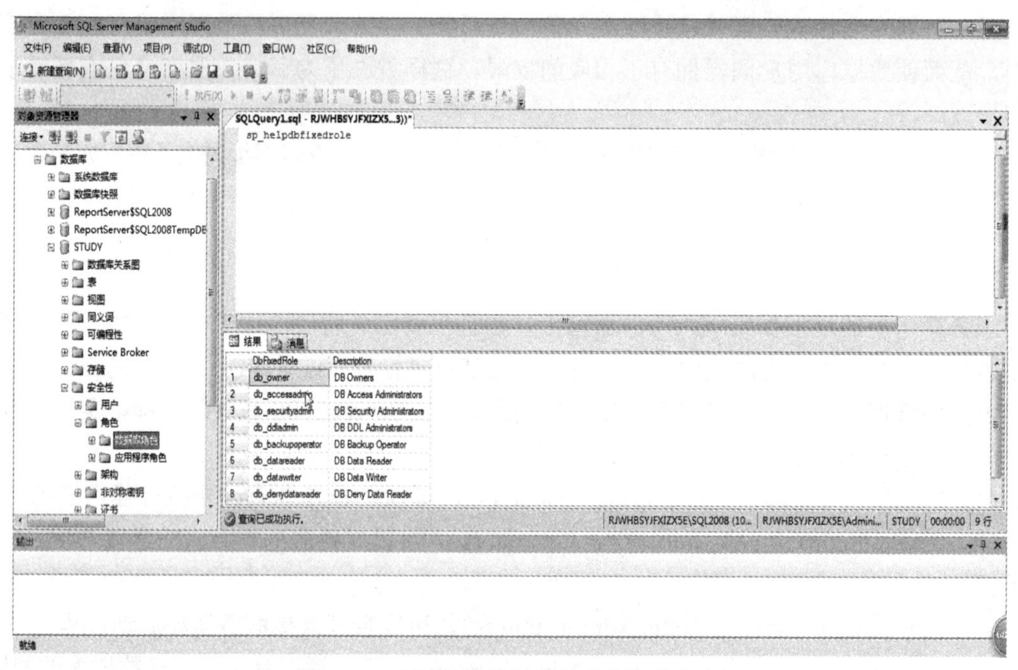

图 9–11　查看固定数据库角色的相关内容

每个固定数据库角色的含义如下：

（1）db_owner：在数据库中拥有全部权限。

（2）db_accessadmin：可以添加或删除用户 ID。

（3）db_securityadmin：可以管理全部权限、对象所有权、角色和角色成员资格。

（4）db_ddladmin：可以发出 all DDL，但不能发出 grant（授权）、revoke 或 DENY 语句。

（5）db_backupoperator：可以发出 DBCC、checkpoint 和 backup 语句。

（6）db_datareader：可以选择数据库内任何用户表中的所有数据。

（7）db_datawriter：可以更改数据库内任何用户表中的所有数据。

（8）db_denydatareader：不能选择数据库内任何用户表中的任何数据。

（9）db_denydatawriter：不能更改数据库内任何用户表中的任何数据。

（10）public 在 SQL Server 2008 中每个数据库用户都属于 public 数据库角色。当尚未对某个用户授予或拒绝绝对安全对象的特定权限时，该用户将继承授予该安全对象的 public 角色的权限。这个数据库角色不能被删除。

任务　为数据库STUDY创建数据库用户、数据库角色等

【任务目标】

（1）了解数据库用户的基本概念；

（2）了解数据库角色、应用程序角色的基本概念；

（3）掌握创建数据库用户、角色的方法。

【任务分析】

首先，为数据库STUDY创建数据库用户，该用户应来自服务器层面的登录名，若将已创建的数据库用户加入到固定数据库角色中，则自动继承该角色的所有权限。

其次，在数据库STUDY上创建数据库角色，为该角色授予某种权限，并将上面的数据库用户加入到这个角色中。

【知识准备】

（1）数据库用户的相关概念，详见【相关知识与技能】。

（2）数据库角色的相关概念，详见【相关知识与技能】。

（3）用T-SQL语言创建数据库用户的语法：

```
create user 数据库用户名
[{for|from}
   { 数据库用户登录名}
```

各参数说明如下：

① 指定数据库用户名，for或from子句用于指定相关联的登录名。

② 指定要创建数据库用户的登录名必须是服务器中有效的登录名。

（4）用T-SQL语言删除数据库用户的语法：

```
drop  user 数据库用户名
```

（5）用T-SQL语言添加固定服务器角色成员的语法：

```
sp_addsrvrolemember'login','role'
```

参数说明如下：

① login：指定添加到固定服务器角色role的登录名，可以是SQL Server登录名或Windows登录名；

② role是固定服务器角色名。

（6）用T-SQL语言删除添加固定服务器角色成员的语法：

```
sp_dropsrvrolemember'login','role'
```

参数说明如上所述。

（7）用T-SQL语言创建自定义数据库角色的语法：

```
create role 新建数据库角色名
```

（8）用T-SQL语言删除自定义数据库角色的语法：

```
drop role 数据库角色名
```

【任务实施】

一、创建数据库 STUDY 的用户 Student_zhang，加入到固定数据库角色中

步骤如下：

（1）打开 SQL Server Management Studio，在“对象资源管理器”窗口中，展开 STUDY 数据库，用鼠标右键单击“安全性”下的“用户”，选择“新建用户”命令，打开“数据库用户–新建”窗口，如图 9–12、图 9–13 所示。

图 9–12　选择“新建用户”命令

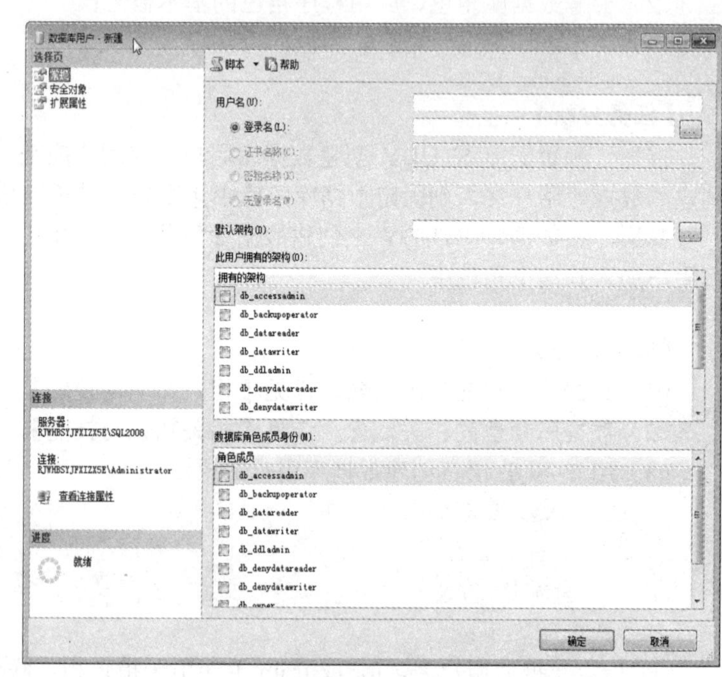

图 9–13　“数据库用户–新建”窗口

（2）单击“登录名”右边的按钮搜索，在弹出的“选择登录名”窗口中单击“浏览”进行搜索，将登录数据库系统的账号“Student_zhang”选中，单击“确定”按钮返回，如图 9–14、图 9–15 所示。

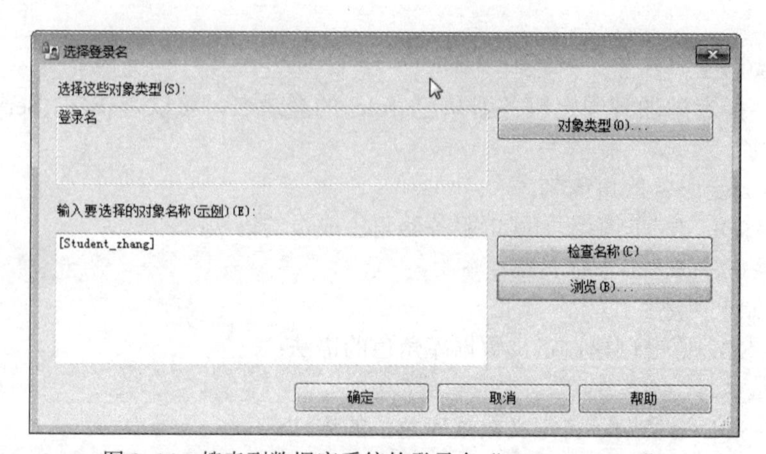

图 9–14　搜索到数据库系统的登录名“Student_zhang”

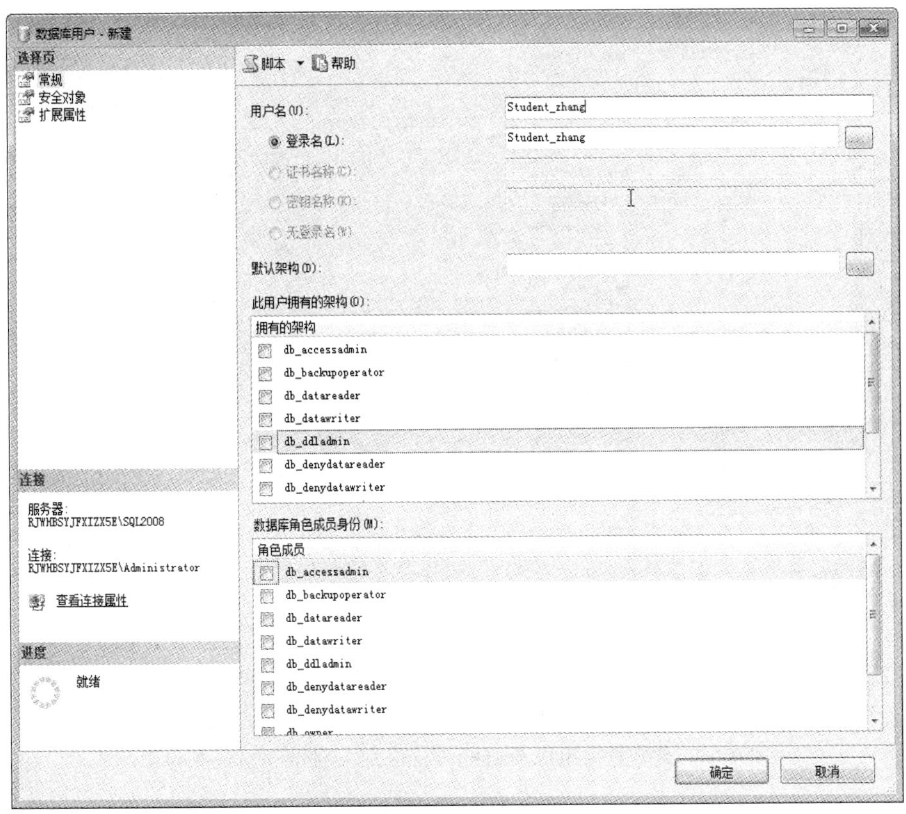

图 9–15　输入用户名最好与登录名“Student_zhang”一致

（3）用鼠标右键单击“角色”下“数据库角色”中的“db_owner”，选择“属性”，如图 9–16 所示，弹出“数据库角色属性”窗口，单击“添加”按钮，将数据库用户 Student_zhang 加入到固定数据库角色 db_owner 中，如图 9–17 所示，它便自动继承了固定数据库角色 db_owner 的所有权限。

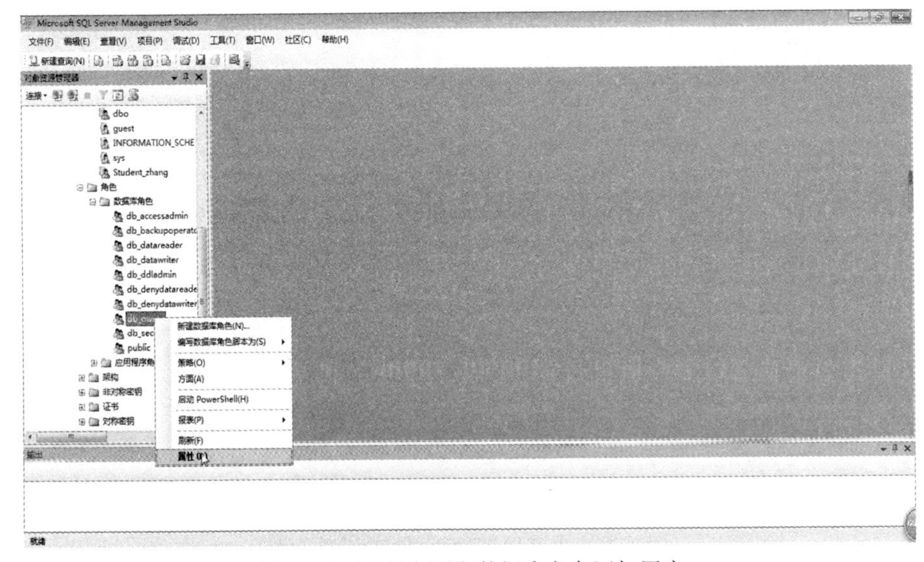

图 9–16　准备为固定数据库角色添加用户

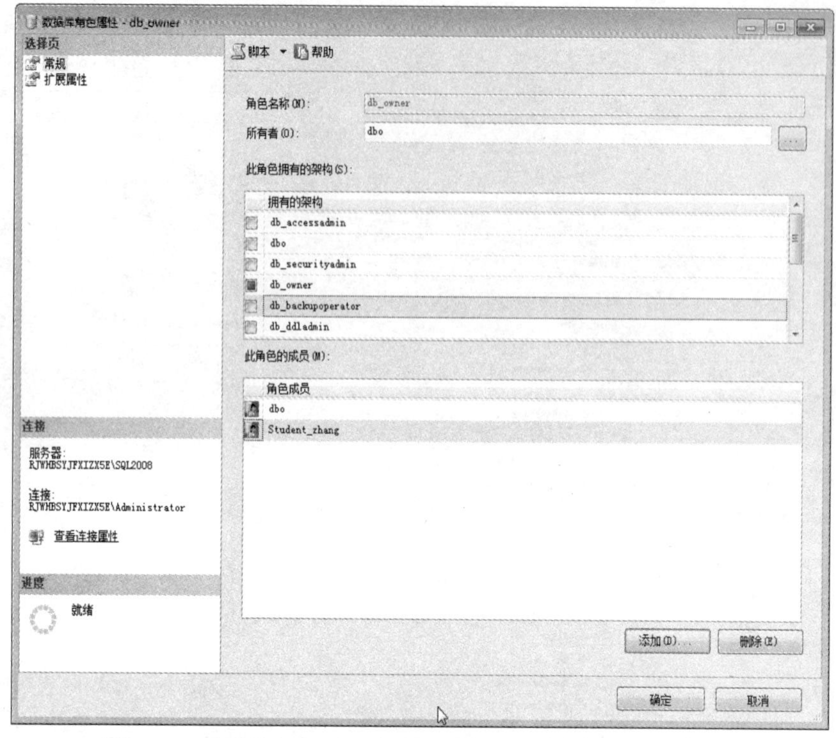

图 9–17　将数据库用户 Student_zhang 加入到 db_owner 角色中

二、新建数据库角色 work，将数据库用户 Student_zhang 加入进来

步骤如下：

（1）打开 SQL Server Management Studio，在“对象资源管理器”窗口中展开数据库 STUDY，用鼠标右键单击“安全性”下的“角色”，选择“新建数据库角色”命令，如图 9–18 所示。

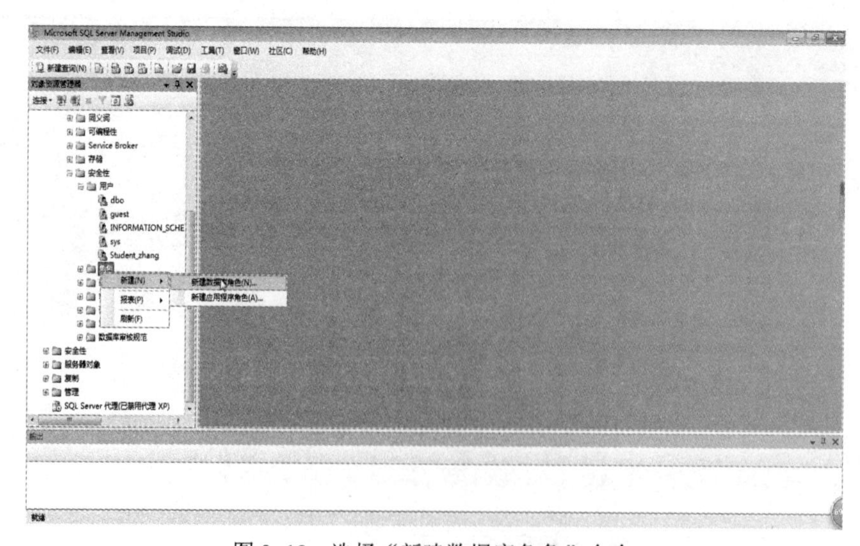

图 9–18　选择“新建数据库角色”命令

（2）在弹出的“数据库角色 – 新建”窗口中，输入角色名称“work”，单击下方的“添加”按钮，将数据库用户 Student_zhang 加入到新建的角色 work 中，如图 9–19 所示。

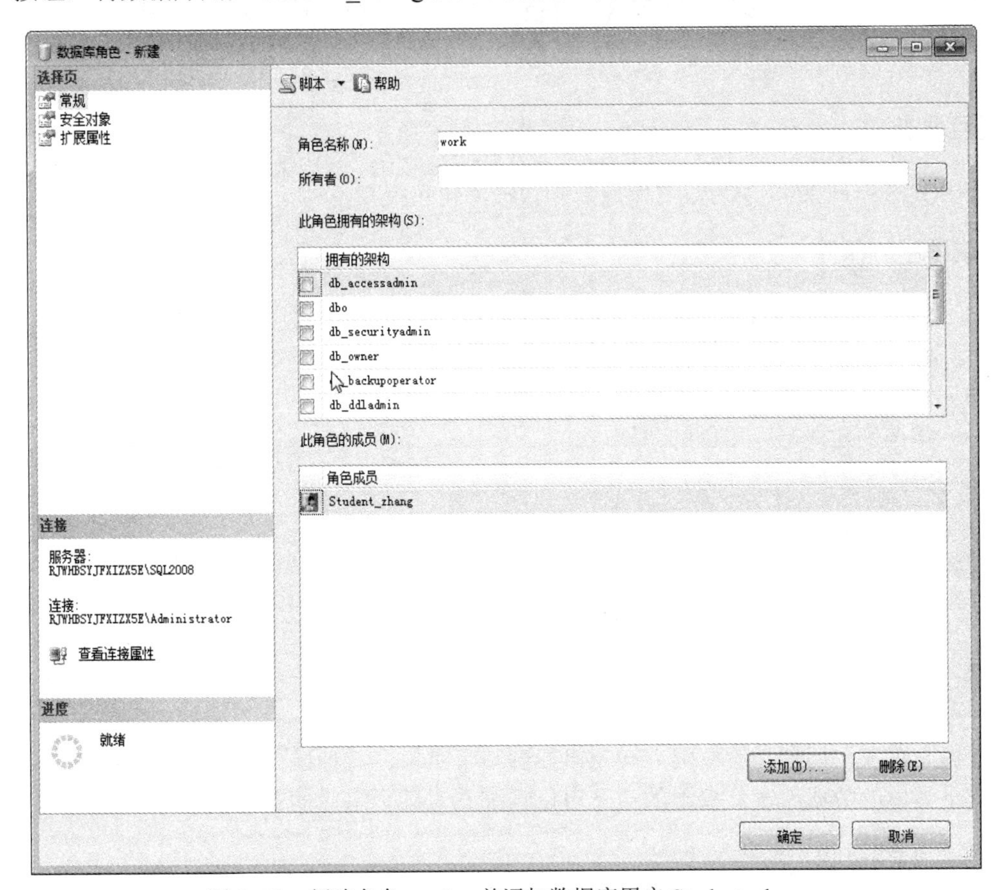

图 9–19　新建角色 work，并添加数据库用户 Student_zhang

【任务总结】

本任务需要掌握数据库用户、数据库角色的相关概念以及区别点。一个数据库往往被多个用户、多种角色访问，为了适应实际授权的需要以及授权的便利，常常将众多用户划分为数个权限组，每个权限组相当于一个角色，这样，只要将众多用户加入到数个角色中，仅对不同的角色分配不同的权限，就完成了对所有用户的授权，而当某用户要改变权限时，只要修改其加入的角色即可，十分方便。

数据库用户、数据库角色的创建，以及将某用户添加到某角色中，使用界面操作的方法非常便利，需要牢牢掌握，而对于用 T–SQL 语言创建数据库用户、数据库角色等方法，只作了解即可。

项目总结

本项目主要介绍了数据库用户、数据库角色的相关概念，并实践了数据库用户、数据库角色的创建，以及将某用户添加到某角色中等的方法，使用界面操作非常便利，需要牢牢掌握，而对于用 T–SQL 语言创建数据库用户、数据库角色等方法，只作了解即可。

项目十六　给角色和用户授权

项目需求

在 SQL Server 2008 中为数据库用户和数据库角色授权。

完成项目的条件

（1）SQL Server 2008 数据库管理系统处于运行状态，用户数据库 STUDY 完好；
（2）掌握数据库系统中“对象资源管理器”的使用方法；
（3）掌握创建数据库用户的方法；
（4）掌握创建数据库角色的方法。

方案设计

数据库用户和数据库角色都可以单独授予权限，当一个数据库用户继承了数据库角色的所有权限后，还可以再附加授予其他的权限。当某数据库用户加入某数据库角色时，相当于得到了权限的“粗调”，而进一步授予数据库用户额外的权限则相当于得到了权限的“微调”，SQL Server 所具有的授权机制十分灵活。

SQL Server 中权限的授予过程通常是：创建系统登录账号→建立数据库登录名→加入到某个数据库角色，得到一般权限→微调以得到某个对象、某种操作的权限。

对于具体的数据库表，权限的授予可以详细到对某个字段的某种操作。

相关知识和技能

一、权限的概念

权限用于控制对数据库对象的访问，以及指定对数据库可以执行的操作。在 SQL Server 2008 中使用权限作为访问数据库设置的最后一道安全设施。在 SQL Server 2008 数据库里的每个数据库对象都由一个该数据库的用户所拥有，拥有者以数据库赋予的 ID 作为标识。

二、权限的类型

权限确定了用户能在 SQL Server 2008 或数据库中执行哪些操作。用户在执行更改数据库定义或访问数据库的任何操作之前，它们必须有适当的权限。

在 SQL Server 2008 中可以使用的权限分为 3 种类型，即对象权限、语句权限和隐式权限。

1. 对象权限

在 SQL Server 2008 中，所有对象权限都是可授予的。可以对特定的对象、特定类型的所有对象和所有属于特定架构的对象管理权限，用户管理权限的对象依赖于作用范围。在数据库级别，可以为应用程序角色、程序集、数据库角色、数据库、全文目录、函数等授予对象权限。

2. 语句权限

语句权限是用于控制创建数据库或数据库中的对象所涉及的权限。例如，如果用户需要

在数据库中创建表，则应该向该用户授予 create table 语句权限。

3. 隐式权限

固定数据库角色具有隐式权限，且其隐式权限不能被更改。

任务　给角色和用户授予权限

【任务目标】

（1）了解权限的基本概念；

（2）了解权限的分类；

（3）掌握给数据库角色和数据库用户授予权限、撤销权限、拒绝权限的方法。

【任务分析】

本任务主要完成允许用户执行相应的操作，授予他们相应的权限，通过撤销权限停止以前授予的权限等的实践；管理员也可以在不撤销用户访问权限的情况下，拒绝用户访问数据库对象。

【知识准备】

一、权限的相关概念

详见【项目知识和技能】。

二、授予权限

为了允许用户执行某些活动或者操作数据，需要授予他们相应的权限，如果是角色，则所有该角色的成员继承此权限。使用 grant 语句进行授权活动。授予命令权限的基本语法如下：

```
grant
{all|授予权限的命令[,…n]}
to 授予权限的用户[,…n]
```

各个参数含义解释如下：

（1）all 表示授予所有者可以应用的权限。在授予命令权限时，只有固定的服务器角色成员 sysadmin 可以使用 all 关键字。

（2）可以授予权限的命令，如创建数据库 create database。

（3）被授予权限的用户单位，可以是 SQL Server 的数据库用户，可以是 SQL Server 的角色，也可以是 Windows 的用户或工作组。

二、撤销权限

可以使用 revoke 语句撤销以前授予的或拒绝的权限。撤销类似于拒绝，但是撤销权限是删除已授予的权限，并不妨碍用户、组或角色从更高级别继承已授予的权限。撤销对象权限的基本语法如下：

```
revoke {all|授予权限的命令[,…n]}
from  授予权限的用户[,…n]
```

撤销权限的语法基本上与授予权限的语法相同。

三、拒绝权限

在授予了用户对象权限以后，数据库管理员可以根据实际情况，在不撤销用户访问权限的情况下，拒绝用户访问数据库对象，并阻止用户或角色继承权限，该语句优先于其他授予的权限。拒绝对象权限的基本语法如下：

```
deny {all|授予权限的命令[,…n]}
to 授予权限的用户[,…n]
```

拒绝访问的语法要素与授予权限和撤销权限的语法要素的意义完全一致。

【任务实施】

通过界面操作方式为数据库用户和数据库角色授权。

一、授权操作数据库对象

步骤如下：

（1）启动 SQL Server Management Studio，进入“对象资源管理器”窗口，用鼠标右键单击数据库 STUDY，选择“属性”，如图 9–20 所示。

（2）在弹出的“数据库属性”窗口中，选择“权限”，单击“添加”按钮可以将需要授权的数据库角色或数据库用户添加进来，针对窗口下面的各种数据库对象的操作（包括创建表、创建视图、创建规则、备份数据库等），用户可以单击复选框设置授予权限、撤销权限、拒绝权限等，如图 9–21 所示。

图 9–20　在数据库级别设置权限

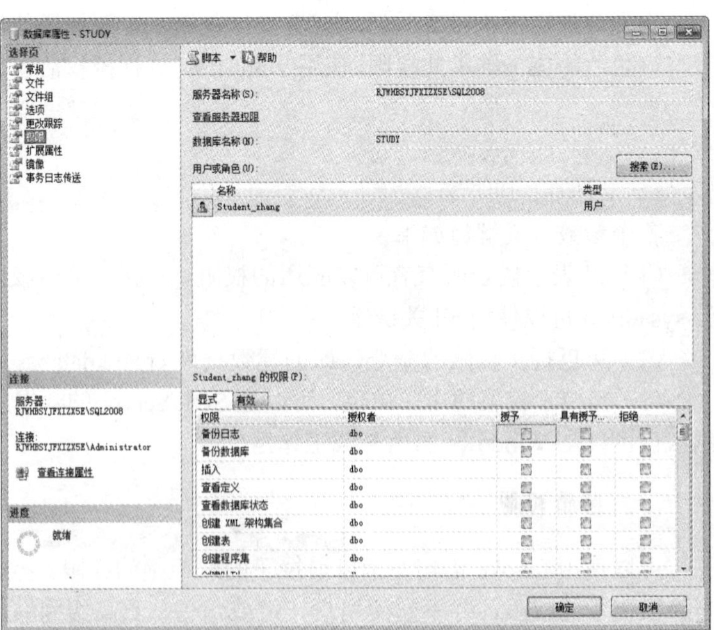

图 9–21　授权操作数据库对象

二、授权操作表的字段

步骤如下：

（1）启动 SQL Server Management Studio，进入“对象资源管理器”窗口，选择数据库 STUDY 下的表，这里选择为操作学生表中的某些字段进行授权，用鼠标右键单击学生表 tb_student，选择“属性”，如图 9–22 所示。

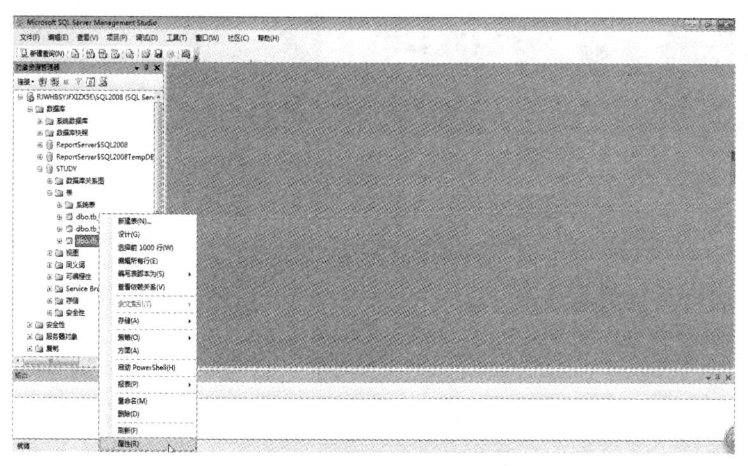

图 9–22　在表的级别设置权限

（2）在弹出的“表属性”窗口中选择“权限”选择页，单击“添加”按钮将需要授权的数据库用户或数据库角色添加进来，选中数据库用户 Student_zhang，在下方的权限列表中，选择“SELECT”权限，单击右边的复选框，这时，“列权限（C）”按钮由灰变亮，如图 9–23 所示。

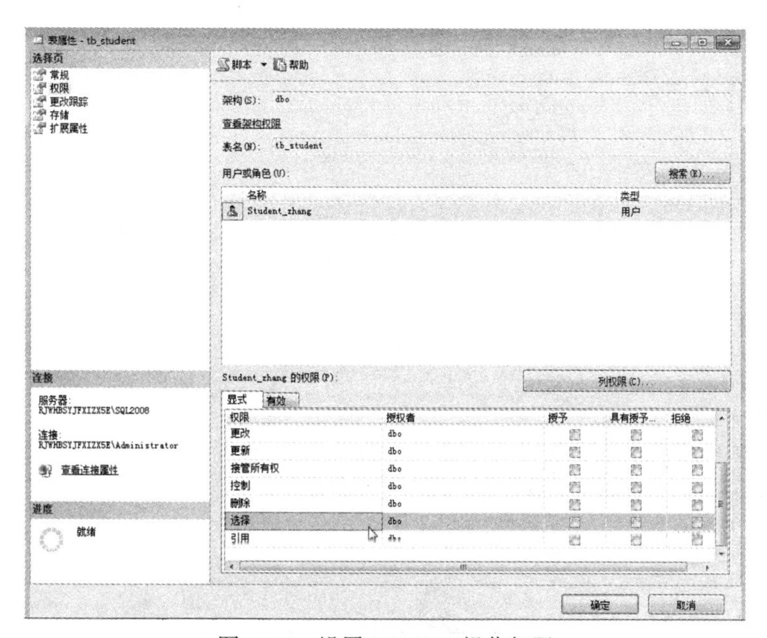

图 9–23　设置 SELECT 操作权限

（3）单击“列权限（C）”按钮，弹出“列权限”窗口，将需要的字段通过单击右边的复选框的方式选中，如图 9–24 所示，单击“确定”按钮后返回“表属性”窗口，再单击“确定”按钮完成授权过程。

列权限

主体 (P): Student_zhang

授权者 (G): dbo

表名 (N): dbo.tb_student

权限名称 (M): 引用

列权限 (C):

列名	授予	具有授予...	拒绝
address	☑	☐	☐
birthday	☐	☐	☐
name	☑	☐	☐
note	☐	☐	☐
sex	☐	☐	☐
specialty	☑	☐	☐
studentid	☑	☐	☐
sumcredit	☑	☐	☐

确定　取消　帮助

图 9–24　为数据库用户 Student_zhang 授予特定字段的 SELECT 权限

（4）重新打开“表属性”窗口，选中用户 Student_zhang，单击“有效权限（F）”按钮，将看到已经拥有了 SELECT 特定字段的权限，如图 9–25 所示。

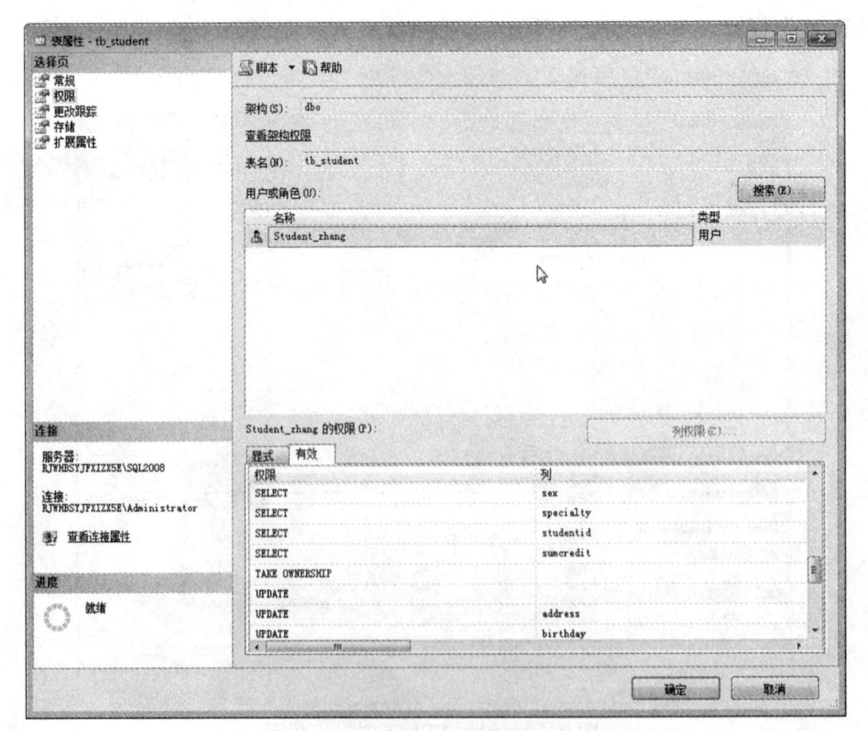

图 9–25　验证已拥有的有效权限

【任务总结】

本任务主要介绍了权限的概念和权限的类型，以及如何对所创建的数据库用户和数据库角色进行授予权限、撤销权限、拒绝权限的操作，并进一步介绍了如何设置操作数据库对象的权限和操作表的字段的权限的方法。

本任务要求掌握用界面操作设置权限的方法，而对于用T–SQL语言设置权限的方法仅作了解。

项目总结

本项目主要让学生们学习如何用SQL Server管理器界面对所创建的数据库用户和数据库角色进行授予权限、撤销权限、拒绝权限的操作，使同学们了解SQL Server所提供的权限系统非常完备和全面，通过数据库角色和数据库用户对权限的“粗调”和“微调”，可以灵活地适应企业中各种岗位对权限分配的需求。

本项目所提供的技能在实践中十分有用，是一个数据库管理员需要掌握的重要技能，必须牢牢掌握。

小结与习题

本章介绍了如下内容：

（1）在Windows身份验证模式下用户账户的创建；

（2）在混合身份验证模式下用户账户的创建；

（3）数据库用户的概念和分类；

（4）数据库角色的概念和分类；

（5）如何创建数据库用户名；

（6）如何创建数据库角色；

（7）如何为数据库用户或数据库角色授权；

（8）操作数据库对象的权限设置方法和操作表字段的权限设置方法。

一、填空题

1. SQL Server 2008提供了____________和____________两种身份验证模式。

2. SQL Server 2008为用户提供了两类角色，分别是____________和____________。

3. ____________角色可以进行大容量的插入操作。

4. SQL Server 2008权限管理的语句是授权权限grand、拒绝权限____________和撤销权限____________。

二、简答题

1. SQL Server 2008提供了几种身份验证模式？如何设置身份验证模式？

2. SQL Server 2008的权限分为哪几种类型？如何变更登录账户和用户之间的关系？

3. 什么是角色？服务器角色和数据库角色的区别是什么？如何将一个表的操作权限简单地授予所有用户？

4. 练习登录账号、数据库用户的创建方法。

第十章

PB/SQL Server开发

——“学生成绩管理系统”

项目十七　利用开发工具PB构建一个完整的数据库系统

项目需求

利用数据库应用程序的开发工具 PowerBuilder9.0 创建一个应用程序，将应用程序与数据库接口、数据库管理系统和数据库有机地结合起来，构成一个最简单，但又相对完整的数据库系统。

完成项目的条件

（1）已经安装好数据库管理系统 SQL Server 2008，使其处于运行状态，并且数据库 STUDY 中的几个表已齐备；

（2）安装好数据库应用程序的开发工具 PowerBuilder9.0；

（3）初步熟悉开发工具 PowerBuilder9.0；

（4）理解数据库接口的概念，并熟悉数据源和 ODBC 数据库接口的配置。

方案设计

本项目搭建一个最简单的数据库应用程序，通过配置，将新建的数据库应用程序与数据库接口、数据库管理系统和数据库连接在一起，形成具有现实意义的数据库系统。

本项目在开发工具 PowerBuilder9.0 中完成，并假设 SQL Server 2008 数据库管理系统已经开启运行，且数据库 STUDY 及其数据表已经存在。

为了完成本项目，开发工具 PowerBuilder9.0 必须与数据库取得联系，本项目采用 ODBC 数据库接口方式首先实现与 SQL Server 2008 数据库管理系统的静态连接，这需要先配置 ODBC 数据源。

其次，创建一个应用 Application（即应用程序），在应用的 open 事件中书写代码，实现应用程序在运行时与数据库的动态连接。

最后，在应用程序的窗口中显示数据库表中的数据，完成最简单，但又相对完整的数据库系统的构建。

相关知识和技能

一、PB 开发工具介绍

PowerBuilder 是著名的数据库应用开发工具，由生产商Sybase的子公司Powersoft于1991年6月推出，它完全按照客户/服务器体系结构研制设计，采用面向对象技术、图形化的应用开发环境，是优秀的数据库应用程序前端开发工具，曾连续多年获得开发工具评比的第一名。PowerBuilder 除了能够设计传统的高性能、基于客户/服务器体系结构的应用系统外，也能够方便地构建和实现分布式系统，还可以开发基于 Internet 的应用系统。

作为一种优秀的数据库应用开发工具，PowerBuilder 具有十分强大的数据库管理功能。PowerBuilder 提供与当前流行的大型数据库，例如 Oracle、Sybase、MS SQLServer、Informix 等的专用接口，并可通过 ODBC 与数据库连接，具有强大的查询、报表和商业图形功能，还可支持跨平台开发。PowerBuilder 是完全可视化的数据库开发工具，它提供了大量的控件，可以方便、快捷地创建应用程序的用户界面和数据库接口，极大地提高了项目的开发速度与质量。

二、与数据库的连接

1. 开发工具与数据库的静态连接

使用 PowerBuilder 开发工具开发应用程序，必须首先让开发工具与数据库取得联系。所谓静态连接，就是开发数据库应用程序时，开发工具的环境与数据库实现的连接。

为实现数据库的静态连接，需要在 PowerBuilder 开发工具环境中进行一系列设置，详见下面的任务一。

2. 应用程序与数据库的动态连接

数据库应用程序在运行时必须实时地连接数据库，以便用户可以对数据库中的数据进行处理，实现应用程序的功能，这种与数据库的实时连接称为数据库的动态连接。

为实现数据库的动态连接，需要利用 PowerBuilder 开发工具先创建一个应用，并在该应用程序中通过编程来实现与数据库的动态连接，详见下面的任务二。

任务一　实现 PB 开发环境与数据库的静态连接

【任务目标】

（1）创建数据源，熟悉 ODBC 数据库接口；

（2）实现 PB 开发环境与数据库的静态连接。

【任务分析】

用开发工具来编写数据库应用程序，程序员必须在开发工具中看到数据库的表，才能根据表中的数据为用户编写程序。本任务即要达到能在 PowerBuilder 开发工具中看到表中的数据的效果。

前面介绍到，与数据库的连接可以使用开发工具的专用接口，也可以使用通用的 ODBC 接口，这里要完成的是用 ODBC 接口来实现与数据库的连接。

【知识准备】

ODBC 即开放数据库互联（Open DatabBase Connectivity），是微软公司推出的一种实现应用程序和关系数据库之间通信的接口标准。

ODBC 本质上是一组数据库访问 API（应用程序编程接口），它由一组函数调用组成，核心是 SQL 语句，其结构如图 10–1 所示。

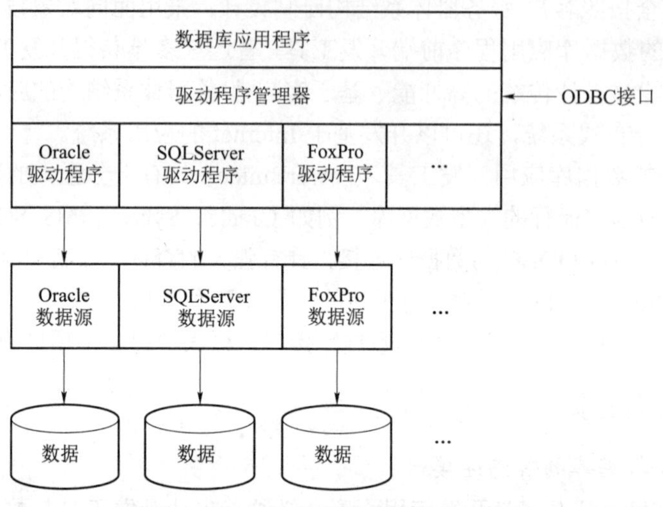

图 10–1　ODBC 访问数据库的接口模型

在具体操作时，首先必须用 ODBC 管理器注册一个数据源，管理器根据数据源提供的数据库位置、数据库类型及 ODBC 驱动程序等信息，建立起 ODBC 与具体数据库的联系。

【任务实施】

本任务介绍 PowerBuilder9.0 通过 ODBC 方式实现与 SQL Server 2008 的连接的方法。

运行 PowerBuilder9.0，如图 10–2 所示，单击工具栏中的“DB Profile”，弹出“Database Profile”对话框，如图 10–3 所示。

图 10–2　PowerBuilder9.0 初始界面

双击“ODBC Administrator”进入“ODBC 数据源管理器”，如图 10–4 所示，单击“添加”按钮，出现“创建新数据源”对话框，如图 10–5 所示，选择驱动程序“SQL Server”，单击“完成”按钮，弹出图 10–6 所示的对话框。

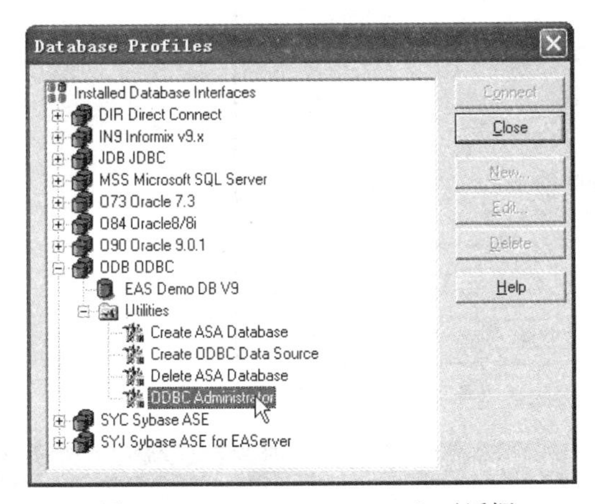

图 10–3 “Data base Profiles”对话框

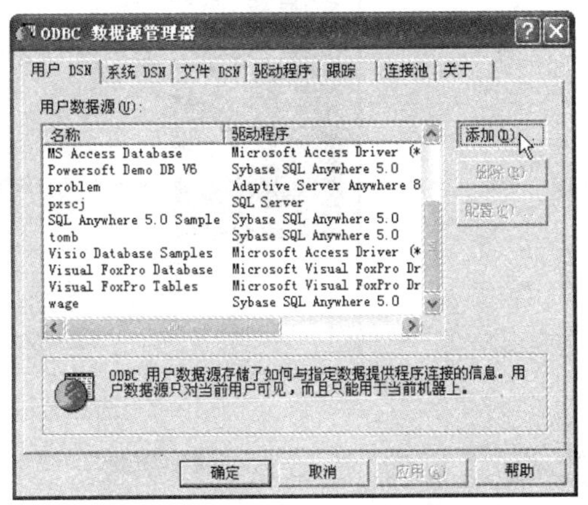

图 10–4 “ODBC 数据源管理器”窗口

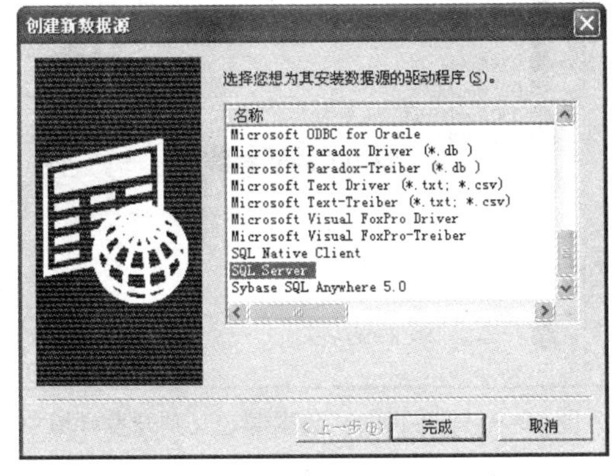

图 10–5 “创建新数据源”对话框

图 10–6 定义一个名字作为新建数据源的名，并输入服务器名

图 10–6 中数据源的名称是希望连接的数据库名，因为目的是开发“学生成绩管理系统”，故希望连接到数据库 STUDY，为方便记忆，这里数据源的名称也用 STUDY，“描述”框可不填，需要填写的服务器名指的是存放 STUDY 的数据库服务器名，若在局域网中，则是运行 SQL Server 2008 的那台机器的机器名称，若 SQL Server 2008 就安装在本机，则填入本机的机器名（通过用鼠标右键单击“我的电脑”的“属性”得到计算机名，也可输入“.”来表示本机名），单击“下一步”按钮，再“下一步”按钮，如图 10–7 所示，打钩并选择希望连接的真正的数据库 STUDY。

接着单击“下一步”按钮→“完成”按钮→“确定”按钮。可看到在图 10–8 所示界面的“用户数据源”栏目中，已经顺利添加了一个名为“STUDY”的数据源，它使用了 SQL Server 驱动程序，并与运行在指定数据库服务器上的真实数据库 STUDY 实现了连接。

接下来，需要在开发环境中为这个数据源起个名字，并设定使用者和密码。回到数据库设置界面，如图 10–9 所示，选中“ODB ODBC”，用鼠标右键单击选择“New Profile”。

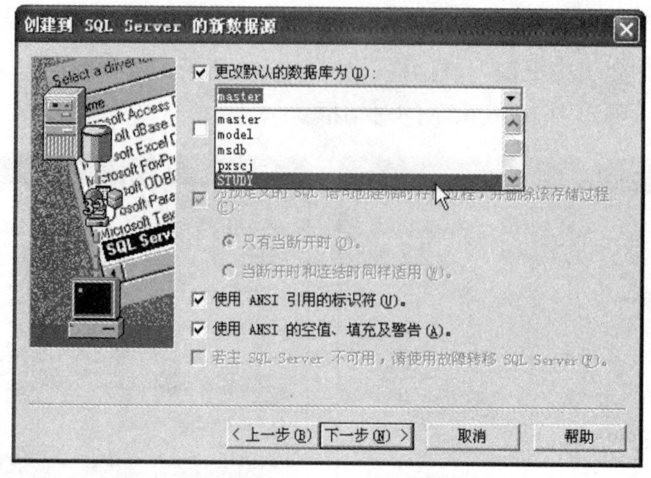

图 10–7　选择希望连接的数据库 STUDY

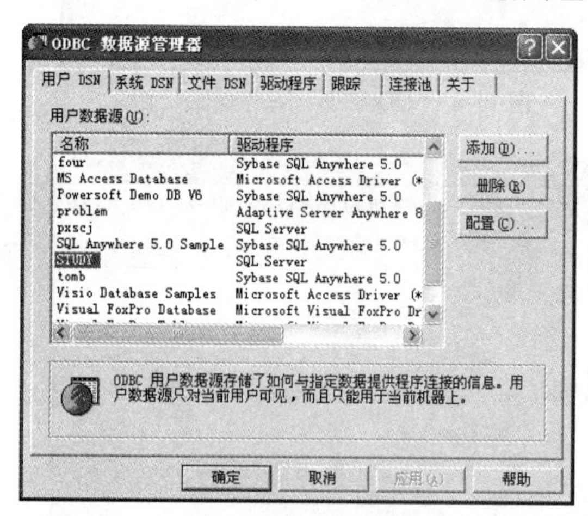

图 10–8　顺利添加了 STUDY 数据源

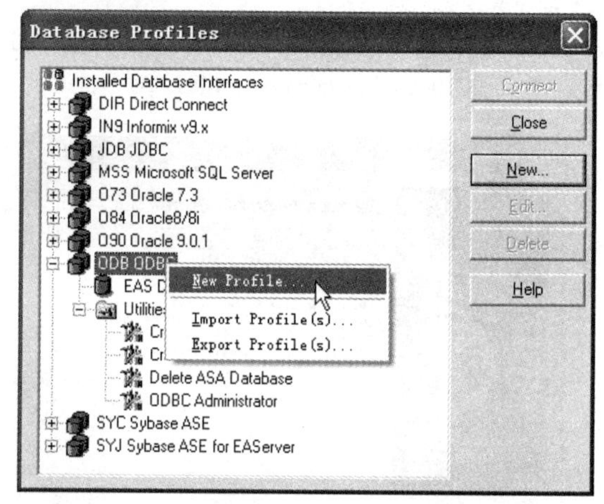

图 10–9　将 STUDY 数据源定义到开发环境中

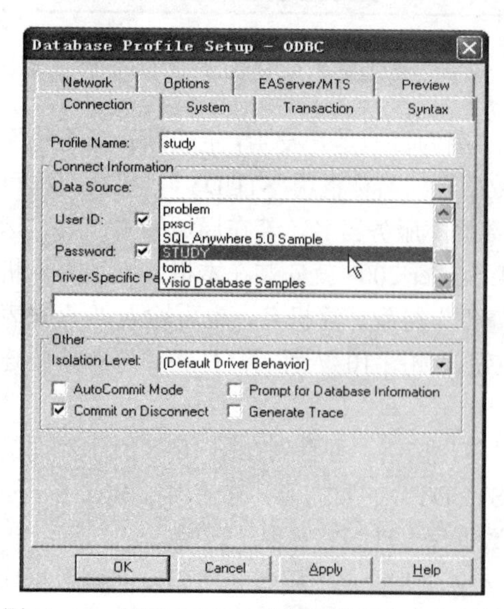

图 10–10　设定 STUDY 数据源的用户名和密码

弹出“ODBC 设置”对话框，在“Profile Name”中填入给本开发环境取的名字“STUDY”，“Data Source”选择 STUDY 数据源，在“User ID”和“Password”中任意设定用户名和密码，如图 10–10 所示，单击“OK”按钮。至此，完成了所有 ODBC 数据库连接的设置，可看到在图 10–11 所示界面的“ODB ODBC”栏目中，已经成功增加了一个名为“STUDY”的 ODBC 连接，它通过验证指定的用户名和密码，实现与 STUDY 数据源的连接。单击“connect”按钮，就可以激活这条与真实数据库 STUDY 的连接。

现在来体验一下上述 ODBC 数据库连接的效果。在 PowerBuilder9.0 的环境中单击工具栏中的“Database”按钮，如图 10–11 所示，出现图 10–12

所示的界面，此时，树状选项“STUDY”前已被勾选，向下展开可看到该数据库内的 3 个表——tb_course、tb_score 和 tb_student，若用鼠标右键单击其中的表，可以显示表内的记录，至此，实现了通过 ODBC 接口方式将 PB 开发环境与 SQL Server 2008 数据库进行静态连接。

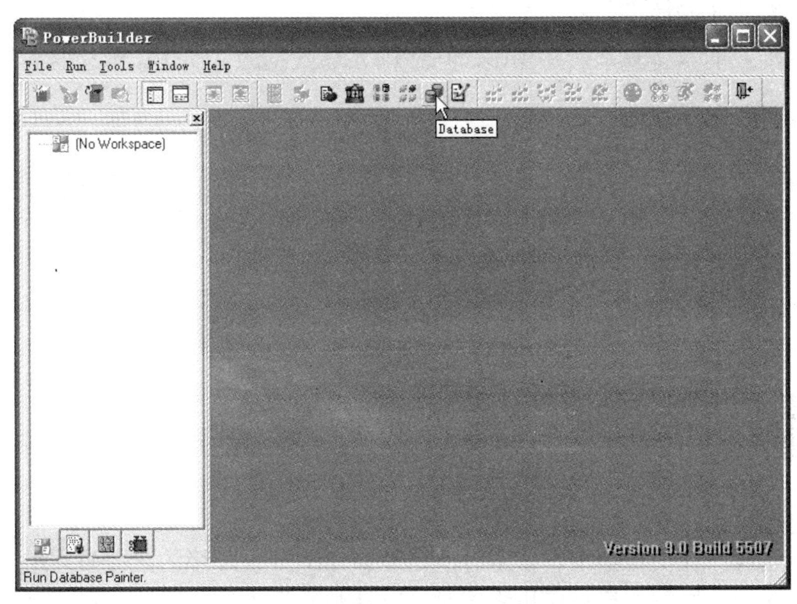

图 10–11　完成开发环境的 ODBC 数据库连接

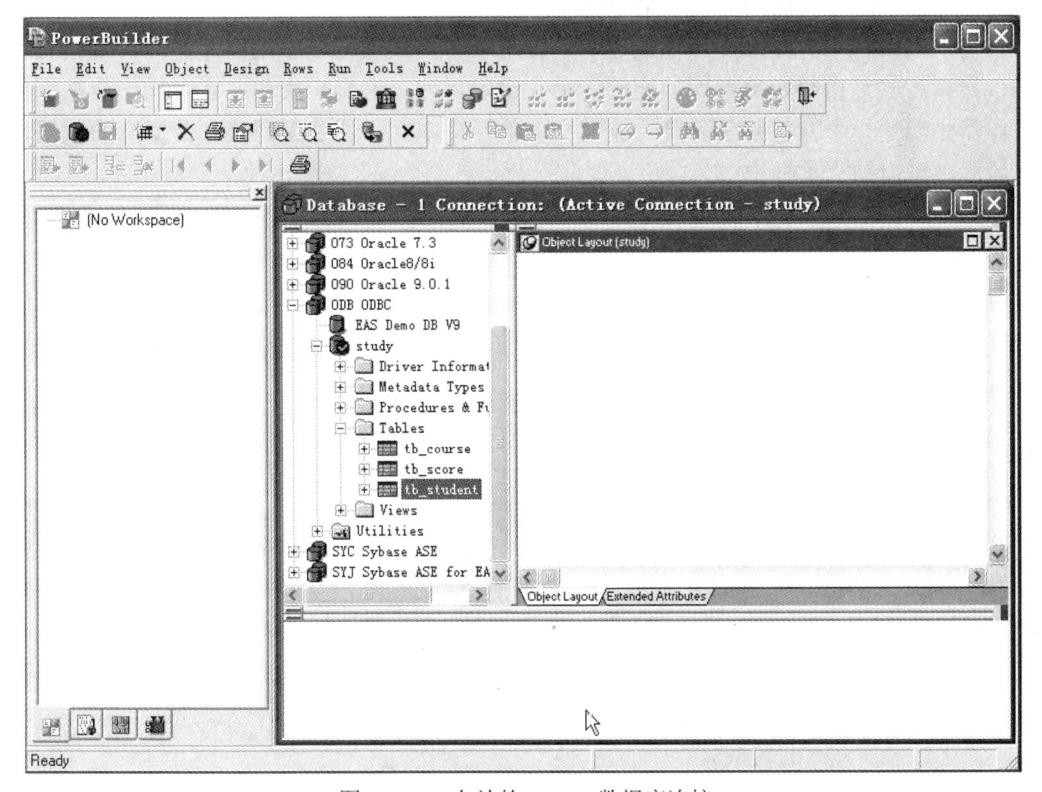

图 10–12　有效的 ODBC 数据库连接

【任务总结】

本任务是数据库应用程序开发前的必要环节，应用程序开发的目的是对数据进行处理和管理，那么首要的是与数据实现连接，连接上了，就可以使用学到的语句或函数对数据进行添加、修改和删除等操作。

本任务所涉及的尽管只是一些操作，但对 ODBC 数据源、ODBC 管理器等的理解非常有益，应熟记于心。

任务二　实现应用程序与数据库的动态连接

【任务目标】

（1）初步熟悉 PB 开发环境，学会创建应用程序、窗口等对象；

（2）实现应用程序与数据库的动态连接；

（3）通过运行应用程序来验证其与数据库的动态连接。

【任务分析】

数据库应用程序在交付给用户使用时，是脱离 PB 开发环境的，故必须用一些连接代码加入到应用程序中，以便在运行应用程序时实时地与数据库进行连接，实现对数据实时操作的目的。本任务即可以达到这种效果。

首先，需要在 PB 开发环境中创建一个应用程序；其次，在应用程序的开头处编写通过 ODBC 接口方式连接特定数据库的连接代码；最后，为了看到应用程序实时操作数据库的效果，还需要创建一个窗口并在窗口中放置一个单行文本框，通过编写操作数据库的代码，将数据显示在窗口的文本框中。

【知识准备】

（1）用 PB 开发工具开发数据库应用程序，必须首先创建工作空间，一个工作空间中可以包含多于一个的应用程序，一个应用程序下可以含有多个窗口，数量没有限制，一个窗口中也可以含有很多个控件。

（2）应用程序一般是通过窗口和控件来显示各种数据的，每个窗口和控件都包含特定的事件，数据的处理都是通过事件来触发的。

（3）连接数据库是开发应用程序的头等大事，一个应用程序可以同时连接多个数据库，连接数据库的行为可以发生在任何需要的时候，但通常放在应用程序的开头处，即应用程序的 open 事件中，只要不主动断开连接，整个应用程序都始终保持着与数据库的连接，直到结束应用程序的运行为止。

（4）PB 开发环境中已经默认 sqlca 作为连接数据库的事务对象，直接使用该事务对象，并为它的几个域进行赋值，就可以通过程序调用来完成任务。

【任务实施】

实现数据库的动态连接需要编程，将程序代码输入并保存到应用程序的 open 事件中。下

面是详细的步骤：

（1）首先启动 PowerBuilder9.0，进入编辑界面，PowerBuilder 在创建一个应用之前，必须先定义一个工作空间 Workspace，选择“File”→“New”，弹出定义工作空间的对话框，如图 10–13 所示。

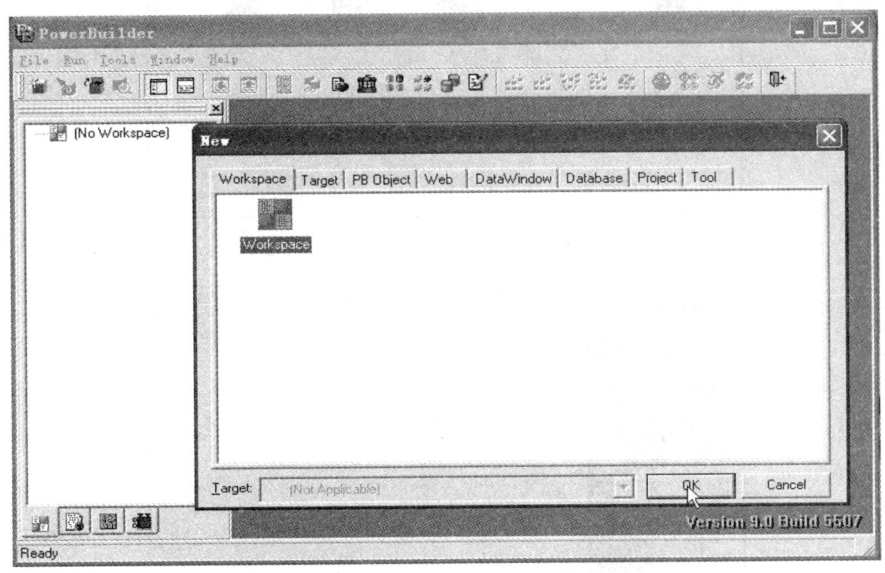

图 10–13　定义工作空间的对话框

（2）单击“OK”按钮，任意选择保存路径并任意定义工作空间的名称，单击“保存”按钮，如图 10–14 所示。

（3）创建一个应用程序，选择“File”→“New”，选中“Target”标签页下的“Application”并单击“OK”按钮，如图 10–15 所示。接着输入应用程序名称“student”，如图 10–16 所示，单击“Finish”按钮，完成应用程序 student 的创建。

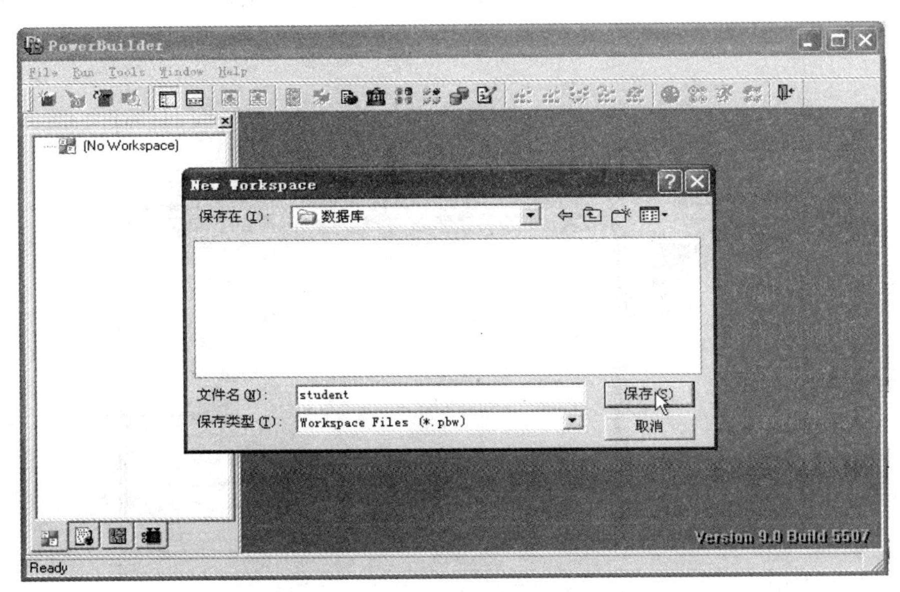

图 10–14　确定工作空间的名称及保存路径

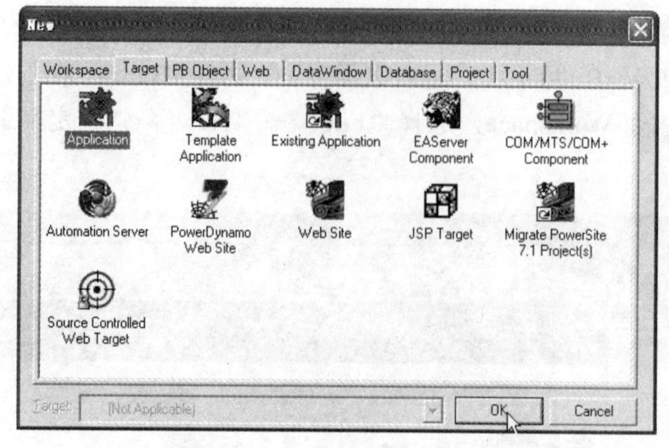

图 10–15　创建应用程序对话框

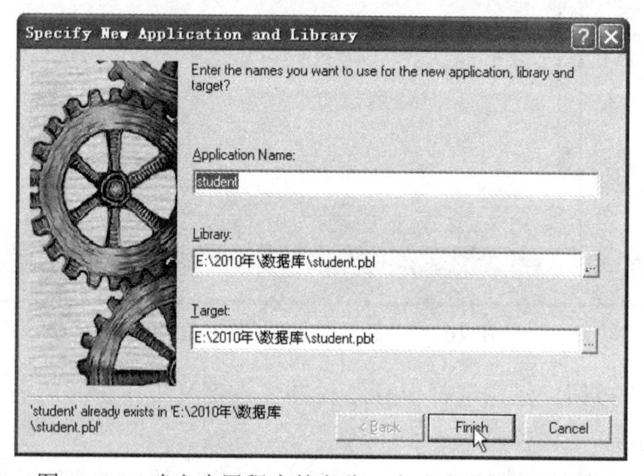

图 10–16　确定应用程序的名称，完成应用程序的创建

（4）接下来，需要在 student 应用程序中编写代码，实现本应用程序通过 ODBC 接口与数据库的连接。如图 10–17 所示，逐级点开界面左边区域的树状栏目，再双击栏目中的“student”，在界面的中部区域输入一组代码。

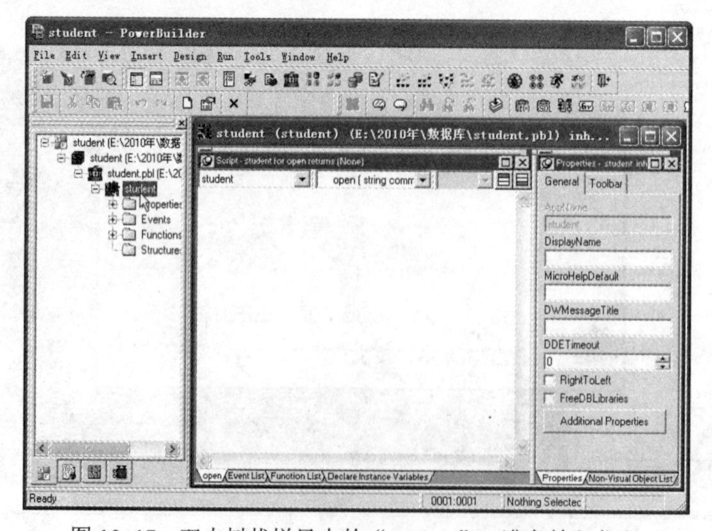

图 10–17　双击树状栏目中的“student”，准备输入代码

（5）图 10–17 中部区域输入的代码如下：

```
            SQLCA.DBMS="ODBC"
            SQLCA.AutoCommit=False
SQLCA.DBParm="ConnectString='DSN=STUDY;UID=dba;PWD=sql'"
            Connect using sqlca;
```

单击“File”→“Save”保存就可以了。这些代码通过 ODBC 实现了本应用程序与数据库的连接，它位于应用程序的 open 事件中，一旦应用程序开始运行，它首先被执行。

以上就是通过 ODBC 接口方式动态地连接相关数据库的方法。

注：上面输入的代码可以在开发工具中找到并复制过来（前提是完成了开发工具与数据库的静态连接）。具体操作是：运行 pb，单击工具栏中的“DB Profile”，弹出“DataBase Profile”窗口，选中数据库 STUDY，再单击“Edit”，弹出窗口“DataBase Profile Setup–ODBC”，选择标签页“Preview”，就能看到图 10–18 所示的以下代码：

```
            // Profile STUDY
            SQLCA.DBMS="ODBC"
            SQLCA.AutoCommit=False
SQLCA.DBParm="ConnectString='DSN=STUDY;UID=dba;PWD=sql'"
```

在应用程序的 open 事件中只要再添加图 10–19 所示的语句即可。

```
    Connect using sqlca;
```

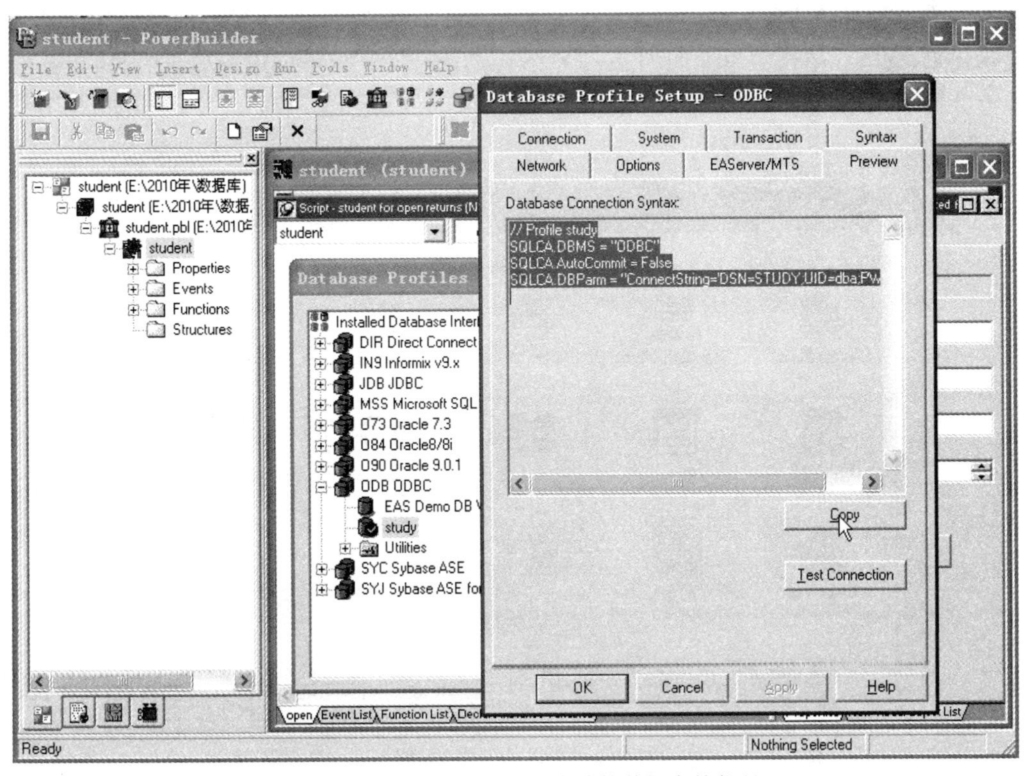

图 10–18　取得应用程序动态连接数据库的代码

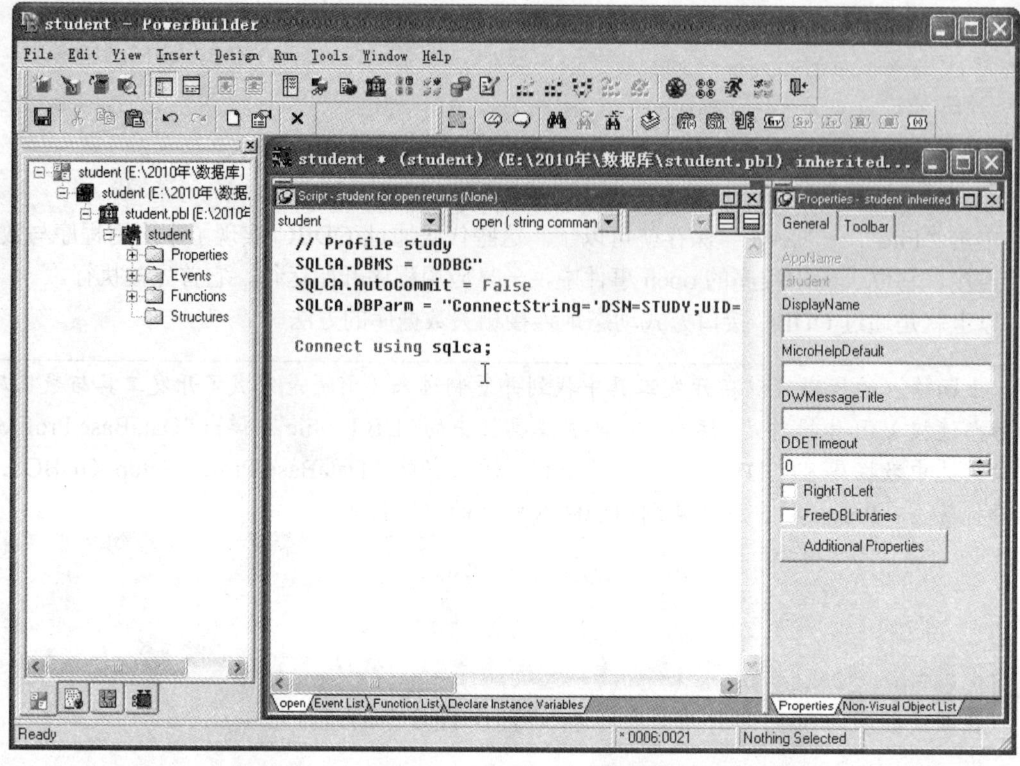

图 10–19　应用程序 open 事件中完整的连接数据库代码

（6）为了验证该应用程序已经实现了与数据库的动态连接，还需要从数据库中取出数据并显示出来，为此，单击菜单上的“File”→“New”，选择“PB Object”选项卡中的“Window”，创建一个窗口，并在窗口中放置一个单行文本框“sle_1”，保存窗口为“w_view”，如图 10–20～图 10–22 所示。

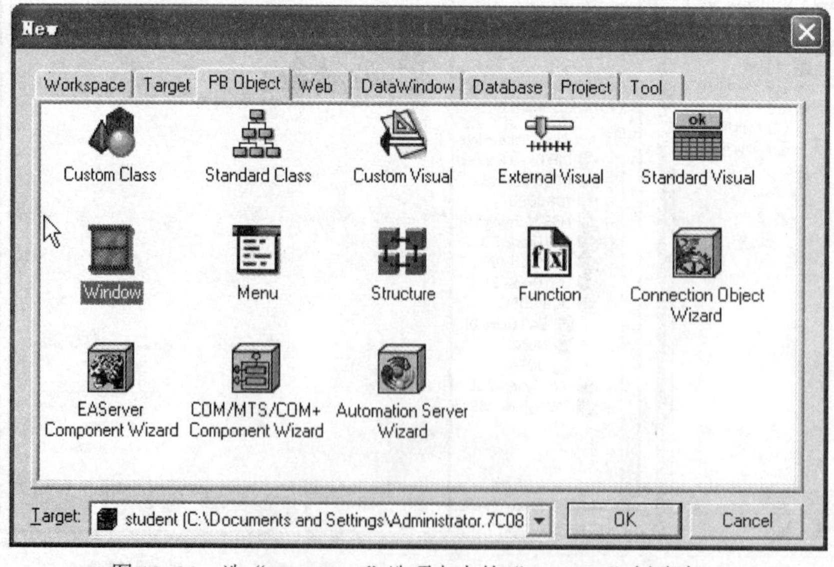

图 10–20　选“PB Object”选项卡中的“Window”创建窗口

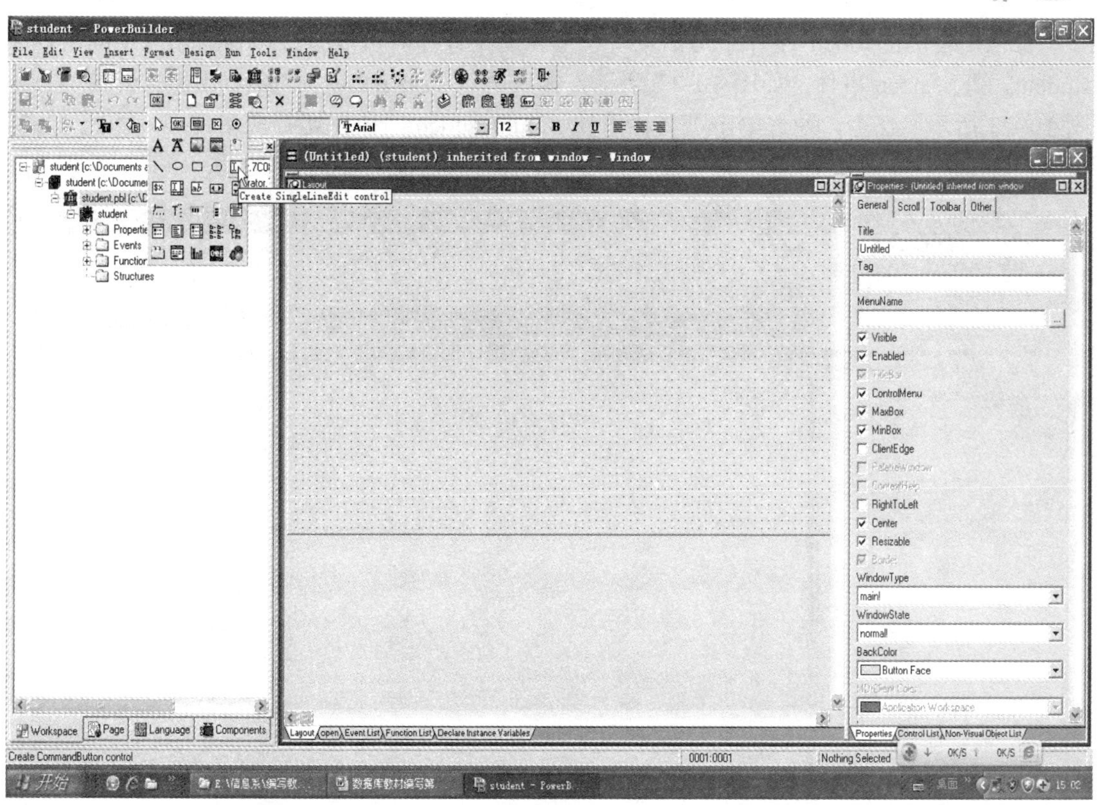

图 10–21　在窗口中放置一个单行文本框控件

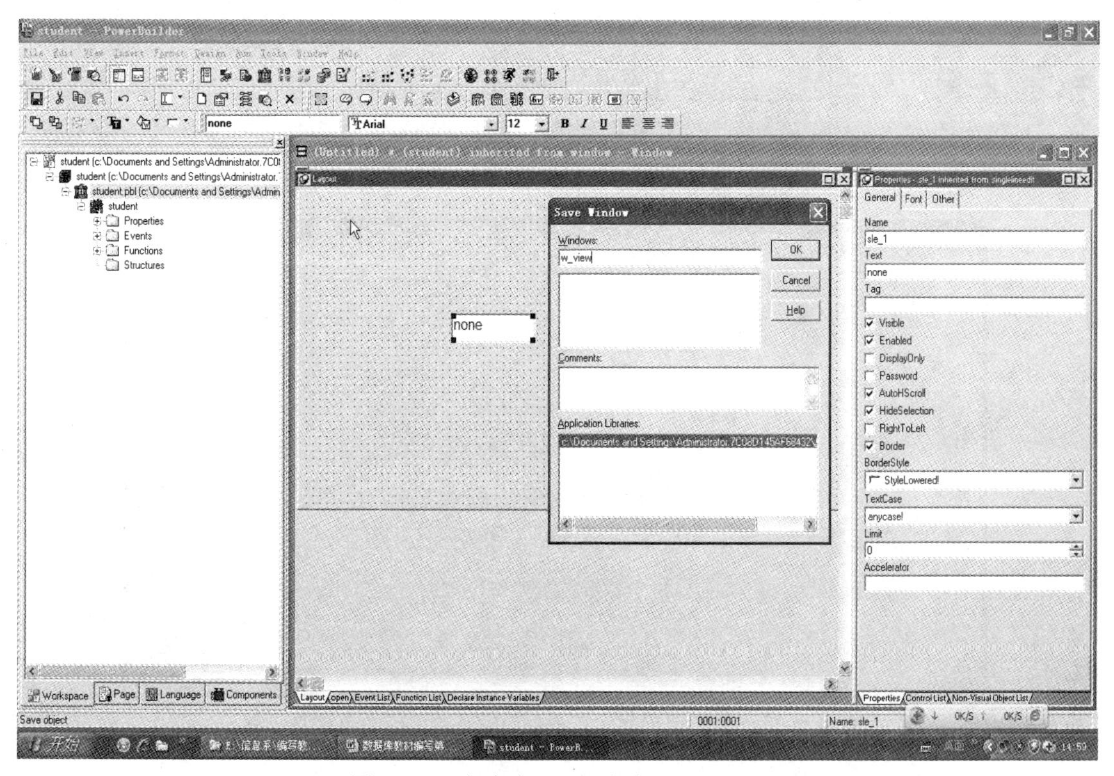

图 10–22　保存窗口，取名为“w_view”

在应用程序的 open 事件中写语句，使运行应用程序时可以打开该窗口。双击应用程序 student，进入 open 事件，如图 10–17 所示，输入语句“open（w_view）”用于打开窗口，如图 10–23 所示，保存，通过单击工具栏中的“Run student”按钮运行应用程序，如图 10–24 所示。

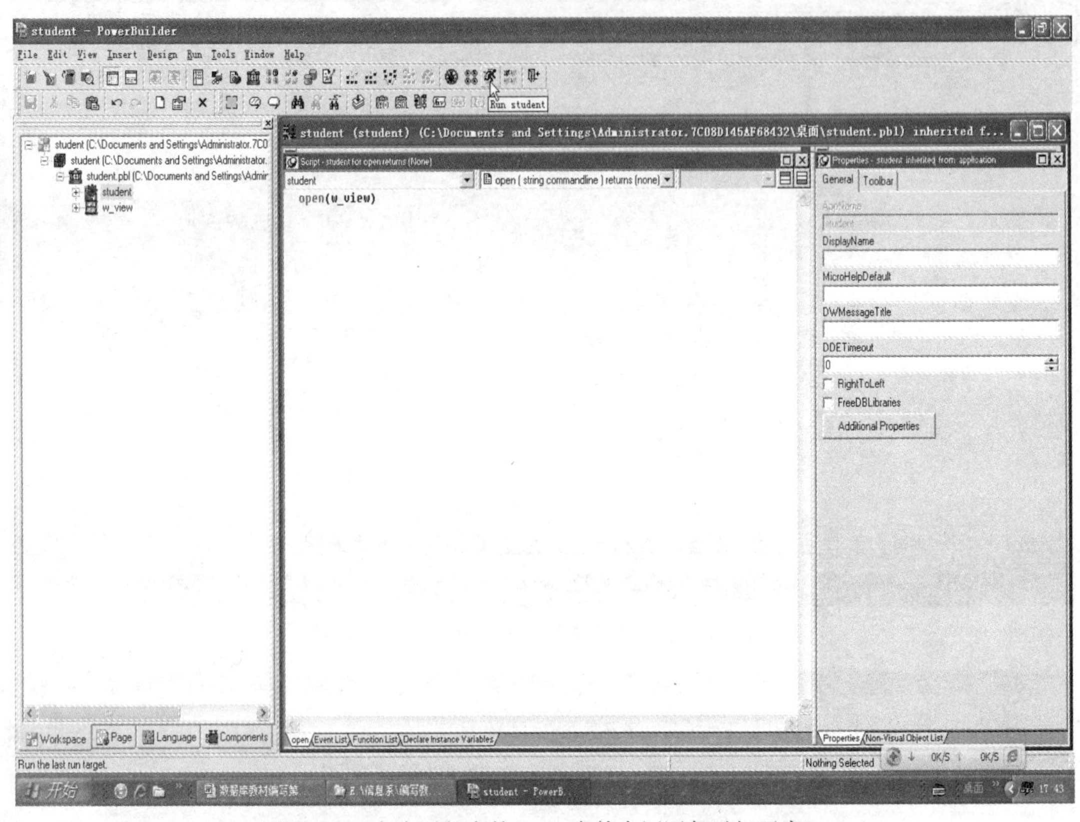

图 10–23　在应用程序的 open 事件中写语句以打开窗口

图 10–24　运行应用程序，显示窗口以及窗口中的单行文本框

在应用程序的 open 事件中写语句连接数据库，如图 10–25 所示。

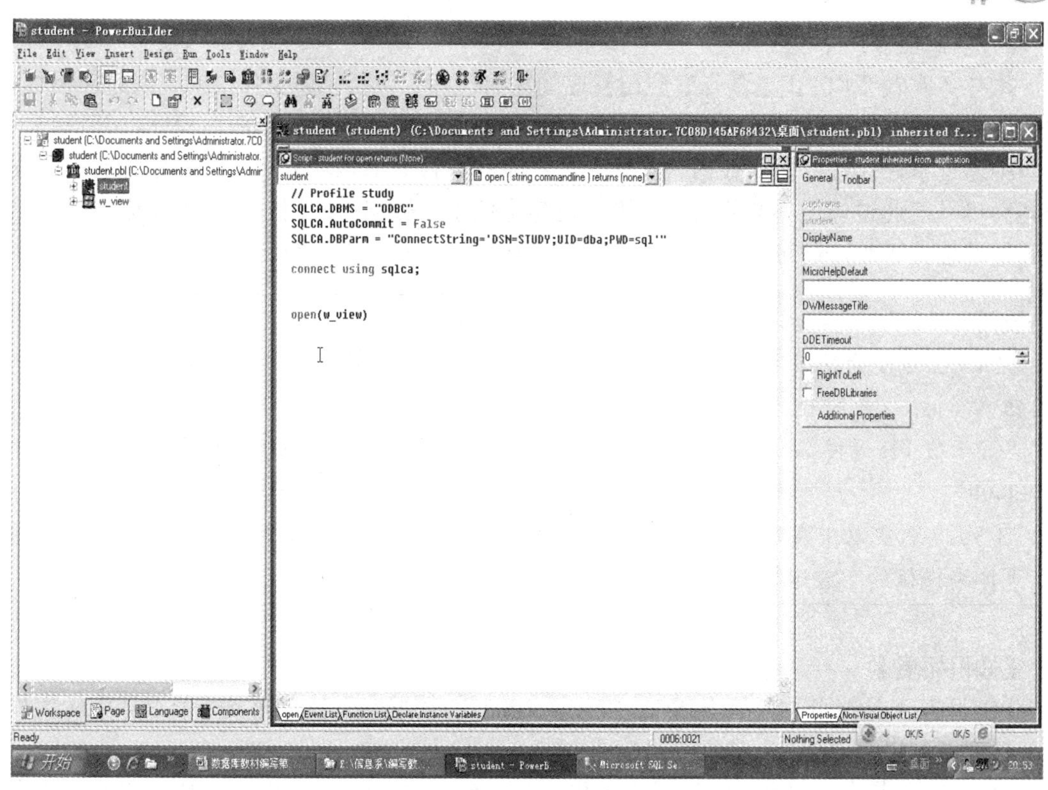

图 10–25　在应用程序的 open 事件中添加语句用于连接数据库

在窗口的 open 事件中写以下语句：

```
select name
    into:sle_1.text
    from tb_student
   where studentid='001101';
```

保存后运行应用程序，可以看到，在打开的窗口上的单行文本框中显示了数据库 STUDY 中表 tb_student 的某个数据，从而验证了应用程序与数据库的动态连接，如图 10–26 所示。

图 10–26　运行应用程序，动态连接数据库，并显示数据库中的数据

【任务总结】

本任务实践了用 PB 工具开发应用程序的完整过程，包括创建工作空间、创建应用程序、用代码实现动态连接数据库、在窗口中放置用于显示数据的控件、用应用程序打开窗口、在窗口中通过事件让控件显示数据、实现应用程序的运行等诸多环节。虽然本任务的应用程序极其简单，但通过各个环节的衔接，可以让学生们了解数据库应用软件的工作原理，领略软件开发的总体概貌，这对后面深入学习数据库软件的开发大有裨益。

小技巧：

（1）当 PB 开发工具左边不显示树状 PB 对象时，可单击工具栏中的“system tree”按钮。

（2）当 PB 开发工具右边不显示对象属性时，可单击菜单中的“view”→“layuts”→“default”。

（3）只需要双击窗口就可进入窗口的 open 事件，而在编写完代码后想回到窗口，则可在事件编辑框的下边选择“layout”。

【知识拓展】

PB 开发工具能否不依赖于 SQL Server 2008 的数据库而独立开发一个数据库应用程序呢？答案是可以。

PB 开发工具本身自带一个例子程序和一个关系型数据库，在图 10–3 中可以看到这个数据库叫“EAS Demo DB V9”，在图 10–4 中可看到它的数据源叫“Adaptive Server Anywhere 8.0 Sample”，在它的配置中找到其对应的数据库文件是“asademo.db”，可以把它拷贝来使用，参照图 10–12 连接起来，删掉原来的表，添加自己的表，就可以开发应用程序了，而无须准备 SQL Server 2008 等其他数据库。

在 PB 工具开发数据库应用程序时，使用到了 sqlca 这个默认的事务对象，用来传递一系列有关连接数据库的参数。通常，事务都包含若干操作，这些操作合在一起被作为一个整体来看待，一个事物的成功执行，必须是其中所有操作都成功执行，其中任何一个操作的失败即意味着该事务的失败，同时各种相关参数也回退到执行该事务前的状态。

项目总结

本项目概要地介绍了优秀的数据库开发工具 PowerBuilder（简称 PB），并利用 PB 开发工具简单而完整地开发了一个数据库应用程序。通过应用程序的开发，实现了数据、数据库、数据库管理系统与数据库应用程序的有机联系，加上支撑它们的硬件平台、软件平台和与数据库有关的人员一起，构成了一个完整的数据库系统。

通过本项目的技能及操作，实实在在地完成一项数据库应用的系统工程，请同学们用心体会、深刻理解。

项目十八　设计开发“学生成绩管理系统”——“添加记录”模块

项目需求

开发“学生成绩管理系统”中的“添加记录”模块，实现对数据库 STUDY 的表记录的添加。

完成项目的条件

（1）SQL Server 2008 数据库管理系统处于运行状态，其中包含数据库 STUDY，数据库 STUDY 中含有 tb_student、tb_score 和 tb_course 三个表；

（2）已安装数据库应用程序的开发工具 PowerBuilder9.0；

（3）PowerBuilder9.0 环境中已经实现了与数据库 STUDY 的静态连接。

方案设计

待开发的“学生成绩管理系统”共分成 4 个模块，分别是“添加记录”模块、“删除记录”模块、“查询成绩”模块和“图形显示”模块。本项目要实现的是“添加记录”模块。

数据库应用程序在实现各功能模块时，需要有一个展示所有模块的主控界面，它起到一个“目录”的作用，通常可采用 3 种方式：平铺按钮方式、菜单方式和树状结构方式，其中以平铺按钮方式最为简洁直观，本项目的设计就采用这种方式。

首先，设计一个平铺按钮方式展现功能模块目录的主控界面，将上述 4 个功能模块直观地展示出来，以方便用户选择。

其次，设计“添加记录”模块，将数据库 STUDY 中的表显示在窗口中，直接进行添加和保存。

相关知识和技能

一、设计主窗口

按一般惯例，应用程序需要一个登录界面，输入或选择用户名，并验证密码后才能正式进入系统的功能部分，登录界面很简单，这里略去不讲，集中讲解主窗口的设计，待同学们学完后面的内容后自己添加登录界面。

主窗口本身也是一个普通的窗口，只是起到了主控界面的作用才被称为主窗口。

设计主窗口的详细操作见任务一。

二、设计“添加记录”模块

PB 开发工具中有一个著名的数据窗口技术，用于整体显示数据库表的数据，并提供了非常丰富的数据窗口功能，添加数据库表记录可以直接在数据窗口中完成，其使用到的数据窗口函数为：

```
数据窗口控件.InsertRow(0)————在数据窗口的结尾行后面增加一条空记录接受录入
数据窗口控件.Update()————更新数据窗口中的数据,即保存录入的记录
```

设计“添加记录”模块的详细操作见任务二。

任务一　窗口设计、控件使用，完成系统总体框架

【任务目标】

（1）创建并设计“学生成绩管理系统”的主窗口；

（2）通过编码实现主窗口的功能连接。

【任务分析】

数据库应用程序“学生成绩管理系统”划分为 4 个功能模块，主窗口起到了展示各个功能模块的目录作用，它需要清晰合理的布局，并可以响应用户的选择，进入任意一个功能模块中，故完成本任务涉及创建、布局、美化和编码连接等 4 个部分的内容。

【知识准备】

窗口——用来显示各种信息和数据的平台，通常放置若干个控件以体现这个平台所具有的功能。设计后的窗口在保存时需要命名，规范的命名以“w_”为前缀。

控件——依附于窗口中的各种功能对象。创建控件时自带默认名字，可以修改，也可直接使用。

属性——所有 PB 对象（包含窗口、控件）都具有的名称、位置、大小、颜色、可操作性、一系列功能特性等构成的参数。每一个 PB 对象都对应一个属性窗口，显示在屏幕右边。

事件——由某种变化（如鼠标或光标的移动、数据的改变等）触发的动作，仅当事件中包含代码时，才形成事件的触发。

【任务实施】

主窗口本身也是一个普通的窗口，只是起到了主控界面的作用才被称为主窗口。下面按步骤设计本系统的主窗口。

1. 创建窗口“w_main”

运行 PB，参见图 10–13～图 10–16，完成工作空间和应用程序的创建，然后再单击 PB 菜单中的“File”→“New”，弹出一个窗口，选择“Pb Object”选项卡，如图 10–27 所示，从中选择“Windows”，并单击“OK”按钮，出现一个空白窗口，另存该窗口，为其取名为“w_main”。

2. 在窗口中放置控件

在 PB 工具栏中单击按钮“CommandButton”右边的下拉黑三角，如图 10–28 所示，显示各种类型的控件集，单击选中文本框“Create Static Control”，再在新窗口的空白处单击一下，就在窗口中新建了该文本框，如图 10–29 所示，屏幕的右边是属性窗口，描述了屏幕中间窗口中所选中控件的一系列属性，例如在“Text”栏输入“学生成绩管理系统”，如图 10–30 所示。

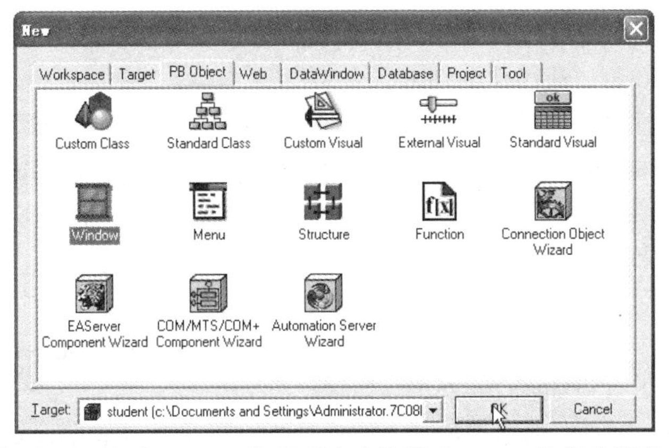

图 10–27　在“Pb Object”选项卡中选择“Window”创建新窗口

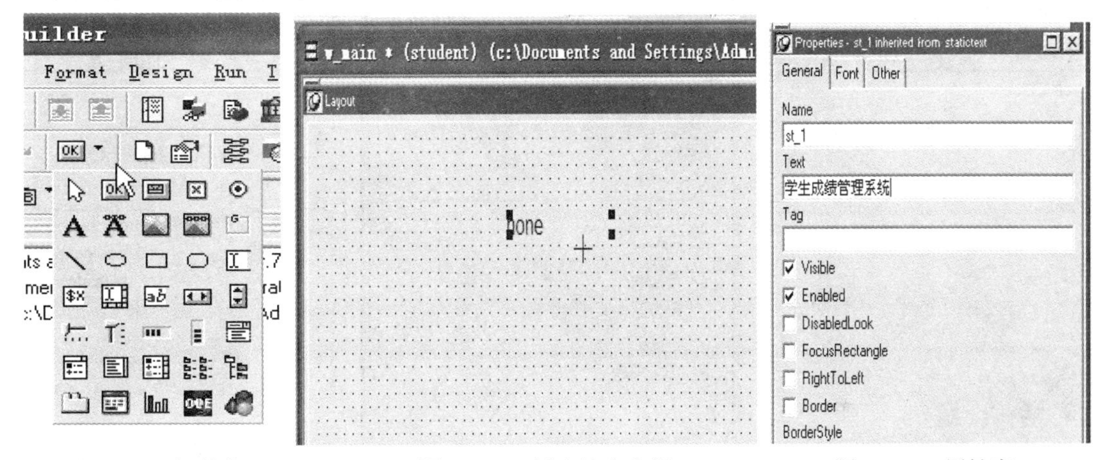

图 10–28　控件集　　　　图 10–29　新建的文本框　　　　图 10–30　属性窗口

在新建的窗口中，还要放置“GroupBox”控件和 4 个“CommandButton”控件，如图 10–31 所示。这 4 个控件分别展开 4 个功能模块。

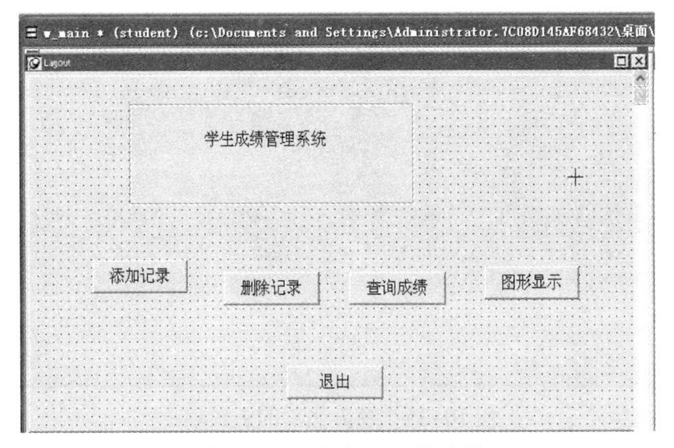

图 10–31　主窗口及其控件

3. 美化主窗口及控件

窗口的美化需关注其右边的属性窗口，如图 10–32 所示。“Title”栏为窗口标题，可输入“主窗口”，“Visble”表示窗口是否隐藏，“Enabled”表示窗口上是否可进行操作还是只能显示，“ControlMenu”“MaxBox”和“MinBox”栏目分别表示窗口打开后其右上角是否提供窗口关闭、窗口最大化和窗口最小化的功能。

控件的美化需关注其右边的属性窗口，如图 10–33 所示。“General”选项卡中，“Name”栏目是这个“CommandButton”控件的名称，系统默认是“cb_1”，“Text”是本控件的显示名，“Visble”表示控件是否隐藏，“Enabled”表示控件是否可操作，在“Font”选项卡中还可以设置本控件显示名的字体类型、大小及样式。

众多控件的布局可以直接用鼠标拖动来完成，而控件之间的水平对齐、垂直对齐以及平均间隔等，可以在选中多个控件后通过 PB 工具栏上的对齐按钮来完成，如图 10–34 所示。美化后的窗口和控件的效果如图 10–35 所示。

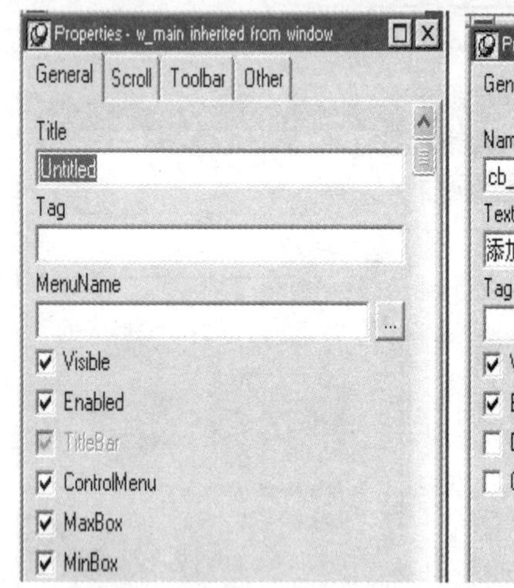

图 10–32　窗口的属性设置

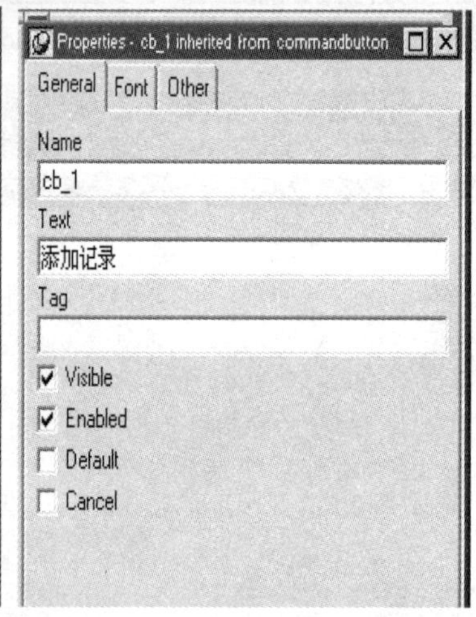

图 10–33　控件的属性设置

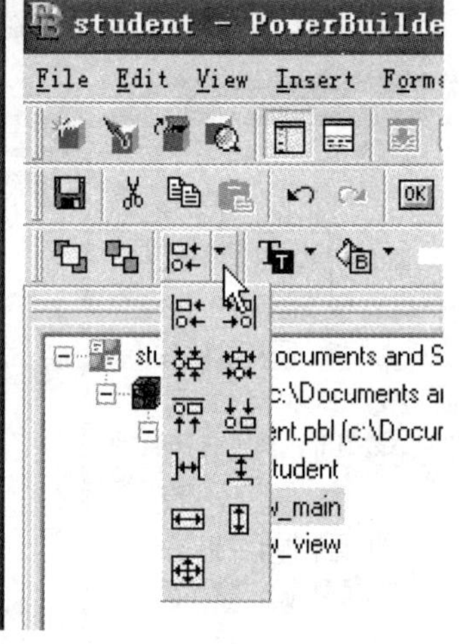

图 10–34　控件间的对齐设置

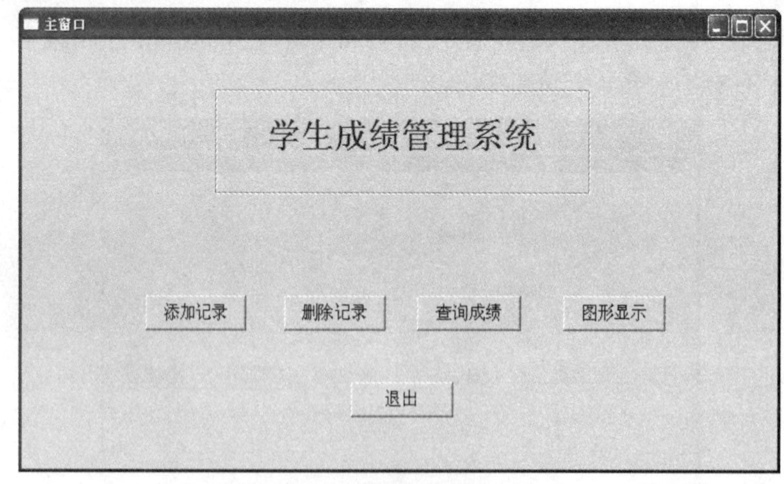

图 10–35　经美化后的主窗口

4. 在主窗口中设置其与下属功能窗口的逻辑关系，形成“功能目录”

上述美化后的主窗口目前还只是一个孤立的窗口，还必须与应用程序 student 挂钩，只需在应用程序 student 的 open 事件中编写如下代码即可：

```
open(w_main)
```

另外，通过这个主窗口还应连接到本应用程序的 4 个功能模块的窗口。先分别创建 4 个新窗口：w_insert、w_delete、w_select 和 w_graph。双击主窗口中显示名为“添加记录”的控件，在其 clicked 事件中编写代码：open（w_insert）。这样的设置可以保证当运行本应用程序时，单击“添加记录”模块的控件就能打开窗口 w_insert。同理，设置“删除记录”模块的控件、“查询记录”模块的控件以及“图形显示”模块的控件。

主窗口中显示名为“退出”的控件，在程序运行时单击它，就可以关闭主窗口，需要在其 clicked 事件中编写如下代码：

```
close(w_main)
```

通过以上对主窗口及其控件的逻辑关系的设置，形成了应用程序的“功能目录”，可以用图 10–36 所示的层次结构来表示这种关系。

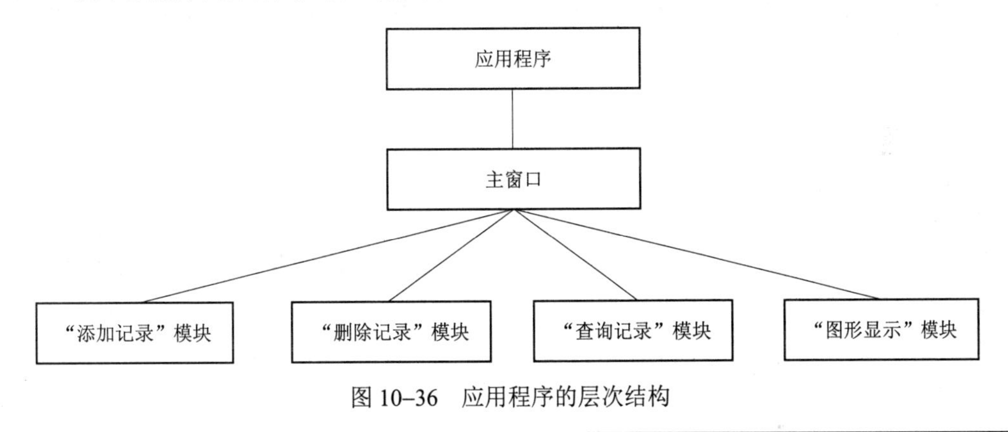

图 10–36　应用程序的层次结构

说明：为了增强应用程序的健壮性，在应用程序连接数据库后，应立即设置一个连接检查，以判断数据库连接是否正常，若连接异常，则显性地告诉用户。为此，需要在应用程序的 open 事件中，在语句“using sqlca;”后，增加以下代码：

```
if sqlca.sqlcode=-1 then
    Messagebox("警告!","对不起,数据库连接出现异常,请检查。")
end if
```

【任务总结】

本任务完成了一个应用程序的整体框架（从设计、布局，到配置属性、对齐美化），再在事件中编写代码，运行程序，初步介绍了窗口、控件、属性、事件和编码等内容，其基本上是简单的操作，十分容易掌握，同时设计这个框架只是用到了 PB 开发工具中很少的属性，同学们在熟练运用属性窗口后，可以自由发挥，创造出很多新奇的效果。

任务二　程序开发，实现记录的滚动、添加和更新

【任务目标】

（1）学会创建数据对象；

（2）设计“添加记录”模块的窗口，并熟悉各控件的属性；

（3）编写代码，实现模块功能。

【任务分析】

“学生成绩管理系统”中的“添加记录”模块需要对数据库表的记录进行添加，因而需要将表中的数据显示出来。PB 开发工具中用于显示的控件叫数据窗口，存放数据表的对象叫数据对象，因而需要为表设计相应的数据对象。数据库 STUDY 涉及 3 个表，分别是 tb_student、tb_course 和 tb_score，故需设计 3 个数据对象。

为了实现添加记录功能，首先应设计浏览记录的按钮，为此本任务设计了“上一条”和“下一条”控件以便于用户浏览记录；其次，必须设置“添加”按钮和“保存”按钮，以真正实现记录的添加。

将本模块的窗口用代码与主窗口连接起来，各个控件按钮也输入相应的代码以实现各自的功能，通过这些串接工作，便可顺利地完成本任务。

【知识准备】

数据窗口——一个用来放置数据对象的控件。

数据对象——由数据库表或其他来源的数据构成，可以按多种方式显示的数据集合。

函数——用于完成某个单项功能的方法，各种对象和各种控件都具有特定的函数。本任务需要用到数据窗口中的多个函数（参考表 10–1）。

【任务实施】

设计“添加记录”模块的窗口的操作步骤如下。

1. 创建数据对象

单击 PB 菜单中的“File”→“New”，弹出图 10–37 所示的窗口，选择“DataWindow”选项卡，这里罗列了数据对象的不同显示方式，选择“FreeForm”方式，并单击“OK”按钮，显示图 10–38 所示的窗口，要求选择数据来源，选择“SQL Select”，单击“Next”按钮，接下来选择数据库表，如图 10–39 所示，选择“tb_student”表，单击“Open”按钮，在弹出的窗口中选择所有列，之后单击 PB 工具栏中的“Return”返回，如图 10–40 所示。

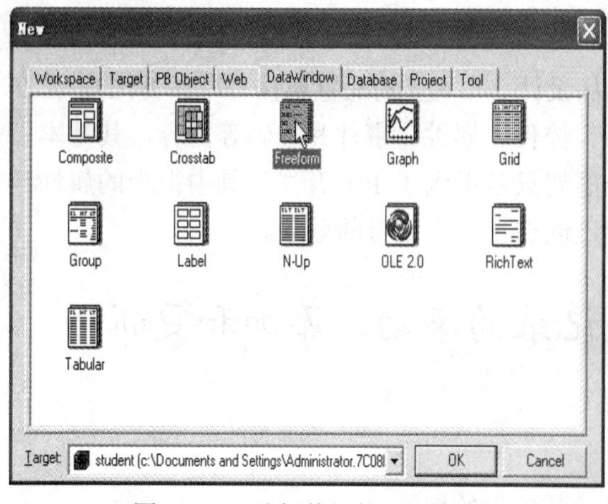

图 10–37　选择数据的显示方式

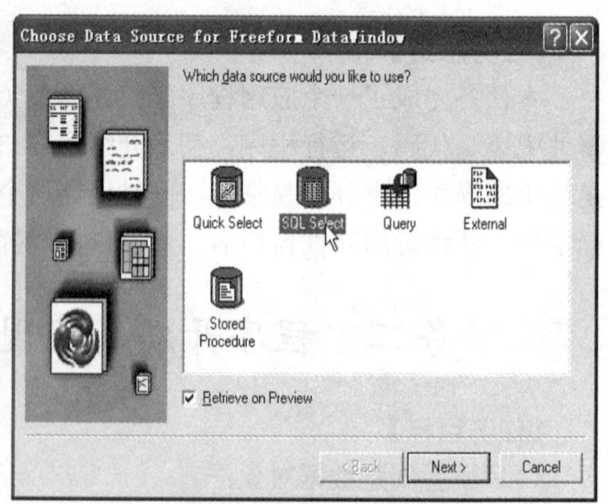

图 10–38　选择数据来源

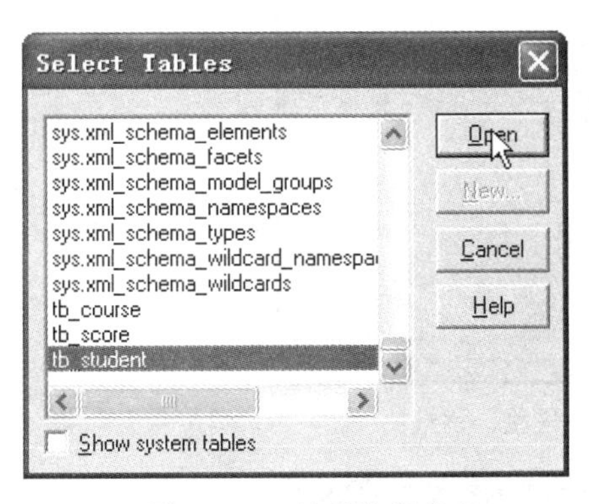

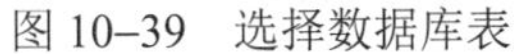

图 10–39　选择数据库表

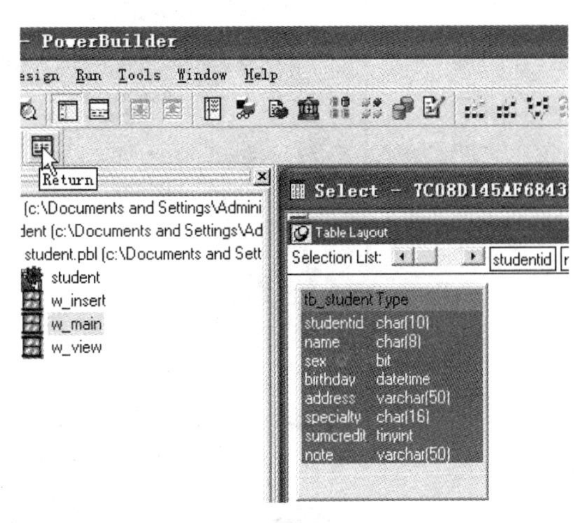

图 10–40　选择所有列并返回

2. 美化数据对象

在图 10–40 中返回后，再弹出的图 10–41 所示窗口中选择显示数据的背景色“Button Face”，单击“Next”按钮，再在图 10–42 所示的窗口中单击“Finish”，转到图 10–43 所示窗口，左边是表数据及其标题，右边是各种显示属性，现希望数据的标题用中文来显示，可以选中每个标题，如“Name”，在右边的“Text”栏中用中文“姓名”替换，还可以调整显示框的式样、字体大小、前景色及背景色等，如图 10–44 所示，美化结束即可保存这个数据对象，取名为“d_in_student”。类似的，可以创建另外两个数据对象 d_in_course 和 d_score。

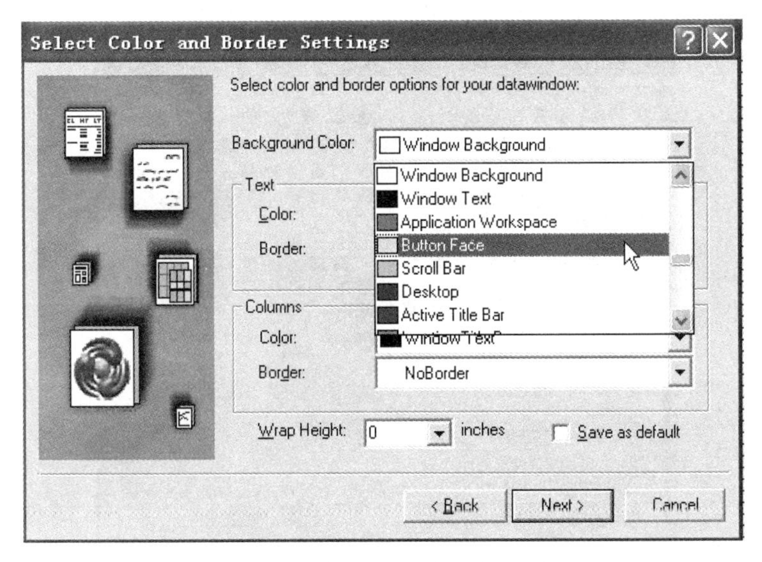

图 10–41　选择数据对象的背景色

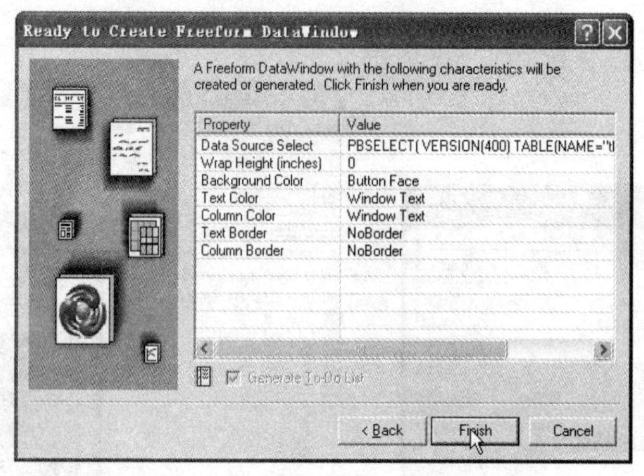

图 10–42　确认数据对象的前景色、背景色

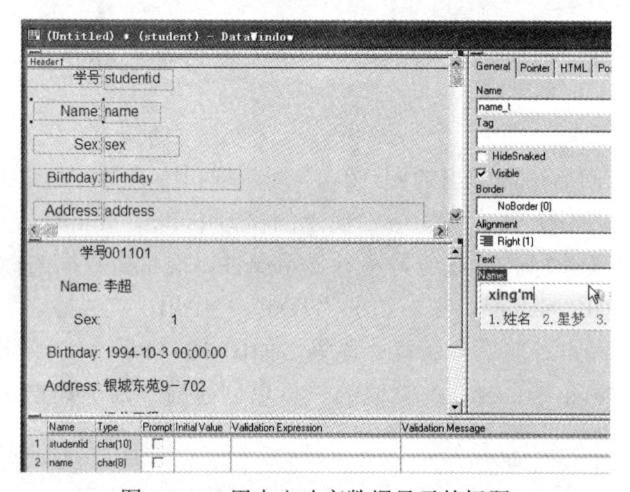

图 10–43　用中文改变数据显示的标题

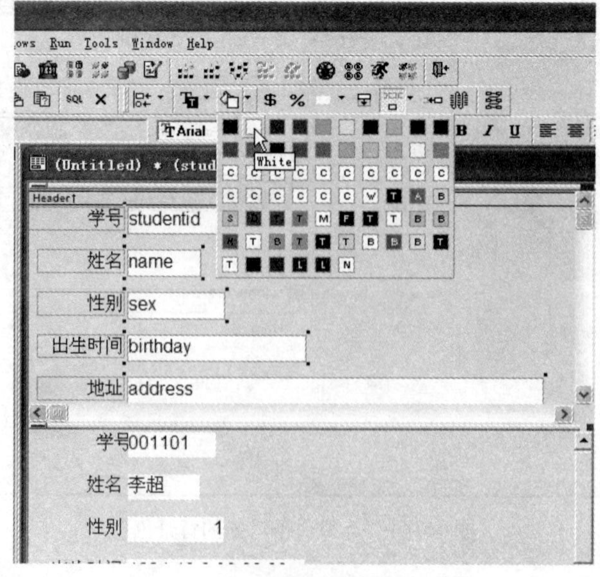

图 10–44　改变数据显示的背景色

3. 设计“添加记录”模块的窗口布局

单击 PB 工具栏中“CommandButton”按钮右边的下拉黑三角，出现各种类型的控件集，选择“Create DataWindow Control”放置在“w_insert”窗口中，以同样的方法放置其他控件，并进行适当的美化、对齐，效果如图 10–45 所示。

在数据窗口右边的属性（图 10–46）中看到，这个数据窗口的名称为“dw_1”，可以在“DataObject”栏中通过选择放置数据对象“d_in_student”，也可以在程序运行时由用户来触发，勾选“HscrollBox”和“VscrollBox”以便提供水平和垂直拉条，设置好后呈现的效果如图 10–47 所示。

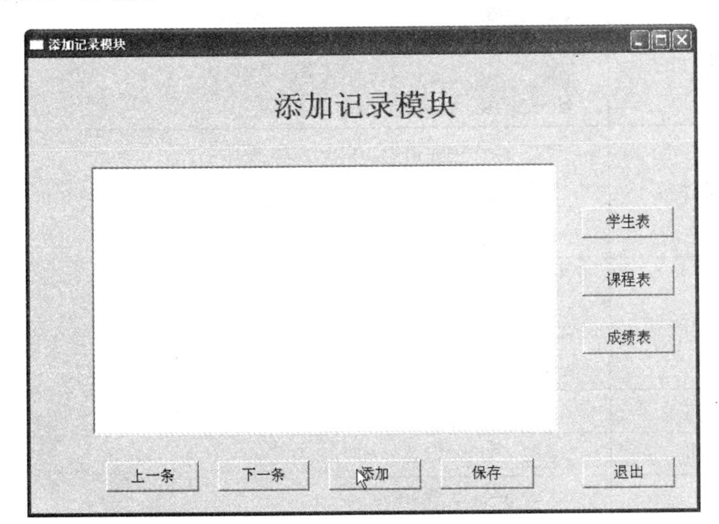

图 10–45　“添加记录”模块的窗口布局

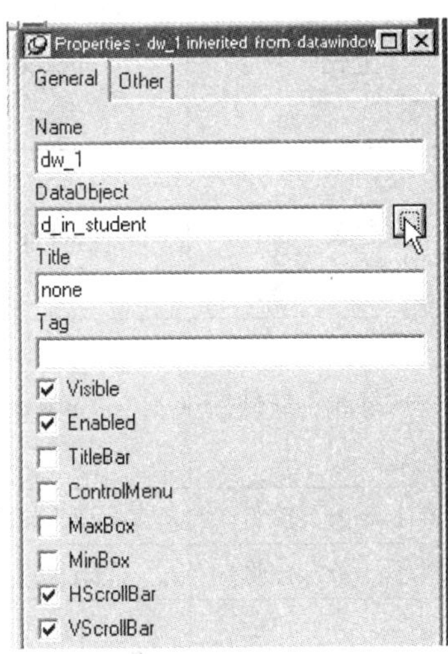

图 10–46　数据窗口的属性设置

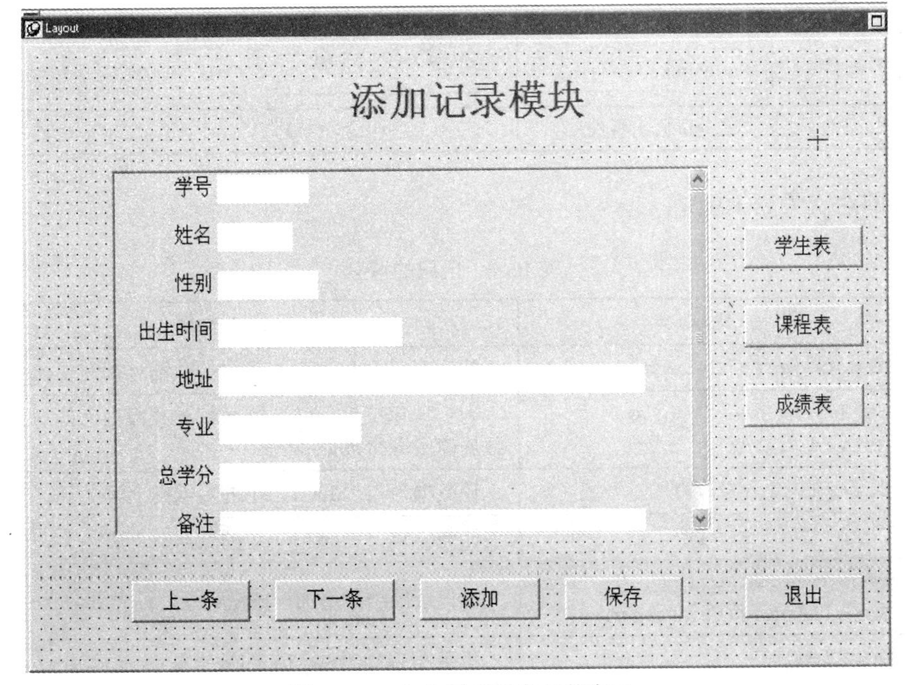

图 10–47　加入数据对象后的窗口

4. 编写代码，实现模块功能

在完成窗口“w_insert”的布局后，只要在相应的地方编写极少量的代码，即可让这个“添加记录”模块“跑”起来，实现所需的功能。代码是应用程序的灵魂，注入灵魂，程序就变活了。表 10–1 指出了哪个控件，在什么地方，编写什么代码，操作时只要选中控件，并单击鼠标右键，选择“Script”即可在对应的事件中编写代码。

表 10–1 “添加记录”模块的代码

控件名	事件名	代　　码
“学生表”控件	clicked 事件	dw_1.dataobject='d_in_student' dw_1.SetTransObject(sqlca) dw_1.Retrieve()
“课程表”控件	clicked 事件	dw_1.dataobject='d_in_course' dw_1.SetTransObject(sqlca) dw_1.Retrieve()
“成绩表”控件	clicked 事件	dw_1.dataobject='d_in_score' dw_1.SetTransObject(sqlca) dw_1.Retrieve()
“上一条”控件	clicked 事件	dw_1.ScrollPriorRow()
“下一条”控件	clicked 事件	dw_1.ScrollNextRow()
“添加”控件	clicked 事件	integer i_newrow i_newrow=dw_1.InsertRow(0) dw_1.ScrollToRow(i_newrow)
“保存”控件	clicked 事件	dw_1.Update() dw_1.Retrieve()
“退出”控件	clicked 事件	close(w_insert)

代码的意义见表 10–2。

表 10–2 代码的意义

代　　码	代码的意义
dw_1.dataobject='d_in_student'	数据窗口“dw_1”中放置的数据对象为 d_in_student
dw_1.SetTransObject(sqlca) dw_1.Retrieve()	为数据窗口“dw_1”准备好连接数据库的 sqlca，并到数据库中取得数据
dw_1.ScrollPriorRow()	让数据窗口“dw_1”中的数据向上滚一下
dw_1.ScrollNextRow()	让数据窗口“dw_1”中的数据向下滚一下
i_newrow=dw_1.InsertRow(0) dw_1.ScrollToRow(i_newrow)	在记录的结尾增加一条空记录，并滚到前台
dw_1.Update() dw_1.Retrieve()	将数据窗口“dw_1”的数据更新一下，再从数据库中取出

请记住，在主窗口“w_main”的“添加记录”模块控件的 clicked 事件中输入“open（w_insert）”并保存。同学们好好理解并记住上述代码，这些简单的代码在不同的应用程序中会经常用到。

当在上述控件的事件中准确地输入代码并保存后，便可以运行应用程序来验证本模块所具有的功能了，运行程序需单击 PB 工具栏中的“Run”按钮。

【任务总结】

本任务主要实践了数据对象的创建方法和数据窗口控件的使用方法，数据对象以及数据窗口控件是 PB 开发工具的一个亮点，其功能非常强大，是 PB 开发工具优于其他开发工具的主要原因，很多应用中的难题都可通过数据窗口技术便捷地得到解决，因此，同学们应多加练习，熟悉和掌握数据对象以及数据窗口控件的使用方法。

【提高】

前面讲到，数据对象由数据库表构成，实际上它来自一条查询语句。如图 10–48 所示，在 PB 的右边窗口用鼠标右键单击“d_student”并选择“Edit”打开 d_student，再单击图中工具栏上的“Data Source”按钮，可以看到在选择列的时候实际上创建了一条 select 查询语句。图 10–49 中下面显示的是一条简单的查询语句，数据对象还可以是带条件的复杂查询语句。

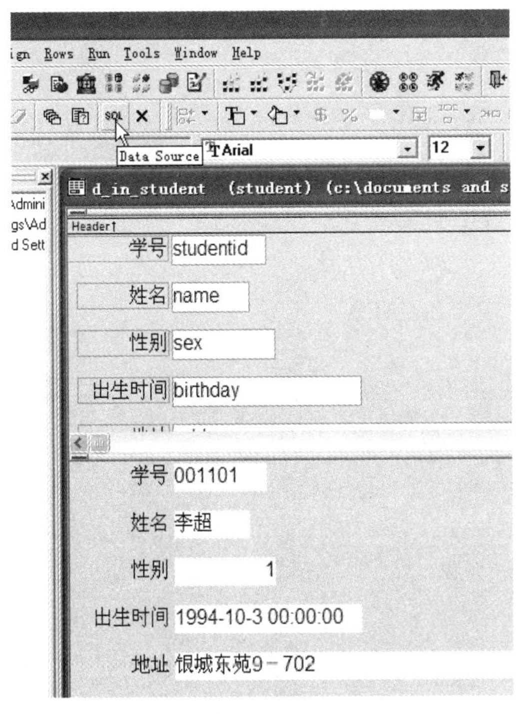

图 10–48　将 d_student 切换成 SQL 方式

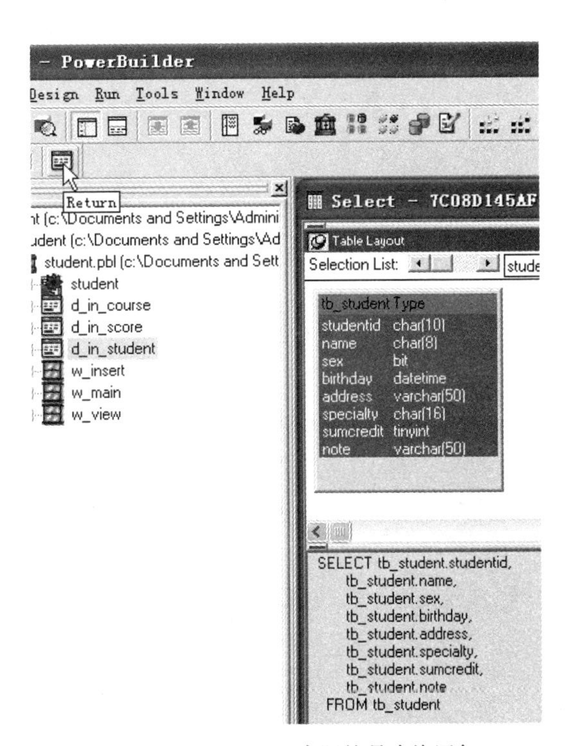

图 10–49　d_student 实际就是查询语句

项目总结

本项目开始了数据库应用系统的实际设计及开发工作，通过学习，同学们了解了窗口控件、属性、事件和函数的基本概念，学习了怎样创建窗口和控件、怎样进行窗口及控件的设计布局和美化、怎样在事件中编写代码等，还重点学习了数据窗口和数据对象的设计，并通过具体实践，设计开发了“学生成绩管理系统”的主窗口和“添加记录”模块。希望同学们在具体的操作中逐渐掌握程序开发技能，逐渐理解程序中功能实现的原理，为后面程序设计的学习打下牢固的基础。

项目十九　设计开发“学生成绩管理系统”——“删除记录”模块

项目需求

设计并开发“学生成绩管理系统”中的“删除记录”模块，实现对数据库 STUDY 的表记录的删除。

完成项目的条件

（1）SQL Server 2008 数据库管理系统处于运行状态，用户数据库 STUDY 完好；
（2）已安装 PowerBuilder9.0 开发工具，并取得与数据库 STUDY 的连接；
（3）数据库应用程序“学生成绩管理系统”已完成主控界面（主窗口）的开发。

方案设计

本项目要实现的是“学生成绩管理系统”中的“删除记录”模块，在这个模块中需要将数据库 STUDY 中的 3 个表分别显示出来，以便可以删除任意一个表中的记录。

删除表的哪一条记录应该是可以选择的，因此，一旦选中某记录，该记录应该得到标记，而在删除时，也能显性地看到记录的消失，只有达到这种效果，这个模块才是符合人性化使用要求的。

相关知识和技能

（1）数据窗口控件中可以显示不同的数据对象，切换不同数据对象时使用数据窗口的函数：

```
数据窗口控件.dataobject=数据对象名
```

（2）为了看到选中记录在执行删除操作后“消失”，需要先将选中记录给予标记，可以采用让选中记录变“亮”的办法：

```
数据窗口控件.selectrow(0,false)————让所有记录都不"亮"
数据窗口控件.selectrow(当前行号,true)———让选中记录变"亮"
```

（3）删除当前记录可以使用的函数：

```
数据窗口控件.deleteRow(0)——————删除当前记录
```

（4）可以让应用程序弹出消息框来显示运行情况，如：

```
MessageBox("警告","真的要删除吗?",Exclamation!,OKCancel!,2)
```

若要在一个窗口中删除数据窗口中被选中的记录，请参见本项目的任务。

任务　事件中编程，实现选中记录的删除

【任务目标】

（1）学会数据对象的其他属性设置方法；

（2）设计并美化“删除记录”模块的窗口；

（3）学会函数和事件配合，实现“选中亮条”；

（4）熟悉消息窗的使用；

（5）学会在编程中使用变量和判断语句。

【任务分析】

本任务要实现的是“学生成绩管理系统”中的“删除记录”模块，由于需要删除任意一个表中的记录，故必须创建对应数据库 STUDY 中 3 个表的 3 个数据对象，且因为需要精确定位每一条记录，故需要设计“单击某记录，该记录即被点亮”的效果。在 PB 开发工具中可以通过在特定事件中输入特定函数的方法实现此效果。

对于选中记录的删除，为防止误操作，需要采用弹出消息窗口来警示，以得到进一步删除的确认，充分体现应用程序的人性化。

在编写删除操作的代码时，需要用到变量的定义和使用，还需要掌握判断语句的使用。

【知识准备】

（1）掌握常用的数据对象的属性设置；

（2）了解数据窗口中的事件类型，了解其能做哪些事；

（3）理解相关数据窗口函数的意义；

（4）掌握消息窗的参数使用；

（5）复习 C 语言中变量和判断语句的使用方法。

【任务实施】

设计“删除记录”模块的窗口的操作步骤如下。

1. 通过“另存为”获得“删除记录”模块的窗口布局

“删除记录”模块的窗口设计类似于前面“添加记录”模块的布局，可以有两种方法达到这个目的，其一是仿照“添加记录”模块窗口，创建每一个控件，设置属性，美化对齐；其二是将“添加记录”模块窗口“w_insert”另存为“w_delete”，再进行适当改造，这种方法很省事。通过这两种方法最终都可得到图 10–50 所示的效果。

2. 创建数据对象

由于需要对选中的记录进行标记，希望窗口中的数据以列表方式显示，因此，本模块的数据对象需要重新创建。

单击 PB 菜单中的“File”→“New”，弹出图 10–37 所示的窗口，选择“DataWindow”选项卡，这次选择“Grid”方式，并单击“OK”按钮，后面的操作与项目十七中的一模一样，显示图 10–38 所示的窗口，选择“SQL Select”数据来源，单击“Next”按钮，选择数据库表，

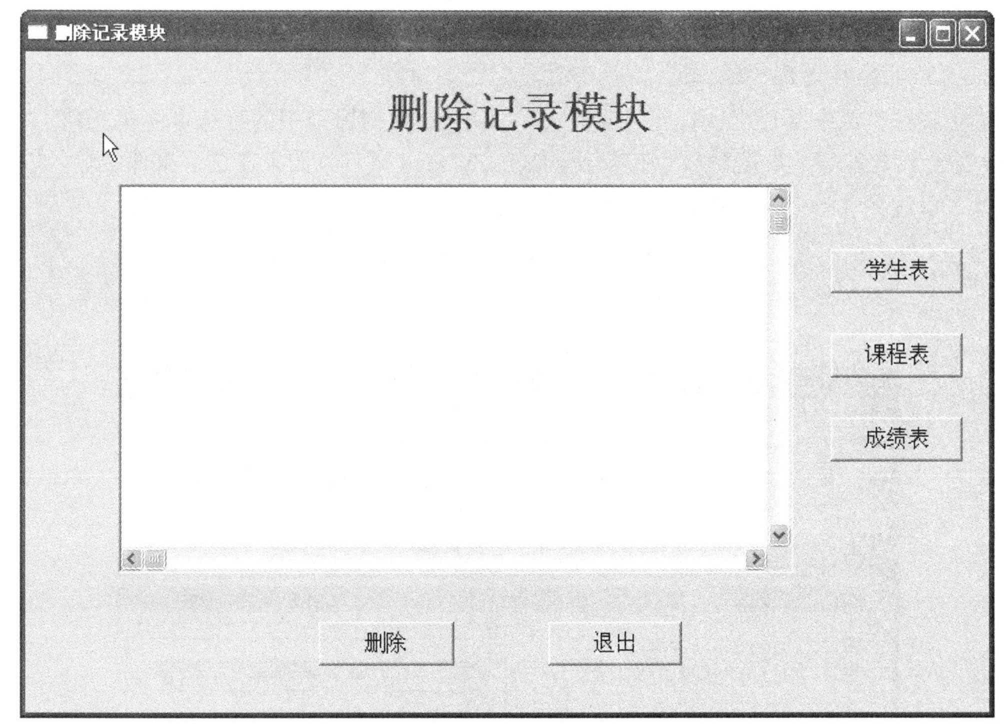

图 10–50　“删除记录”模块的窗口布局

如图 10–39 所示，选择“tb_student”表，单击“Open”按钮，在弹出的窗口中选择所有列，之后单击 PB 工具栏中的“Return”返回，如图 10–40 所示，接着按照图 10–41、图 10–42 操作。下面与图 10–42、图 10–43 稍有不同，同样将标题改为中文，改变背景色，接下来按照图 10–51 选择“Select Text”，全部选中标题框，改变标题的字体颜色，再按照图 10–52 改变标题框，令其三维突出，同时选择“Select Columns”全选数据框，令其三维凹陷，之后关闭保存这个数据对象，以“d_del_student”命名。

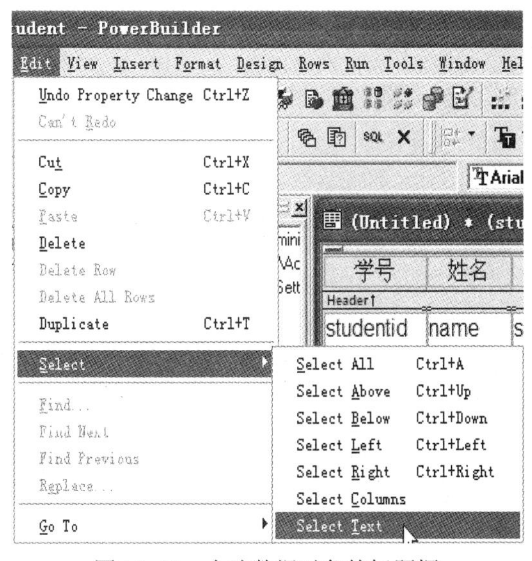

图 10–51　全选数据对象的标题框

图 10–52　设置标题框或数据框的式样

类似的，可以创建另外两个数据对象 d_del_course 和 d_del_score。

3. 为控件的特定事件编程

为了实现“选中某行出现标记”的效果，利用 PB 数据窗口中的特殊事件和 PB 的“选中函数”配合设置标记。数据窗口中有个 rowfocuschanged 事件，如果在这个事件中输入以下代码，就可以达到“选中就变亮色”的效果，如图 10–53 所示：

```
dw_1.selectrow(0,false)
dw_1.selectrow(dw_1.getrow(),true)
```

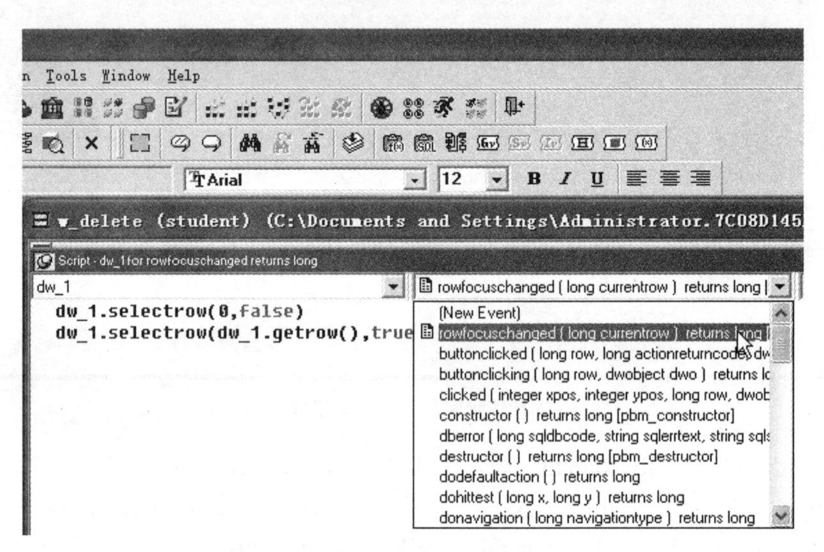

图 10–53　在 rowfocuschanged 事件中编程，实现“选中就变亮色”的效果

其中，“0”表示所有行，“false”表示不选中。第一条语句的意思是：所有行都不选中，即不变亮色。“dw_1.getrow()”代表当前行，“true”表示选中，故第二条语句的意思是：当前行被选中，即当前行变亮色。这样，单击哪一行，哪一行就变亮色，达到了良好的效果。

删除记录是存在风险的，因为一旦删除就无法恢复，因此在设计代码时要进行人性化的提醒，PB 中提供了消息窗（MessageBox），可以很好地解决这个问题。在“删除”控件中应写入以下代码：

```
int i
i=MessageBox("警告","真的要删除吗?",Exclamation!,OKCancel!,2)
if i=1 then
    dw_1.DeleteRow(0)
    dw_1.Update()
    dw_1.Retrieve()
end if
```

运行的效果如图 10–54 所示。

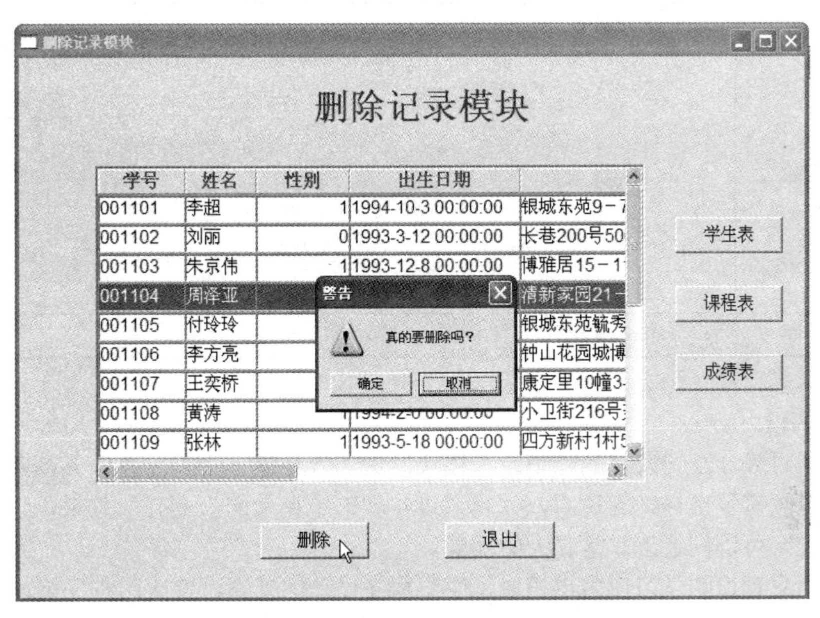

图 10–54　删除记录时的消息窗提醒

对照图 10–54，可容易地了解 MessageBox 后面参数的意义，其中：“Exclamation!”代表黄三角的惊叹号，“OKCancel!”代表“确定”和“取消”这两个按钮，“2”代表默认是“取消”。

“删除”按钮中的代码中，“dw_1.DeleteRow（0）”表示删除当前行，“dw_1.Update()”表示删除后在数据库中更新，“dw_1.Retrieve()”表示以数据库中更新后的数据重新提取出来显示。

接下来，按照表 10–3，为每个控件的相应事件输入代码，保存后就可以运行了，效果很好。

表 10–3　“删除记录”模块的代码

控件名	事件名	代　码

“学生表”控件	clicked 事件	`dw_1.dataobject='d_del_student'`
		`dw_1.SetTransObject(sqlca)`
		`dw_1.Retrieve()`

“课程表”控件	clicked 事件	`dw_1.dataobject='d_del_course'`
		`dw_1.SetTransObject(sqlca)`
		`dw_1.Retrieve()`

“成绩表”控件	clicked 事件	`dw_1.dataobject='d_del_score'`
		`dw_1.SetTransObject(sqlca)`
		`dw_1.Retrieve()`

数据窗口	rowfocuschanged 事件	`dw_1.selectrow(0,false)` `dw_1.selectrow(dw_1.getrow(),true)`

续表

控件名	事件名	代　码

“删除”控件	clicked 事件	int i
		
		i=MessageBox("警告","真的要删除吗？",Exclamation!,OKCancel!,2)
		IF i=1 THEN
		dw_1.DeleteRow(0)
		dw_1.Update()
		dw_1.Retrieve()
		END IF

“退出”控件	clicked 事件	close(w_delete)

【任务总结】

本任务通过设计及开发“删除记录”模块，进一步介绍了 PB 开发工具的开发技能，特别是对数据对象有了更详细的说明，并且通过实现选中记录的“变亮”效果，让学生了解事件与函数的配合可以创造出非常强大的功能。

此外，消息窗口的学习使用也拓展了学生程序设计的视野，使应用程序更加人性化。

“删除”按钮中的代码，让学生接触到了变量的定义和使用，以及判断语句的使用。本书没有将此内容单独拿出来讲，而是在“操作”过程中介绍它，它们跟其他程序设计语言基本一样，PB 所用的语言类似于 C 语言，同学们可以大胆使用。

提高： 本任务涉及了好几个函数，对于初学 PB 开发的人，怎么知道会有这样或那样的函数呢？这是个非常重要的问题。每一个函数都是一种方法，不知道方法，意味着没有解决问题的办法和能力。其实，学任何一种语言都存在同样的问题，怎么办呢？——模仿、学习，另外，多多探索。探索的动力在哪？——问题。有了问题，其才会促使你去克服、去解决，因此，要主动面对问题、面对需求，好的程序员都是在实战中磨炼出来的。当初步掌握开发工具的使用方法后，就要尝试去面对真实的需求，若要求在一周内完成某个程序开发，那么，在强大的压力下，这一周一定是进步最快、收获最大的一周。

另外，思维也很重要，要相信：你所面对的难题，利用本开发工具是一定有办法解决的，想要找的函数也一定能够找到（开发工具都附带帮助文件）。实践证明，这种思维非常正确，即使偶尔没能找到想要的函数，也可以换一种思路把它解决，没有的函数还可以自己定义并保存起来作为额外的智慧库，以备未来使用。总之，这里想要传达给同学们的是：没有解决不了的问题，同学们所缺乏的是耐心和探索精神，而它们是好的程序员必备的条件。

项目总结

本项目通过“学生成绩管理系统”的第二个模块的设计和开发，让学生更深刻地体会 PB 开发工具中窗口、控件、属性、事件和函数等的使用技能。本项目的重点是数据对象、事件和函数的使用，同时，逐渐加大了代码编程的分量，涉及变量和判断语句的使用，很简单。其所涉及的几个函数对同学们来说有点陌生，但它们也是最常用的，需要记住。在 PB 开发工具中需要记住的函数不是很多，掌握常用的一些函数就可以去开发应用系统了。

项目二十　设计开发“学生成绩管理系统”——“查询成绩”模块

项目需求

设计并开发“学生成绩管理系统”中的“查询成绩”模块，实现对学生表和成绩表的动态查询。

完成项目的条件

（1）SQL Server 2008 数据库管理系统处于运行状态，用户数据库 STUDY 完好；

（2）已安装 PowerBuilder9.0 开发工具，并取得与数据库 STUDY 的连接；

（3）数据库应用程序“学生成绩管理系统”已完成主控界面（主窗口）的开发。

方案设计

按项目需求，要求在“查询成绩”模块中实现对学生表和成绩表的动态查询，这是指在学生表中任意指定某学生，就能立即查询到该学生的所选课程名及成绩。为此，需要设计两个数据窗口，分别放置由学生表创建的数据对象和由成绩表创建的数据对象，当用户在一个数据窗口中单击，选中某学生所在的行时，另一个数据窗口中立即显示该学生选修的所有课程名及其成绩。这是一个高难度需求，可以设计一个带参数的数据对象来实现，通过选中某学生所在的行，获取学生的学号，再将学号参数传递给带参数的数据对象，获得该学号对应的选修课程名和成绩。

为了查询方便，本项目还设计了一个排序功能，以提高查询的效率。

此外，为了复习数据库的查询语句，本项目还特意设计了用查询语句来直接查询数据的功能。

相关知识和技能

一、创建带参数的数据对象

单击 PB 菜单中的“File”→“New”，与创建普通数据对象一样，选择“DataWindow”选项卡，选择“Grid”方式，单击“OK”按钮，选择“SQL Select”数据来源，单击“Next”，再选择数据库表，选择成绩表和课程表两个表，单击“Open”，在弹出的窗口中选择需要的列（注意顺序，它决定显示的顺序），如图 10–55 所示，在下面选择“Where”选项卡，再在“Column”栏中选择学号列，如图 10–56 所示，引入条件参数让学号的值由外面传递进来。

接着，定义学号这个参数，单击菜单“Design”，如图 10–57 所示，定义学号参数为“s_1”，为字符类型，如图 10–58 所示，单击“OK”按钮。

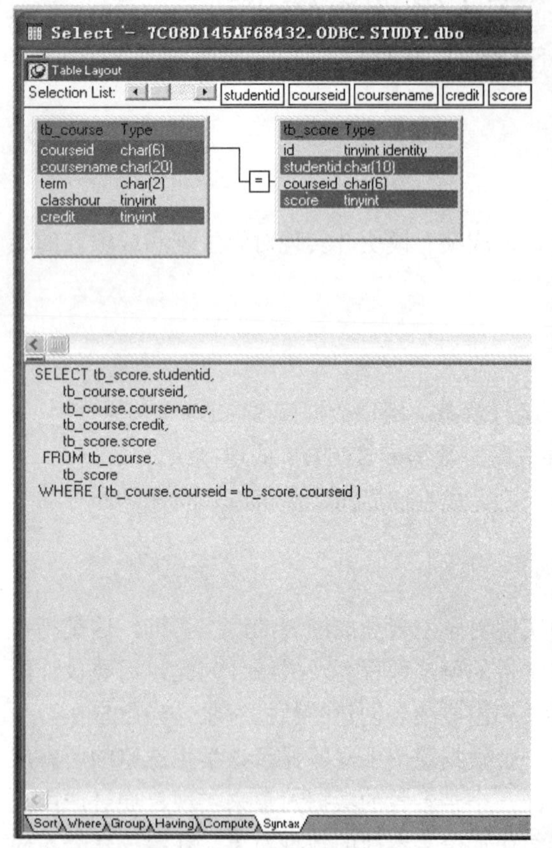

图 10–55　在复合查询中选择所需的列

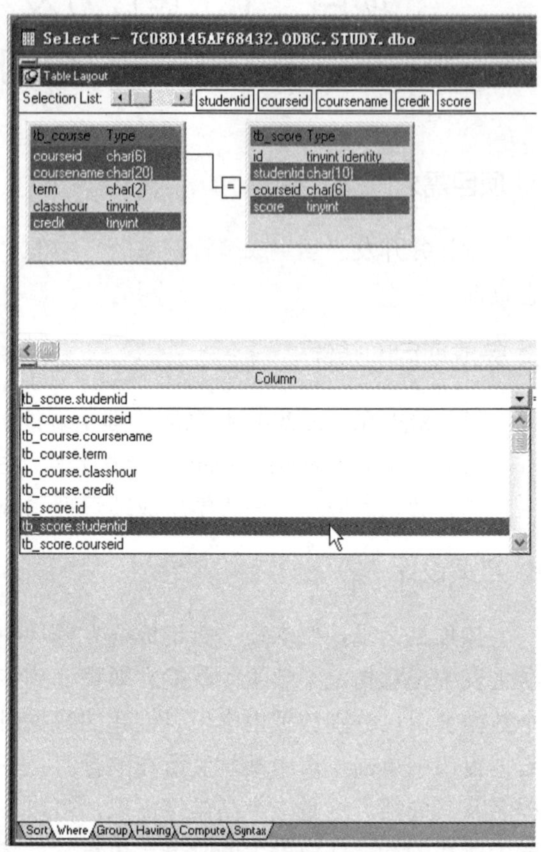

图 10–56　为带参数的复合查询设置参数

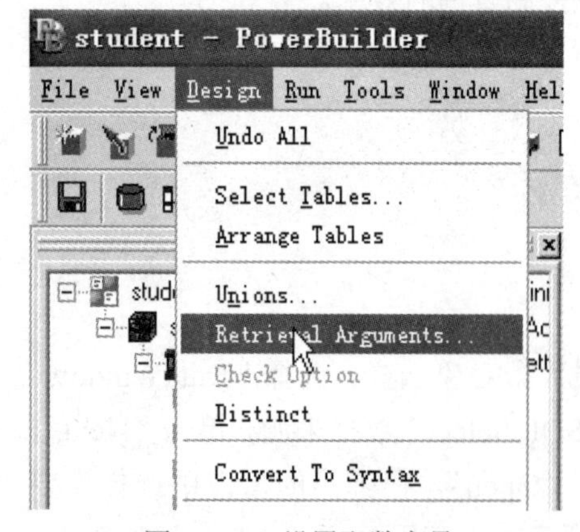

图 10–57　设置取数变量

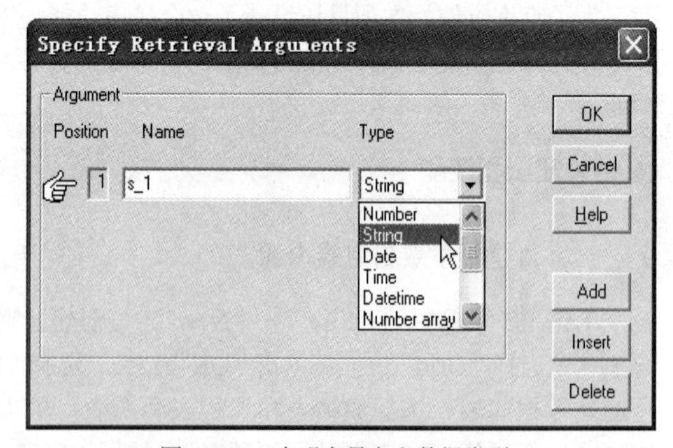

图 10–58　声明变量名和数据类型

回到原来的窗口，在“Operator”栏中选择等于号，在“Value”栏中用鼠标右键单击“Argument”，如图 10–59 所示，将学号“s_1”这个参数贴到条件语句中，如图 10–60 所示。

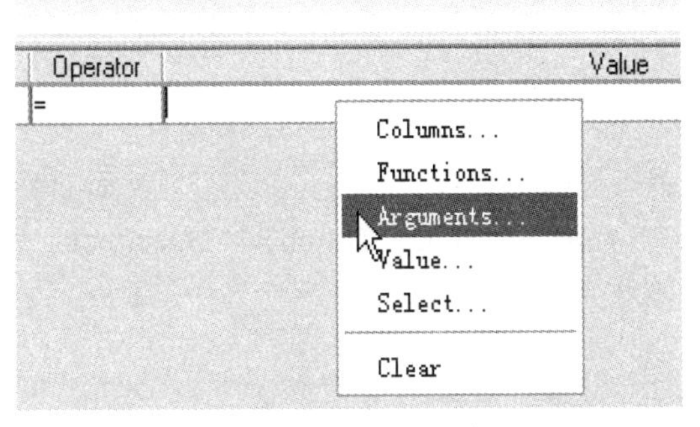

图 10–59　设置条件变量

图 10–60　粘贴条件变量

单击窗口下面的“Syntax”选项卡，可看到了如下带条件参数的复合查询语句：

```
select tb_score.studentid,
       tb_course.courseid,
       tb_course.coursename,
       tb_course.credit,
       tb_score.score
  from tb_course,
       tb_score
 where(tb_course.courseid=tb_score.courseid)and
       ((tb_score.studentid=:s_1)
       )
```

这就是带参数的数据对象的本质内容，它其实也是一条查询语句。

接着，单击 PB 工具栏中的“Return”返回，在遇到图 10–61 所示窗口时，单击“Cancel”按钮。

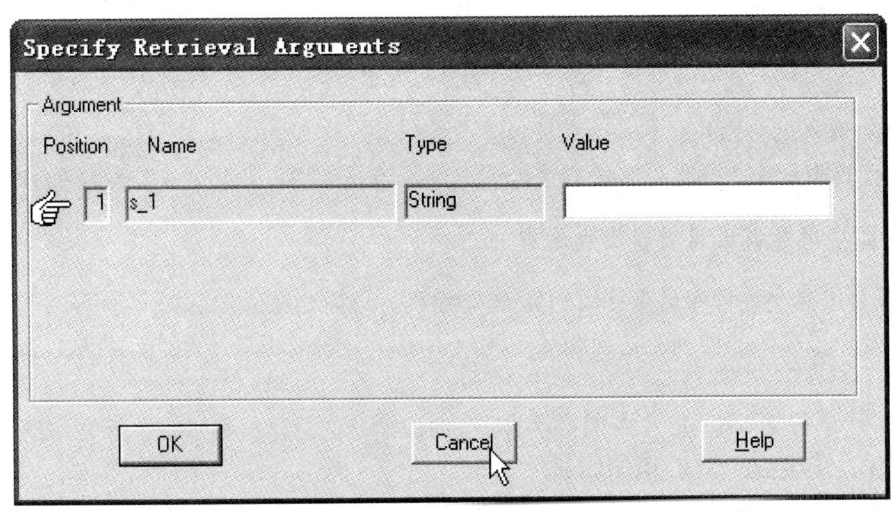

图 10–61　需要忽略的窗口

接下来，按照以前学过的操作将标题改为中文，再改背景色，改标题框为三维突出，改数据框为三维凹陷等，最后保存这个数据对象，以“d_select”来命名。

二、在数据对象中获取字段值

数据窗口提供有获取字段值的函数：

```
GetItemString(行号,字段名)
```

如果返回的字段值不是字符型，则其中的“String”可改为“Number”“Decimal”或“Time”等。

通过点击某行记录可以得到当前行号：

```
数据窗口名.getrow()
```

记得在“删除记录”模块中的“选中记录变亮”的效果吗？它发生在哪个事件中？在那个事件中，再增加如下语句，就可以取得当前行的学号值了：

```
int i_row
string s_num

i_row=dw_1.getrow()
s_num=dw_1.GetItemString(i_row, "studentid")
```

注意，一定要确认数据窗口的名称与实际相符。

三、带参数的数据窗口如何获得数据

只需在取数据时带上参数即可，代码如下：

```
数据窗口控件.settransobject(sqlca)
数据窗口控件.retrieve(参数名)
```

四、数据对象中数据的排序

为了在浏览数据时更加便捷，可以用函数按照某字段顺序或逆序来排序，以便快速地定位要找的记录：

```
数据窗口控件.SetSort("studentid A")
数据窗口控件.Sort()
```

以上代码表示按“学号”字段顺序排列记录，若是逆序，则将“A”改为“D”。

五、直接用查询语句编程实现查询

PB 开发工具允许程序员直接用 SQL 语句编程，只需要在语句后加上分号“;”即可，这给开发者带来了极大的便利，甚至 SQL 语句不用手写，操作几下就可自动生成，如图 10–62 所示。

例如：从单行文本框 sle_1 中取得学号，查询该学号的总学分显示在单行文本框 sle_2 中，则通过操作自动生成的 SQL 语句如下：

```
select tb_student.sumcredit
    into:sle_2.text
    from tb_student
    where tb_student.studentid=:sle_1.text   ;
```

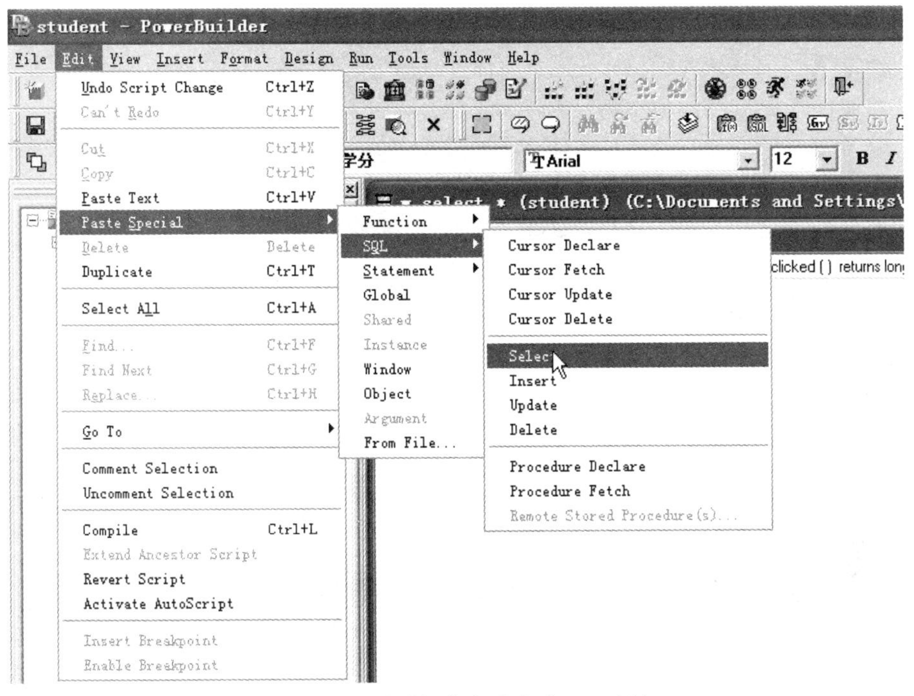

图 10–62　通过操作自动生成 SQL 语句

任务一　利用带参数的数据对象实现多表复合查询功能

【任务目标】

（1）设计并美化“查询成绩”模块窗口；

（2）学会创建带参数的数据对象；

（3）熟悉函数和事件的使用，通过编程实现动态综合查询。

【任务分析】

本任务的“查询成绩”模块窗口需要重新设计并布局美化，在窗口中需要设计两个数据窗口的控件，其中一个放置学生表数据对象，这可以共用“删除记录”模块中的“d_del_student”，另一个数据窗口中需要放置一个带参数的数据对象，它是带参数条件的由课程表和成绩表组成的复合查询，这需要一步一步创建出来，并在内部定义好传递的参数。

当用户在学生表数据窗口中单击，任意选中某学生所在的行时，另一个数据窗口中立即要显示该学生选修的所有课程名及其成绩，其奥秘是在单击学生表数据窗口时，随着该行“变亮”，程序立即获取当前行的学生号，并通过参数传递给另一个数据窗口的取数据函数。

【知识准备】

（1）掌握带参数的数据对象的创建方法。

（2）熟悉在 rowfocuschanged 事件中放置“亮条函数”：

```
数据窗口控件.selectrow(0,false)
数据窗口控件.selectrow(dw_1.getrow(),true)
```

（3）掌握在数据窗口取得字段值的方法：

```
数据窗口控件.GetItemString(当前行号,"studentid ")
```

（4）掌握带参数的数据窗口的取数函数：

```
数据窗口控件.settransobject(sqlca)
数据窗口控件.retrieve(参数名)
```

【任务实施】

1. 设计“查询成绩”模块窗口的布局

如图 10–63 所示，设计上、下两个数据窗口控件，上面的叫“dw_1”，下面的叫“dw_2”，上面安置学生表对象“d_del_student”，下面放置带参数的数据对象“d_select”，右边分别设计了学生表的排序功能和用 SQL 语句直接查询总学分的功能。

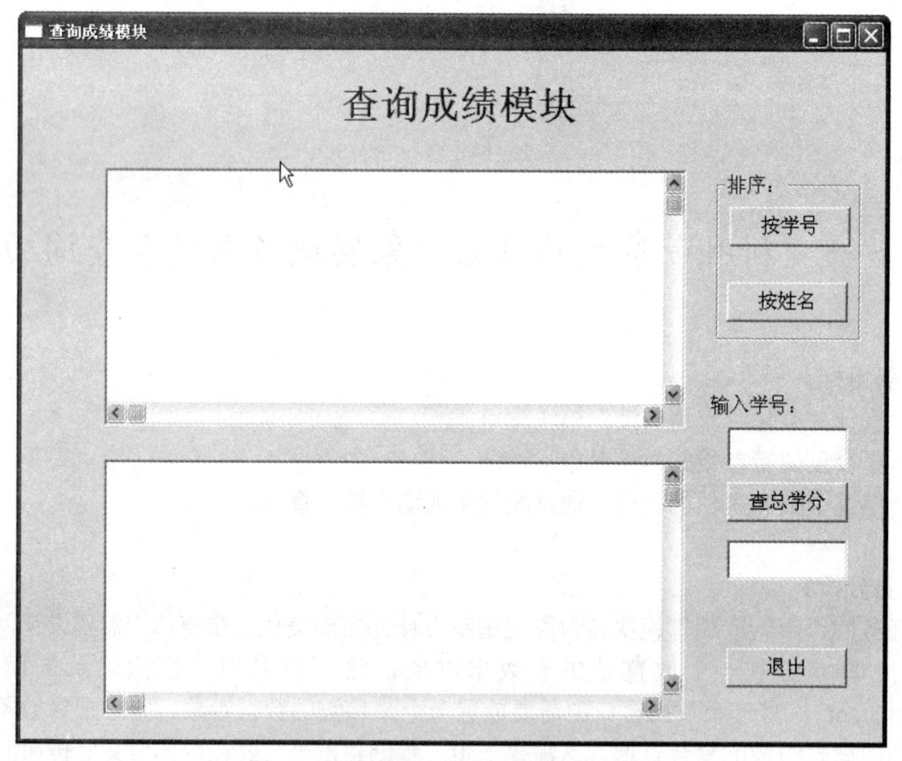

图 10–63 “查询成绩”模块窗口的布局

2. 创建带参数的数据对象

参见本项目的【相关知识和技能】。

3. 实现指定学生表记录就能查询到相应课程及成绩的功能

在模块窗口 w_select 的 open 事件中输入学生表对象的取数代码：

```
dw_1.settransobject(sqlca)
dw_1.retrieve()
```

单击数据窗口 dw_1，在右边的属性窗口的“DataObject”栏中选取数据对象“d_del_student”。单击下面的数据窗口 dw_2，在右边的属性窗口的“DataObject”栏中选取数据对象“d_select”。

用鼠标右键单击数据窗口 dw_1，选择“Script”，选择事件“rowfocuschanged”，在其中先输入选中行的“亮条函数”，再输入获取字段值的代码，最后再输入让带参数的数据窗口取得数据的函数，经整理后如下：

```
int i_row
string s_num

i_row=dw_1.getrow()//取得当前行的行号

dw_1.selectrow(0,false)//所有行都不选中
dw_1.selectrow(i_row,true)//当前行选中

//取得当前行的"studentid"字段的值赋给字符变量 s_num
s_num=dw_1.GetItemString(i_row,"studentid ")

//数据窗口 dw_2 调用事务对象 sqlca,传入参数 s_num 去数据库取数
dw_2.settransobject(sqlca)
dw_2.retrieve(s_num)
```

最后，在“退出”控件中输入代码“close（w_select)”，保存好，即可运行程序验证本任务的功能。学生表与课程表、成绩表动态查询的效果图 10–64 所示。

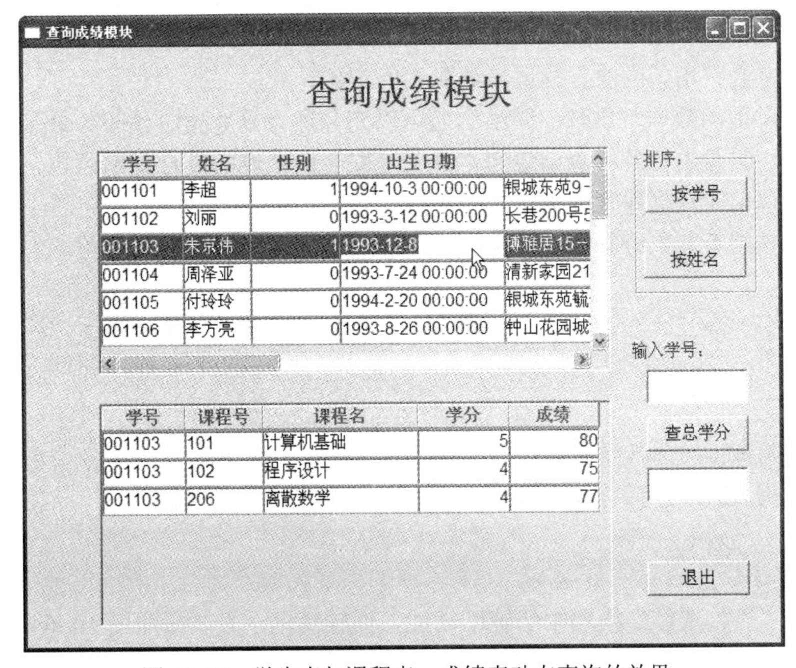

图 10–64　学生表与课程表、成绩表动态查询的效果

小技巧：

（1）输入代码时需要同时写好注释，养成良好的编程习惯，一般程序的注释量要求达到代码量的三分之一以上，注释用“//”表示，也可选中代码再单击 PB 工具栏中的“comment”按钮，如图 10–65 所示，去掉注释则可单击其右边的“uncomment”按钮。

（2）代码较多时，输入代码可以随时单击 PB 工具栏中的“compile”按钮，以便及时改错，如图 10–66 所示。

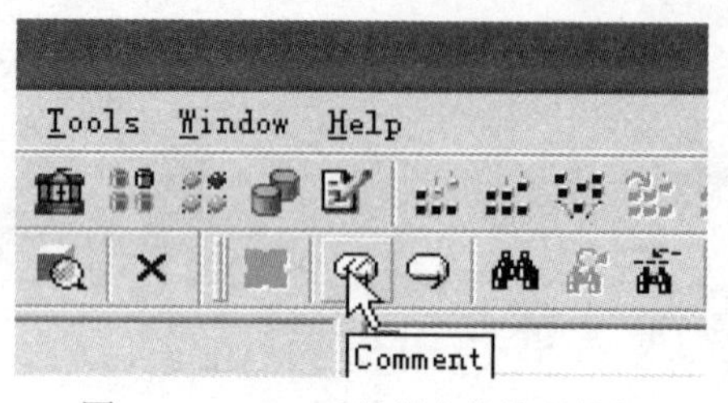

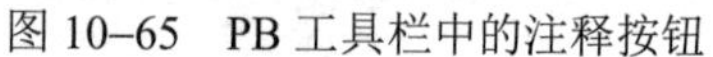
图 10–65　PB 工具栏中的注释按钮

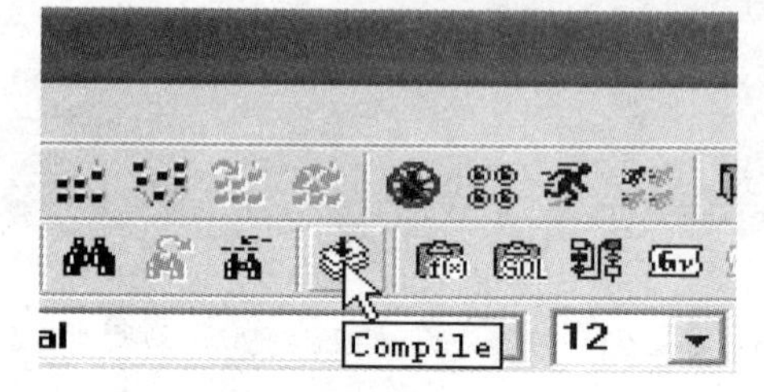

图 10–66　PB 工具栏中的编译按钮

（3）在定义变量时，注意变量名要规范，例如窗口名的前缀为“w_”，数据对象名的前缀为“d_”，整型变量用“i_”，字符型变量用“s_”等。虽然对随意的名字 PB 工具不会报错，但程序都不是一劳永逸的，后期一定是会修改或升级的。程序的可读性、可维护性以及可移植性是衡量代码质量、程序质量的重要标准，时间越久远，重要性越强。作为一个有志于在信息应用领域发展的人才，在学生时代就应该培养自己良好的编程习惯。

【任务总结】

本任务实践了 PB 开发技能中的“高难度”功能，成功实现了两个数据窗口的数据联动，其内在是通过参数来传递值的，这不仅涉及带参数的数据对象的创建以及通过参数取得数据，而且还需要在数据窗口中准确获取某个字段的值，实践中巧妙地利用了 rowfocuschanged 事件的动作特点，并且共用了当前行的值来达到行的定位。

在创建带参数的数据对象时，同学们还可以充分体会到数据对象即一条带参数条件的查询语句的本质，只是本任务的查询语句本身又是联合两个表的复合查询语句。本任务使学生很好地复习了以前的数据库查询语句的知识。

本任务的技能若能熟练掌握，在实际开发应用程序时能解决很多问题。

任务二　排序功能和 SQL 语句的灵活运用

【任务目标】

（1）实现将数据对象按学号和按姓名排序；

（2）熟悉用 SQL 语句编程进行查询的方法。

【任务分析】

本任务是“查询成绩”模块中的辅助功能，比较简单，只要按照图 10–64 所示“查询成绩”模块窗口中的控件中添加代码即可完成，且代码也不复杂。

在 PB 开发工具中可以直接编写 SQL 语句并执行，本任务是练习如何通过 PB 开发工具获得 SQL 语句并与相关控件配合达到查询的目的。

【知识准备】

（1）熟悉对数据窗口的排序函数：

```
数据窗口控件.SetSort("studentid A")
数据窗口控件.Sort()
```

（2）掌握用 PB 开发工具获得 SQL 语句的操作技能。

【任务实施】

本任务是对任务一的结果进行进一步的功能添加和完善，步骤如下：

（1）在控件“按学号”和“按姓名”中编写代码。

在控件“按学号”的“clicked”事件中输入以下代码：

```
dw_1.SetSort("studentid A")
dw_1.Sort()
```

其效果是：当被单击时，dw_1 中的数据按学号顺序排序。

在控件“按姓名”的 clicked 事件中输入以下代码：

```
dw_1.SetSort("name A")
dw_1.Sort()
```

其效果是：当被单击时 dw_1 中的数据按姓名顺序排序。

（2）通过 PB 开发工具获得 SQL 语句。

用鼠标右键单击“总学分”控件，选择“script”进入其 clicked 事件中，再单击 PB 菜单中的“Edit”，选择“Paste Special”→“SQL”→“Select”，如图 10–62 所示，选择“tb_student”表，单击“Open”按钮，选择总学分字段“sumcredit”，再在“Where”选项卡中选择查询条件，组成查询条件语句“where tb_student.studentid=：sle_1.text”，如图 10–67 所示。

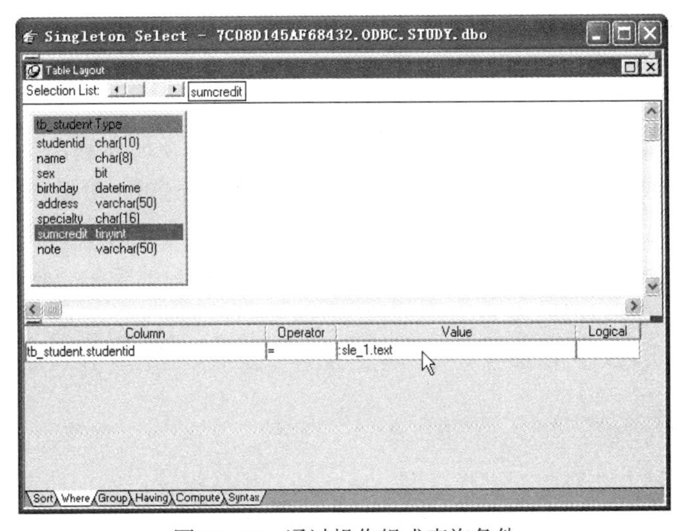

图 10–67　通过操作组成查询条件

接着，单击菜单中的“Design”→“Into Variables”，如图 10–68 所示，弹出图 10–69 所示窗口，输入“：sle_2.text”作为查询结果的输出目标，单击“OK”按钮返回到事件的代码编辑框中。

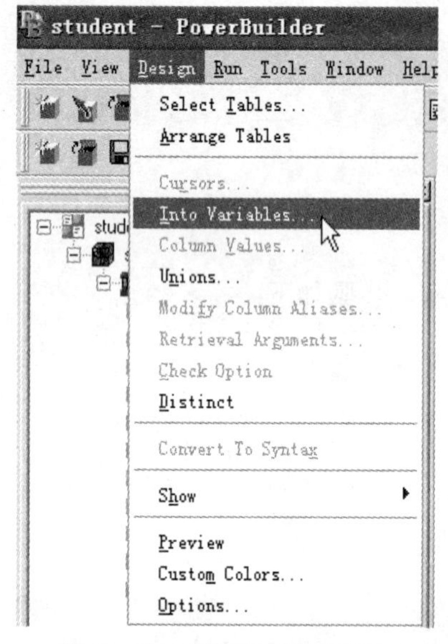

图 10–68　选择查询输出变量

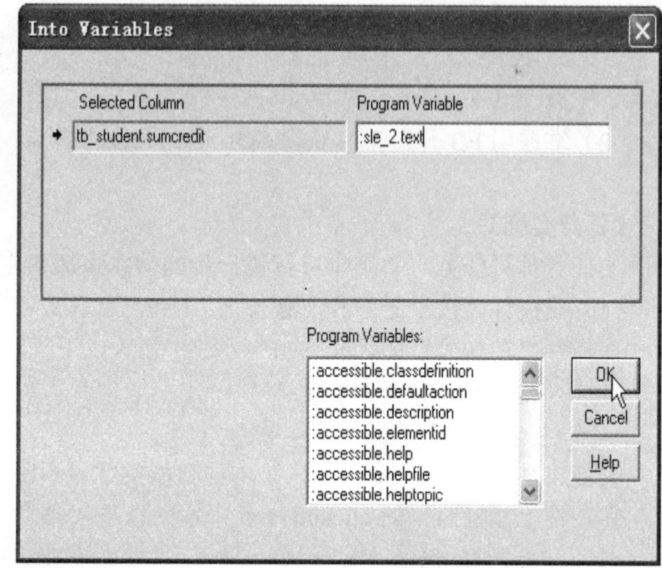

图 10–69　输入查询输出变量

这时，就可看到一条组装好的完整的查询语句：

```
select tb_student.sumcredit
    into:sle_2.text
    from tb_student
    where tb_student.studentid=:sle_1.text   ;
```

选择窗口下方的“layout”选项卡，保存窗口，就完成了本任务的设计开发，运行应用程序可验证设计的功能是否得到实现。

【任务总结】

本任务介绍了如何给数据窗口中的记录进行排序，以及如何利用 PB 开发工具的功能组装 SQL 语句，通过实践，同学们认识到了在 SQL Server 2008 数据库管理系统中的这些功能，在实际的应用程序中也是经常要用到的，并且具有重要的现实意义。将书本上的知识变成实际的应用程序或现实的生产力，这种“学以致用”的能力，是技能人才最需要掌握的。

通过本任务的实践，可以加深对数据库的了解以及对数据库应用程序的了解。

项目总结

本项目采用两种方法对数据进行查询，明显的，用数据窗口实现动态复杂的查询非常具有优势，也非常直观，可操作性强，可充分满足各种信息管理软件的人性化操作界面的要求，

应用十分广泛，是本项目的重点、难点，也是本系统的一个亮点，要认真学习、细心体会，直至完全掌握。

用 SQL 语句实现查询则很直接，在应用程序内部使用而不需要显示时很管用，本项目只是一个简单的例子，目的是告诉大家，在数据库管理系统中学到的 SQL 语句可以轻松地移植到开发工具中使用。对于较复杂的 SQL 语句还可以通过开发工具中提供的功能进行组装，既准确，又规范。

项目二十一　设计开发“学生成绩管理系统”——“图形显示”模块

项目需求

设计并开发“学生成绩管理系统”中的“图形显示”模块，实现学生总学分的图形显示。

完成项目的条件

（1）SQL Server 2008 数据库管理系统处于运行状态，用户数据库 STUDY 完好；

（2）已安装 PowerBuilder9.0 开发工具，并取得与数据库 STUDY 的连接；

（3）数据库应用程序“学生成绩管理系统”已完成主控界面（主窗口）的开发。

方案设计

“图形显示”模块要将所有学生的总学分通过图形直观地显示出来。

PB 的数据窗口技术提供了将数据显示成各种图形的功能，操作起来很方便，只要简单地设置就能做出漂亮的图形。

由于显示的图形仅是数据对象的一种显示方式，故从常规的数据对象的角度来看待它，也就没什么奥秘可言，然而其效果还是挺吸引人的。

相关知识和技能

一、创建图形数据对象的步骤如下

同创建普通数据对象一样，单击 PB 工具的菜单栏中的“File”→“New”，选择“DataWindow”选项卡，选择“Graph”方式，并单击“OK”按钮，选择“SQL Select”数据来源，单击“Next”按钮，再选择数据库表，选择成绩表“tb_student”，单击“Open”按钮，这里只要两列数据分别作为图形的纵轴和横轴，选姓名“name”和总学分“sumcredit”，单击工具栏上的“return”按钮，设置好纵轴和横轴数据，如图 10–70 所示，单击“Next”按钮，在图 10–71 中的“Title”栏中输入“学生总学分直方图”，并选择“Column”图形类型，单击“Next”按钮，再单击“Finish”按钮。

这时出现图 10–72 所示界面，按照图中指示，在“Axis”选项卡中“Category”对应的“Label”中输入“学生姓名”，在“Value”对应的“Label”中输入“总学分”，保存数据对象，取名为“d_graph”。

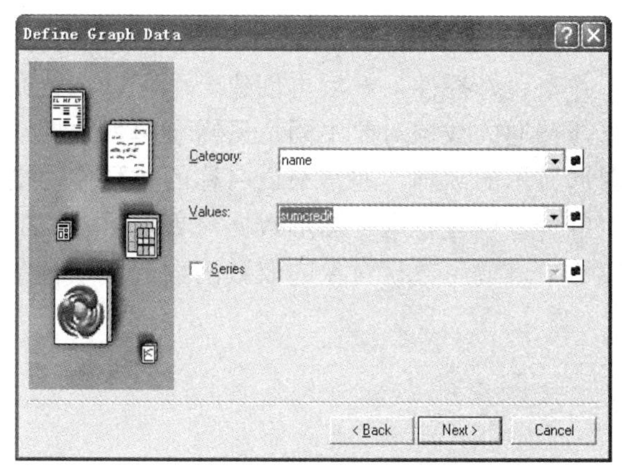

图 10–70　设置纵轴数据和横轴数据

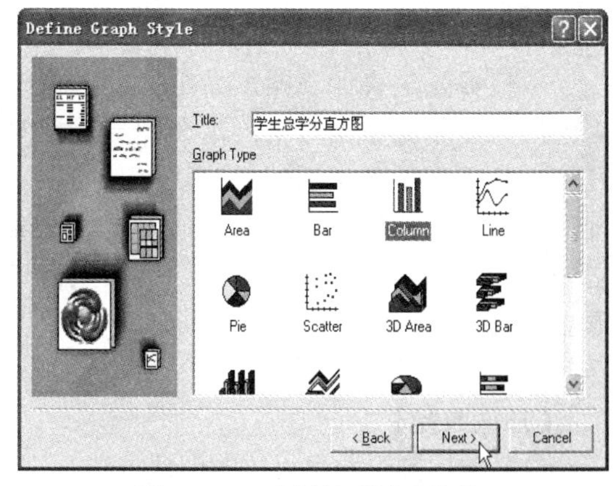

图 10–71　选择显示图形类型

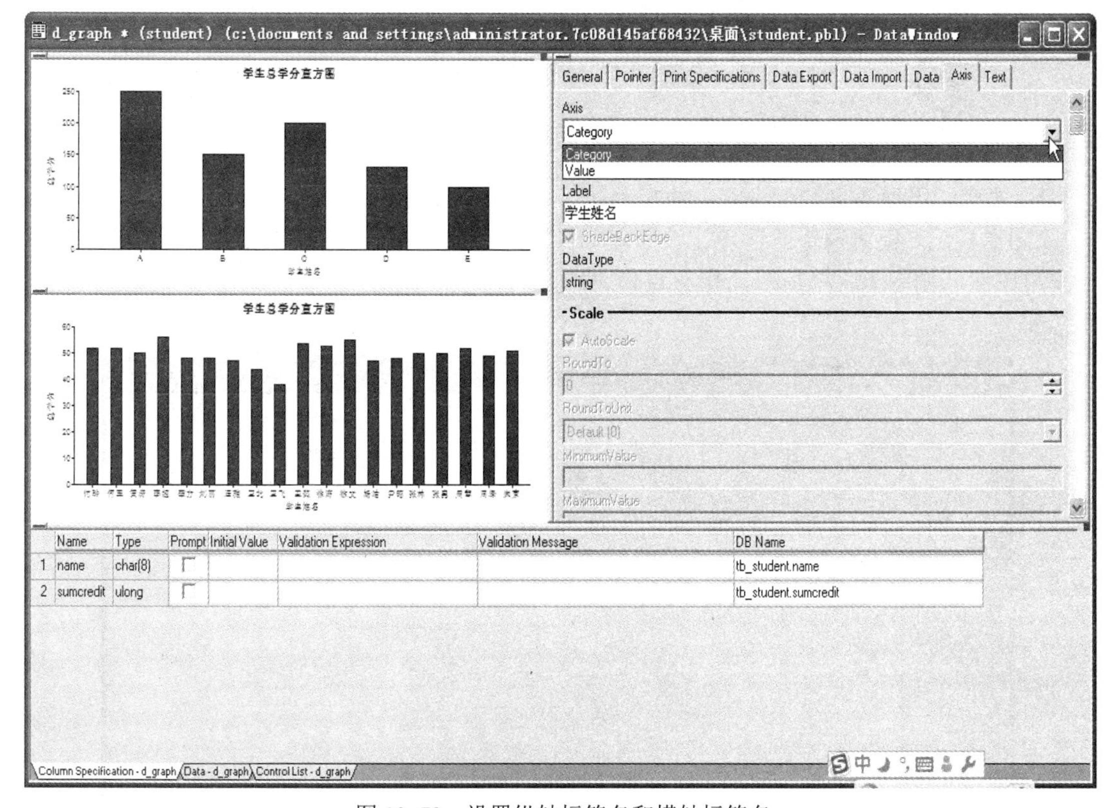

图 10–72　设置纵轴标签名和横轴标签名

任务　成绩图形显示的设计和实现

【任务目标】

（1）设计并美化“图形显示”模块窗口；

（2）学会创建图形数据对象；

（3）编码连接，验证功能。

【任务分析】

本任务先是设计“图形显示”模块窗口，并布置好控件，然后再创建一个可以将数据用图形来显示的数据对象，这个图形数据对象与普通的数据对象不同，只需要两列数据，其中一列用于图形显示的横轴，另一列用于图形显示的纵轴，通常来说名称的一列作为横轴，数据的一列作为纵轴，其他设置就比较简单了。创建好这个图形数据对象以后，需把它安置到“图形显示”模块窗口的数据窗口控件中，调用数据对象的取数函数就可以将图形显示出来。

【知识准备】

（1）掌握图形数据对象的创建方法。

（2）掌握数据窗口的取数函数：

```
数据窗口控件.settransobject(sqlca)
数据窗口控件.retrieve()
```

【任务实施】

1. 设计“图形显示”模块窗口的布局

“图形显示”模块窗口的设计比较简单，只需 3 个控件——文本控件、数据窗口控件和命令按钮控件，如图 10–73 所示，保存窗口，取名为“w_graph”。

图 10–73 “图形显示”模块窗口的布局

2. 创建图形数据对象

参见本项目的【相关知识和技能】。

3. 编码连接

在本模块窗口的 open 事件中，输入以下代码：

```
dw_1.settransobject(sqlca)
dw_1.retrieve()
```

在“退出”按钮的 clicked 事件中输入以下代码：

```
close(w_graph)
```

保存本模块窗口“w_graph”，运行效果如图 10–74 所示。

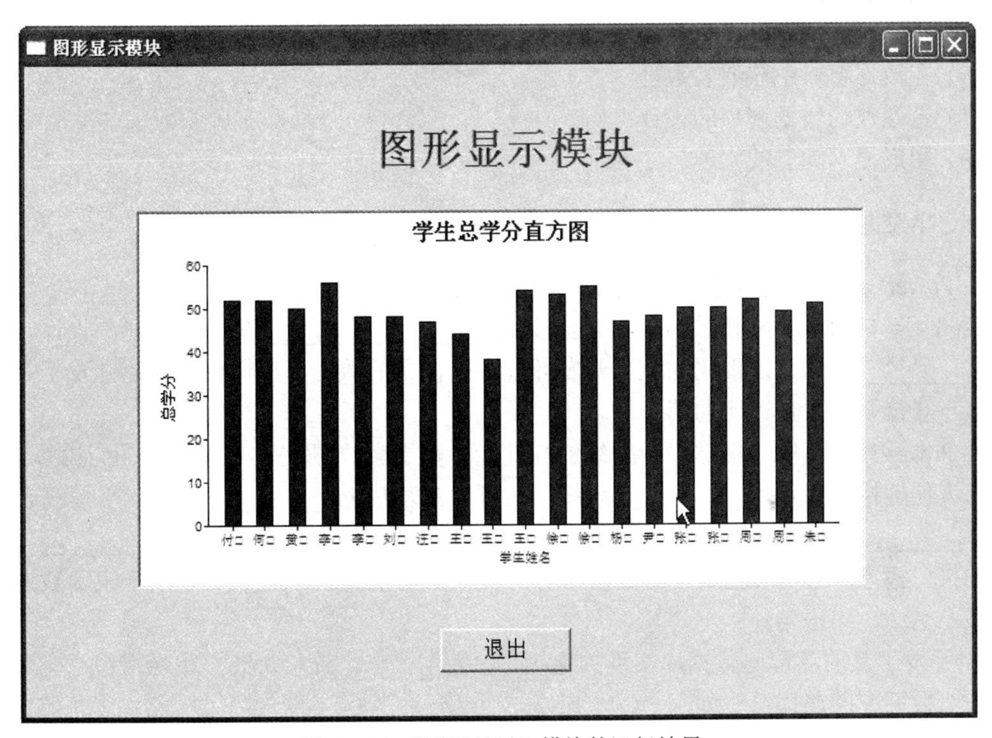

图 10–74 “图形显示”模块的运行结果

【任务总结】

本任务主要介绍了图形数据对象的创建方法。通过图形将数据显示出来很直观，其操作也很简单，容易掌握。

图形数据对象实质上就是一个数据对象，PB 开发工具提供了很多图形显示方式以供选用，PB 开发工具的强大功能可以让人们开发出漂亮的应用程序。

项目总结

通过图形将数据直观地显示出来，这在开发应用系统中也是一个不可缺少的内容，而且还可作为一个展示的亮点，企业领导最喜欢，且其实开发起来非常容易。PB 开发工具提供了 17 种图形显示方式，有直方图、点阵列、面积图、饼状图、有棒状图，还有三维图等，同学们很快就能掌握。

小结与习题

本章介绍了如下内容：

（1）PB 开发工具与数据库的静态连接；

（2）应用程序与数据库的动态连接；

（3）应用程序中窗口以及控件的设计和设置；

（4）数据窗口的创建和设计；

（5）事件的选择以及在事件中编程；

（6）在数据窗口中获取表数据；

（7）带参数的数据窗口的设计；

（8）图形显示功能的实现。

一、填空题

1. PowerBuilder 是著名的数据库应用开发工具，由生产商__________的子公司 Powersoft 于 1991 年 6 月推出，它完全按照________________体系结构研制设计，采用______________技术、图形化的应用开发环境，是优秀的数据库应用程序前端开发工具，曾连续多年获得开发工具评比的第一名。

2. PowerBuilder 除了能够设计传统的高性能、基于客户/服务器体系结构的应用系统外，也能够方便地构建和实现__________系统，还可以开发基于____________的应用系统。

3. _______即开放数据库互联，是微软公司推出的一种实现应用程序和__________之间通信的接口标准。它本质上是一组数据库访问 API（应用程序编程接口），由一组函数调用组成，核心是______语句。

4. 开发工具的环境与数据库实现的连接，称为________连接。数据库应用程序在运行时实时地与数据库的连接，称为________连接。

二、选择题

1. PowerBuilder 开发的应用程序，其数据显示在_____之中。

A. 窗口　　B. 控件　　C. 属性　　D. 事件

2. 由 select 语句构成的数据体叫__________，为了显示这个数据体中的数据，必须在____之中，由_____来调用_____才能实现。

A. 数据窗口　　B. 函数　　C. 数据对象　　D. 事件

三、简答题

1. 什么是事务？简述 sqlca 这个事物对象是怎样连接数据库的。

2. 数据窗口对象的本质对应 T–SQL 语言中的什么语句？试举例说明。

第十一章

C#/SQL Server开发“学生成绩管理系统”

项目二十二　利用C#语言操作数据库

项目需求

当创建完一个数据库以及数据库中的相关表之后，通常需要对数据库进行相关操作，如数据库的备份与恢复、表中数据的查询与编辑等操作。数据库管理人员通常可利用数据库管理系统进行操作，但数据库通常是供某一个应用程序来使用的，也就是说需要程序员在前台通过编写相关代码来操作数据库。本项目就以Visual Studio作为开发工具，使用C#语言对数据库STUDY进行常见的操作。

完成项目的条件

（1）安装好SQL Server 2008数据库管理系统，使其处于运行状态，且数据库STUDY数据库中的几个表已齐备；

（2）安装好数据库应用程序的开发工具Visual Studio。

方案设计

本项目将通过几个小的Windows应用程序实例，利用Visual Studio进行数据库的连接，对表中数据进行查询、添加、修改和删除等操作。

相关知识和技能

一、Visual Studio简介

Visual Studio（以下简称VS）是微软公司推出的开发工具，它提供一套完整的开发工具集，用于生成ASP.NET Web应用程序、Windows桌面应用程序和移动应用程序等。

在VS中由于使用了统一的IDE环境，开发跨语言平台的应用程序成为可能，程序员可以根据实际情况使用不同的语言（如C#、VB等）编写代码。

VS提供了在设计、开发、调试和部署应用程序时所需的工具，Visual C#及集成开发环境（IDE）是Visual Studio IDE中的一种，打开VS选择C#即可进入Visual C#开发环境。

二、在 Visual Studio 中建立 Windows 应用程序

（1）打开 Visual Studio，在“文件”菜单中选择“新建”→“项目”，如图 11–1 所示。

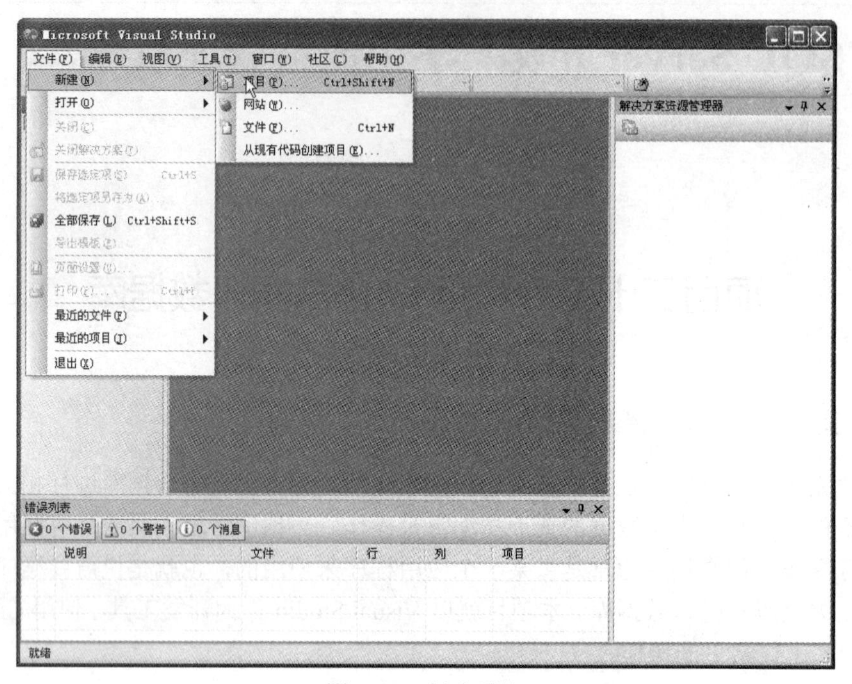

图 11–1　新建项目

（2）打开图 11–2 所示的“新建项目”对话框，在左侧“项目类型”中选择“Visual C#”，在右侧“模板”中选择“Windows 应用程序”，在“名称”和“位置”文本框中指定项目的名称和位置。

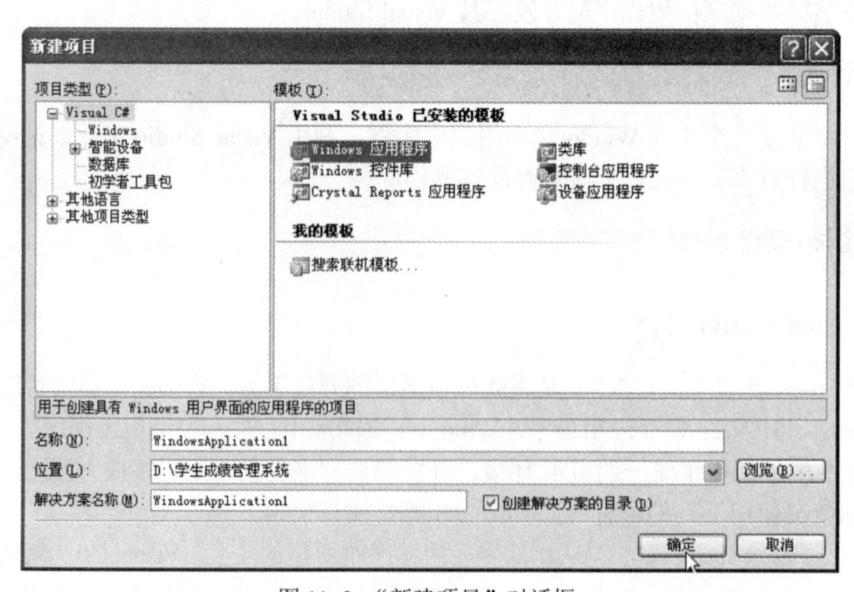

图 11–2　“新建项目”对话框

（3）单击“确定”按钮，打开项目开发主界面，如图 11–3 所示。

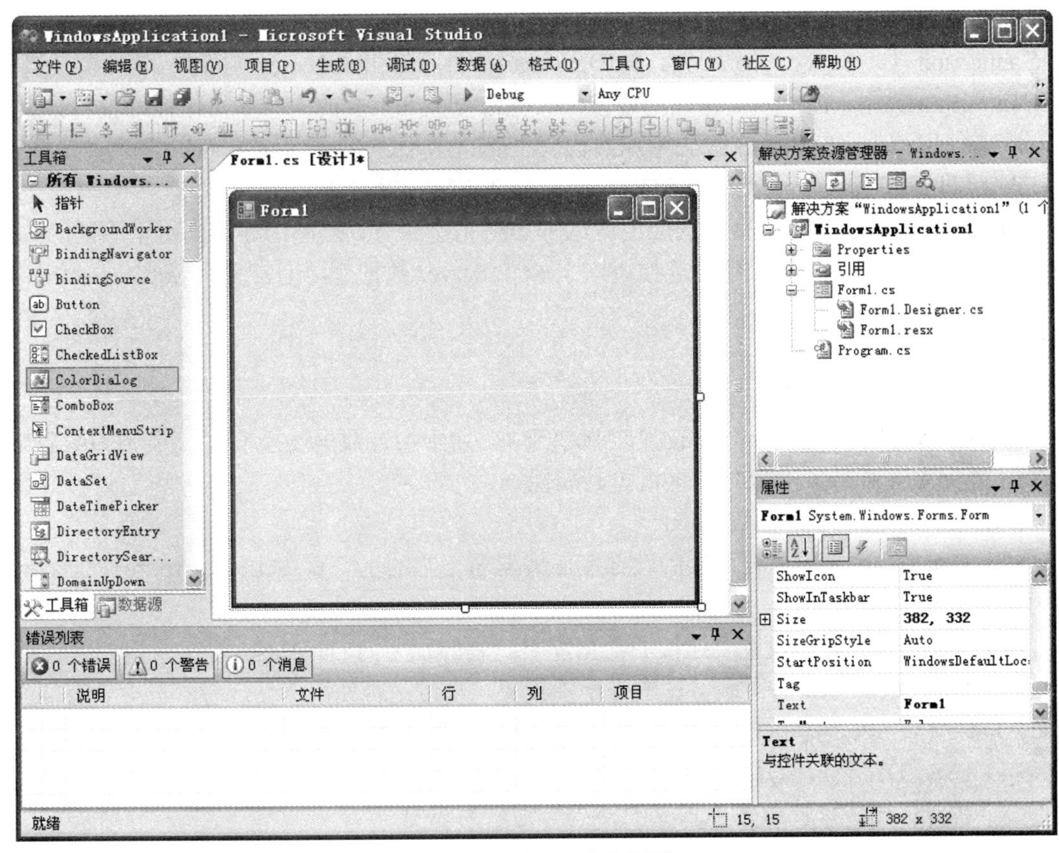

图 11–3　项目开发主界面

任务一　建立与数据库的连接

【任务目标】

（1）理解 System.Data.SqlClient 命名空间；

（2）掌握使用 SqlConnection 类连接数据库的方法。

【任务分析】

在开发数据库应用程序时，需要访问数据库，首先必须建立与数据库的连接，然后才可以进行相关数据操作。在 VS 中通过 SqlConnection 类来建立与数据库的连接，在使用 SqlConnection 类之前，需要引入 System.Data.SqlClient 命名空间。

【知识准备】

1. System.Data.SqlClient 命名空间

System.Data.SqlClient 命名空间是 SQL Server 的.NET Framework 数据提供程序，它描述

了一个类集合，这个类集合用于访问托管空间中的 SQL Server 数据库。当访问 SQL Scrver 数据库时，需要引入此命名空间。

System.Data.SqlClient 命名空间中包含数据库操作中使用的类，如 SqlDataAdapter 类、SqlConnection 类、SqlCommand 类、SqlDataReader 类和 SqlParameter 类等共 26 个类。其中 SqlConnection 类用于建立与数据库的连接，其他常见类在后面的内容中再作详细说明。

如需使用该命名空间，在代码中加入代码"using System.Data.SqlClient"即可。

2. 使用 SqlConnection 类连接 SQL Server 数据库

每个需要和数据库进行交互的应用程序都必须先建立与数据库的连接，对于不同的数据源，.NET 提供了不同的类来建立连接。对于 SQL Server 数据库，通常采用 SqlConnection 对象来连接。

语法格式如下：

```
SqlConnection con=new SqlConnection([conString])
```

con 是连接的对象名，conString 是连接字符串，用于指定数据连接方式，。若该参数省略，可在创建 SqlConnection 对象之后再指定其属性。

conString 属性包含的参数如下：

（1）DataSource：设置要连接的数据库服务器名。它的别名有 Server、Address、Addr，作用是完全相同的。

（2）Initial Catalog：设置要连接的数据库名。它的别名为 DataBase。

（3）Integrated Security：服务器的安全性设置，决定是否使用信任连接。其取值有 3 个：True、False 和 SSPI。其中 True 和 SSPI 都表示使用信任连接。

（4）User ID：登录 SQL Server 的账号。别名为 uid。

（5）Password：登录 SQL Server 的密码。别名为 pwd。

（6）ConnectionTimeout：设置 SqlConnection 连接 SQL 数据库服务器的超时时间，单位为秒，若在所设置的时间内无法连接数据库，则返回失败。默认值为 15 秒。

小提醒：在连接 SQL Server 数据库时，有两种身份认证方式，即 Windows 身份认证和 SQL Server 身份认证。若使用 Windows 身份认证，在连接数据库时，用户不需要提供登录账号和密码，可以直接在连接字符串中指定 Integrated Security 的值为 True，这样做有一个前提，即 SQL Server 系统管理员必须指定 Windows 账户或工作组作为有效的 SQL Server 登录账户。若使用 SQL Server 身份验证，则必须提供有效的登录账号和密码。

【任务实施】

（1）新建一个 Windows 应用程序，在左侧工具箱中选择按钮控件，向窗口中添加两个 Button 控件 button1 和 button2，分别设置其 Text 属性为"连接数据库"和"断开数据库连接"。界面如图 11–4 所示。

（2）用鼠标右键单击窗体，选择"查看代码"，进入代码编辑窗口，首先引入命名空间，在代码中加入代码"using System.Data.SqlClient"，其次在代码中声明一个 SqlConnection 对象。分别双击 button1 和 button2 按钮，在相应的按钮单击事件中编写相应的代码来连接数据库和断开数据库连接，如图 11–5 所示。

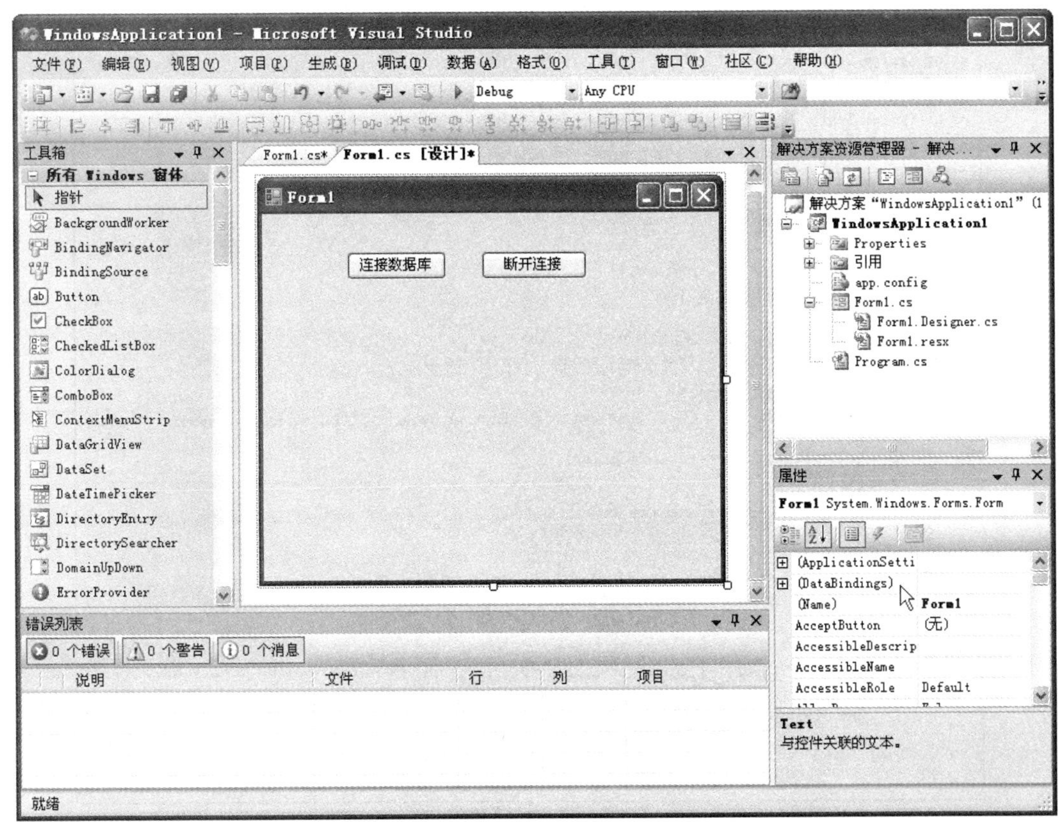

图 11–4　界面设计

按钮 button1 的单击事件代码如下：

```
    //定义数据库连接字符串
    string conString="Data Source=(local);Initial Catalog=STUDY;integrated security=
true";
    //定义连接对象
    con=new SqlConnection(conString);
    try//异常处理
    {
        con.Open();//打开数据库连接
        MessageBox.Show("数据库连接成功!");
    }
    catch(Exception ex)
    {
        MessageBox.Show(ex.Message);//如打开失败,显示异常信息
    }
```

按钮 button2 的单击事件代码如下：

```
    con.Close();//关闭连接
    MessageBox.Show("已关闭数据库!");
```

```
using System;
using System.Collections.Generic;
using System.ComponentModel;
using System.Data;
using System.Drawing;
using System.Text;
using System.Windows.Forms;
using System.Data.SqlClient;//引入命名空间
namespace WindowsApplication1
{
    public partial class Form1 : Form
    {
        public Form1()
        {
            InitializeComponent();
        }
        SqlConnection con;//声明连接对象
        private void button1_Click(object sender, EventArgs e)
        {
            //定义数据库连接字符串
            string conString = "Data Source=(local);Initial Catalog=STUDY;integrated security=true";
            //定义连接对象
            con = new SqlConnection(conString);
            try//异常处理
            {
                con.Open();//打开数据库连接
                MessageBox.Show("数据库连接成功!");
            }
            catch (Exception ex)
            {
                MessageBox.Show(ex.Message);//如打开失败，显示异常信息
            }
        }
        private void button2_Click(object sender, EventArgs e)
        {
            con.Close();//关闭连接
            MessageBox.Show("已关闭数据库!");
        }
    }
}
```

图 11–5　编写代码

（3）单击工具栏上的绿色小按钮，执行应用程序。当单击“连接数据库”按钮时，如成功连接数据库，会弹出对话框“数据库连接成功”，如连接失败，会在弹出的对话框中输出异常信息。当单击“断开连接”按钮时，会弹出对话框“已关闭数据库”。

【任务总结】

本任务通过一个实例介绍了如何建立数据库连接以及断开数据库连接。在.Net 中通常利用 SqlConnection 对象来进行与 SQL Server 数据库的连接操作。这部分内容比较重要，在后续的课程当中会经常使用到。

任务二　通过复杂数据绑定实现数据查询

【任务目标】

（1）理解数据绑定的含义并掌握复杂数据绑定技术；

（2）掌握 DataGridView 控件的使用方法。

【任务分析】

在数据库应用程序当中，对数据库最常见的操作就是对数据库中的数据进行查询。本任

务针对数据库 STUDY 中的学生基本信息进行相关的数据查询，将所有的学生信息显示在表格当中。通过表格显示数据一般通过 DataGridView 控件来实现。

【知识准备】

一、数据绑定技术

数据绑定是一种把数据绑定到一种用户界面元素（控件）的通用机制，数据绑定指的是一个过程，即在运行时自动为包含数据的结构中的一个或多个窗体控件设置属性的过程。在 Windows 窗体中，控件不仅可以绑定到传统的数据源，还可以绑定到几乎所有包含数据的结构，而数据如何进入结构并不重要；因此，绑定的数据源不一定是一个数据库，也可以是一个数组、一个 XML 文件或一个资源文件等。

而且，还可以将任何控件的任何属性绑定到数据源。在传统的数据绑定中，通常将显示属性（如 TextBox 控件的 Text 属性）绑定到数据源。使用.NET Framework，还可以选择通过绑定设置其他属性，例如，绑定设置 Image 控件的图形，一个或多个控件的背景色、大小等。

有两种数据绑定类型：简单数据绑定和复杂数据绑定。

1. 简单数据绑定

简单数据绑定是将一个控件绑定到单个数据元素的能力。用于简单数据绑定的控件有 Lable、TextBox 等通常只显示单个值的控件。

2. 复杂数据绑定

复杂数据绑定是把一个基于列表的用户界面元素绑定到一个数据列表的方法。用于复杂数据绑定的控件有 DataGrid、ListBox、ComboBox 等能够一次显示多个值的控件。

二、DataGridView 控件

使用 DataGridView 控件，可以显示和编辑来自多种不同类型的数据源的表格数据。

将数据绑定到 DataGridView 控件非常简单和直观，在大多数情况下，只需设置该控件的 DataSource 属性即可。在绑定到包含多个列表或表的数据源时，只需将该控件的 DataMember 属性设置为指定到绑定的列表或表的字符串即可。

通常将其绑定到 BindingSource 控件，并将 BindingSource 控件绑定到其他数据源。

BindingSource 控件为首选数据源，因为该控件可以绑定到各种数据源，并可以自动解决许多数据绑定问题。

DataGridView 控件具有极高的可配置性和可扩展性，它提供大量的属性、方法和事件，可以用来对控件的外观和行为进行自定义。当需要在 Windows 窗体应用程序中显示表格数据时，可首先考虑使用 DataGridView 控件，然后再考虑使用其他控件（如 DataGrid、ListView 等）。若要使用户能够编辑具有数百万条记录的表，DataGridView 控件将为开发人员提供可以方便地进行编程以及有效地利用内存的解决方案。DataGridView 的常用属性见表 11–1。

表 11-1　DataGridView 常用属性

属性名称	说　明
AllowUserToAddRows	是否向用户显示添加行的选项
AllowUserToDeleteRows	是否允许用户删除行
AlternatingRowsDefaultCellStyle	奇数行的默认单元格样式
AutoSizeColumnsMode	列宽的显示方式
BackgroundColor	背景色
BorderStyle	边框样式
CellBorderStyle	单元格边框样式
Columns	控件中所有列的集合，可以对每一列的属性进行设置
DataMember	数据集中表的名称的集合
DataSource	显示数据的数据源
GridColor	网格线的颜色
MultiSelect	是否允许用户一次选择多个单元格、行或列
ReadOnly	是否可以编辑单元格
SelectionMode	选择单元格的模式

三、DataAdapter 对象

DataAdapter 对象是 DataSet 对象和数据库之间的桥梁，它用来传递各种 SQL 命令，并把命令的执行结果填充到 DataSet 中的表，同样 DataAdapter 对象还可将 DataSet 对象更新过的数据写回数据库。DataAdapter 一般与 DataSet 一起使用，DataAdapter 提供 Connection 对象和 Command 对象，DataSet 为数据提供位置。

在 ADO.NET 中，.NET Framework 所包含的每个数据提供程序都具有一个 DataAdapter 对象，如 OLEDB.NET Framework 数据提供程序包含 OleDbDataAdapter 对象，SQL Server.NET Framework 数据提供程序包含 SqlDataAdapter 对象。在本书中，主要掌握 SqlDataAdapter 的使用方法。

DataAdapter 具有 SelectCommand、InsertCommand、UpdateCommand 和 Delete Command 属性，它们都是 Command 对象。SelectCommand 属性用来从数据源中检索数据，InsertCommand、UpdateCommand 和 DeleteCommand 属性是按照对 DataSet 中数据的修改来管理对数据源中数据的更新。有关 Command 对象的知识会在后面的内容作相关介绍。

DataAdapter 对象的常用属性和方法见表 11-2。

表 11–2　DataAdapter 对象的常用属性及方法

成员属性及方法	说　明
ContinueUpdateOnError 属性	获取或设置当执行 update()方法时更新数据源发生错误时是否继续，默认值为 False
DeleteCommand 属性	获取或设置删除数据源中的数据行的 SQL 命令
InsertCommand 属性	获取或设置向数据源中插入数据行的 SQL 命令
SelectCommand 属性	获取或设置查询数据源的 SQL 命令
UpdateCommand 属性	获取或设置更新数据源中的数据行的 SQL 命令
Fill()方法	填充数据集
Update()方法	将数据集对象更新到相应的数据源

四、DataSet 对象

DataSet 是数据的内存驻留表示形式，它提供了独立于数据源的一致关系编程模型。DataSet 表示整个数据集，其中包含表、约束和表之间的关系。DataSet 由于独立于数据源，故可以包含应用程序本地的数据，也可以包含来自多个数据源的数据，其与现有数据源的交互通过 DataAdapter 来控制。

DataSet 提供一种无连接状态下操作数据库的方法，它利用 DataAdapter 的 Fill()方法将数据表填充到 DataSet 数据集中，填充后与数据库服务器的连接就断开了，然后在客户端对 DataSet 中的数据表进行读取和更改，并且可以利用 DataAdapter 的 Update()方法将 DataSet 中数据表处理的结果更新到数据库中。这种方式通常用于对数据库进行复杂操作或者需要较长时间交互式处理的情况。

DataSet 中的数据完全采用 XML 格式，因此 XML 文档可以导入 DataSet，而 DataSet 中的数据也可以导入 XML 文档，这使跨平台访问成为可能。可以认为，DataSet 的存在是 ADO.NET 与以前数据结构之间的最大区别，它作为一个实体而单独存在，可以认为是内存中的数据库。

每一个 DataSet 往往是一个或多个 DataTable 数据表对象的集合，这些对象由数据行和数据列以及主键、外键、约束和有关 DataTable 对象中数据的关系能吸组成。

使用 DataSet 的方法有以下几种，这些方法可以单独使用，也可以结合使用：

（1）在 DataSet 中以编程方式创建 DataTables、DataRelations 和 ConStraints，并使用数据填充这些表。

（2）通过 DataAdapter 用现有关系数据源中的数据表填充 DataSet。

（3）使用 XML 加载和保持 DataSet 的内容。

创建 DataSet 数据集对象可以通过调用 DataSet 构造函数来创建，格式如下：

```
DataSet 数据集对象=new DataSet();
```

五、使用 SqlDataAdapter 对象填充数据集

语法格式如下：

```
SqlDataAdapter sda=new SqlDataAdapter(selectString,con);
sda.Fill(ds,dataTable)
```

sda 是数据适配器对象，在初始化该对象时，有两个参数，一个是查询字符串 selectString，一个是数据库连接对象 con，两个参数都不能少。selectString 是用来存储访问数据库的 select 命令语句的字符串，con 用来建立与数据的连接。ds 是被填充的数据集对象，在填充数据集时，要指明具体填充的表 dataTable。

六、复杂数据绑定方法

语法格式如下：

```
列表控件对象.DataSource=数据源
```

说明：

（1）列表控件可以是 ListBox、DataGridView、ComboBox 等多值控件；

（2）数据源可以是 BindingSource 对象或者 DataSet 对象，也可以是数据视图 DataView 或者数据表 DataTable，如果使用 DataSet 或者 DataView 对象作为数据源的话，要指定具体的表。

【任务实施】

（1）新建一个 Windows 应用程序，在左侧工具箱中选择按钮控件，向窗口中添加一个 Button 控件和一个 DataGridView 控件，设置 Button 控件的 Text 属性为“查看所有学生信息”。界面如图 11–6 所示。

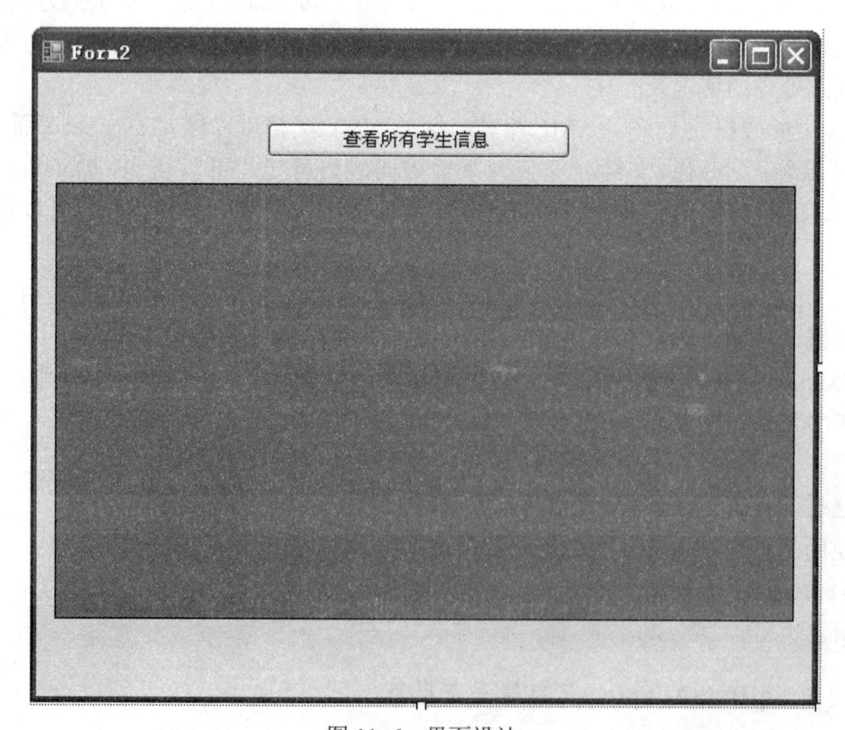

图 11–6　界面设计

（2）双击“查看所有学生信息”按钮，进入后台代码编辑区，首先引入命名空间 System.Data.SqlClient，然后在 button1 按钮的单击事件中编写如下代码：

```
    string conString="Data Source=(local);Initial Catalog=STUDY;integrated security=
true";
    SqlConnection con=new SqlConnection(conString);
    //定义数据适配器对象
    SqlDataAdapter sda=new SqlDataAdapter("select * from tb_student",con);
    //定义数据集对象
    DataSet ds=new DataSet();
    //填充数据集
    sda.Fill(ds,"tb_student");
    //设置数据源,绑定数据
    dataGridView1.DataSource=ds.Tables["tb_student"];
    con.Close();
```

（3）执行应用程序，当单击“查看所有学生信息”按钮时，会在 DataGridView 中显示所有的学生信息，如图 11–7 所示。

图 11–7　查看所有学生信息

【任务总结】

本任务通过一个实例介绍了如何对数据库中的数据进行简单的查询，主要采用 DataGridView 控件，将数据库中的数据绑定到该控件之上。通过本任务，需要掌握数据绑定的一般步骤：首先建立数据适配器对象 SqlDataAdapter 和数据集对象 DataSet，其次通过数据适配器对象填充数据集对象，然后将数据集对象绑定至控件即可。

任务三　通过简单数据绑定实现数据查询

【任务目标】

（1）理解数据绑定的含义并掌握简单数据绑定技术；

（2）理解 BindingSource 对象并掌握其常用属性。

【任务分析】

当我们在前台应用程序中查看数据库内表中的数据时，有时想以特定的格式来显示表中数据，其一是考虑到用户对界面美观的需要；二是可以更为详尽和直观地对表中数据进行浏览。本任务通过将数据绑定到文本框来显示学生的基本信息。由于文本框一次只能显示一条数据，所以在浏览数据时，还必须提供导航按钮，导航功能借助 BindingSource 对象来实现。

【知识准备】

一、BindingSource 控件

BindingSource 控件主要用来与数据源建立连接，然后将窗体中的控件与该控件建立绑定关系来实现数据绑定，这简化了数据绑定的过程。BindingSource 控件提供一个将窗体上的控件绑定到数据的间接层，这是通过将 BindingSource 控件绑定到数据源，然后将窗体上的控件绑定到 BindingSource 控件来完成的，与数据的所有进一步交互（包括导航、排序、筛选和更新）都是通过调用 BindingSource 控件来完成的。BindingSource 控件的常用属性见表 11–3。

表 11–3　BidingSource 控件的常用属性

属性	说　　明
Current	获取数据源的当前项
Position	获取或设置基础列表中的当前位置
List	获取 DataSource 计算列表和 DataMember 计算列表

二、简单数据绑定方法

语法格式：

```
单值控件对象.DataBindings.Add(控件属性名称,数据源,字段名)
```

说明：

（1）单值控件可以是 Label、TextBox、Button 等一次只能显示单个值的控件；

（2）控件的属性名称和值类型都必须有效。

【任务实施】

（1）新建一个 Windows 应用程序，在左侧工具箱中选择按钮控件，向窗口中添加 Button、

Label、TextBox、GroupBox 等控件。窗体界面如图 11–8 所示，各控件属性见表 11–4。

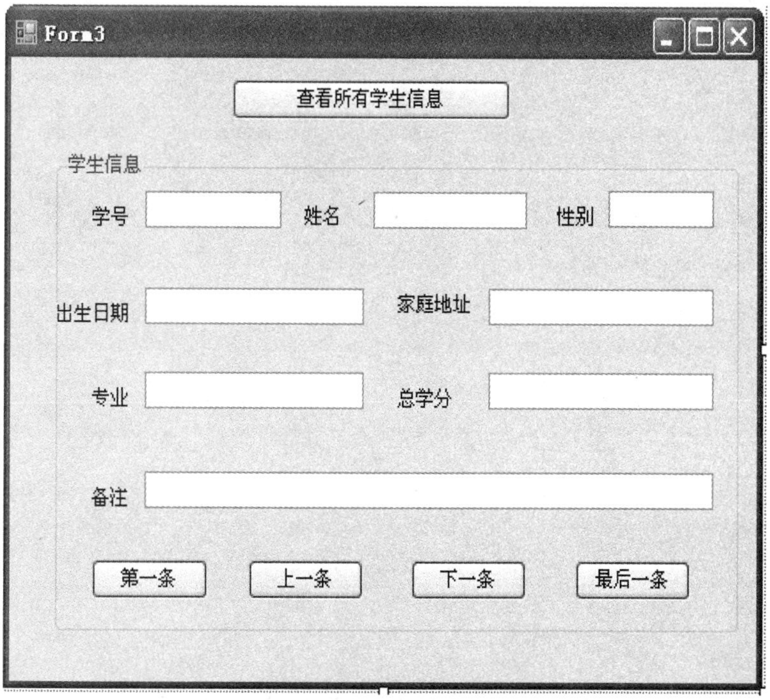

图 11–8　界面设计

表 11–4　主要控件相关属性设置

序号	控件	属性	属性值	说明
1	TextBox1	Name	txtSid	显示学号
2	TextBox2	Name	txtName	显示姓名
3	TextBox3	Name	txtSex	显示性别
4	TextBox4	Name	txtBirthday	显示出生日期
5	TextBox5	Name	txtAddress	显示家庭地址
6	TextBox6	Name	txtSpecialty	显示专业
7	TextBox7	Name	txtSumcredit	显示总学分
8	TextBox8	Name	txtNote	显示备注
9	Button1	Text	第一条	显示第一条记录
10	Button2	Text	上一条	显示上一条记录
11	Button3	Text	下 条	显示下一条记录
12	Button4	Text	最后一条	显示最后一条记录

（2）进入后台代码编辑区，首先引入命名空间 System.Data.SqlClient，定义一个全局

BindingSource 对象：“BindingSource bs=new BindingSource();”，然后在“查看所有学生信息”按钮单击事件中编写以下代码：

```
    string conString="Data Source=(local);Initial Catalog=STUDY;integrated security=
true";
    SqlConnection con=new SqlConnection(conString);
    SqlDataAdapter sda=new SqlDataAdapter("select * from tb_student",con);
    DataSet ds=new DataSet();
    sda.Fill(ds,"tb_student");
    //设置数据源
    bs.DataSource=ds.Tables["tb_student"];
    //绑定数据
    txtSid.DataBindings.Add("text",bs,"studentid");
    txtName.DataBindings.Add("text",bs,"name");
    txtSex.DataBindings.Add("text",bs,"sex");
    txtBirthday.DataBindings.Add("text",bs,"birthday");
    txtAddress.DataBindings.Add("text",bs,"address");
    txtSpecialty.DataBindings.Add("text",bs,"specialty");
    txtSumcredit.DataBindings.Add("text",bs,"sumcredit");
    txtNote.DataBindings.Add("text",bs,"note");
    con.Close();
```

在“第一条”按钮单击事件中编写如下代码：

```
    //设置当前记录为第一条
    bs.CurrencyManager.Position=0;
```

在“上一条”按钮单击事件中编写如下代码：

```
    //记录前移一条
    bs.CurrencyManager.Position-=1;
```

在“下一条“按钮单击事件中编写如下代码：

```
    //记录后移一条
    bs.CurrencyManager.Position+=1;
```

在“最后一条“按钮单击事件中编写如下代码：

```
    //设置当前记录为最后一条
    bs.CurrencyManager.Position=bs.CurrencyManager.Count-1;
```

（3）执行应用程序，当单击“查看所有学生信息”按钮时，会在相应的文本框中显示学生的信息，通过单击“第一条”“上一条”“下一条”和“最后一条”按钮可以进行记录的导航。

【任务总结】

本任务通过一个实例介绍了通过简单数据绑定查询数据库中的数据的方法，并借助

BindingSource 控件实现了数据的导航操作。在本任务中主要需要掌握如何进行简单数据绑定和理解 BindingSource 控件常用属性的含义。

任务四　条件查询与数据编辑

【任务目标】

（1）掌握根据条件查询数据库中的数据的方法以及数据的编辑操作；

（2）理解 SqlDataReader 对象和 SqlCommand 对象的含义并掌握其常用属性和使用方法。

【任务分析】

在数据库应用程序中，除了对数据库中的数据进行简单的查询外，通常还需要对数据进行复杂的条件查询以及对数据进行添加、修改和删除等操作。本任务主要是针对“学生成绩管理系统”中的学生基本信息数据进行条件查询和数据编辑操作。

【知识准备】

一、SqlDataReader 对象

SqlDataReader 对象是用来读取数据库的最简单的方式，它只能读取，不能写入，并且是从头至尾按顺序依次读取。查询结果在查询执行时返回，并存储在客户端的网络缓冲区中，通过使用 Read 方法发出请求。使用 SqlDataReader 可以提高应用程序的性能，因为一旦数据可用，SqlDataReader 方法就立即检索该数据，而不是等待返回查询的全部结果，并且在默认的情况下，该方法一次只在内存中存储一行，从而降低了系统开销。

通过 SqlDataReader 对象访问数据库，首先要创建 SqlDataRead 对象，必须调用 SqlCommand 对象的 ExecuteReader 方法，而不直接使用构造函数，因为 SqlDataReader 是一个抽象类，不能显式实例化。一般步骤如下：

（1）建立数据库连接；

（2）使用 Connection 对象的 Open 方法打开数据库连接；

（3）将查询保存在 SqlCommand 对象中；

（4）调用 SqlCommand 对象的 ExecuteReader 方法，将数据读入 SqlDataReader 对象中；

（5）调用 SqlDataReader 的 Read 方法读取数据；

（6）调用 SqlDataReader 和 Connection 对象的 Close 方法，关闭数据库连接。

二、SqlCommand 对象

SqlCommand 对象主要用来对数据库发出一些指令，如对数据库的查询、添加、修改和删除指令。SqlCommand 命令需要建立在 Connection 对象的基础之上，只有在连接数据库的基础之上才可以对数据库执行相关命令操作。SqlCommand 对象的常用属性和方法见表 11–5。

表 11–5　SqlCommand 对象的常用属性和方法

成员属性及方法	说　明
CommandText 属性	获取或设置要执行的 SQL 命令、存储过程或数据表名
CommandTimeout 属性	获取或设置 SqlCommand 对象的超时时间
CommandType 属性	获取或设置命令类别
Connection 属性	获取或设置 SqlCommand 对象所使用的数据连接
Parameters 属性	SQL 命令参数集合
Cancel()方法	取消 SqlCommand 对象的执行
CreateParameter()方法	创建 Parameter 对象
ExecuteNonQuery()方法	执行 SqlCommand 对象，用于数据库更新
ExecuteReader()方法	执行 SqlCommand 对象，返回 SqlDataReader 对象，用于数据库查询
ExecuteScalar()方法	执行 SqlCommand 对象，返回结果表的第 1 行第 1 列的值
ExecuteXmlReader()方法	执行 SqlCommand 对象，返回 XmlDataReader 对象

SqlCommand 对象的 CommandType 属性用于设置命令的类型，可以是 SQL 语句、表名或存储过程。对应的属性取值分别为 Text、TableDirect、StoreProcedure。如果该属性的值设置为 CommandType.TableDirect，则要求 CommandText 的值必须是表名而不能是 SQL 语句。

SqlCommand 对象公开了几个可用于执行所需操作的 Execute 方法：

（1）ExecuteNonQuery()：可以通过该命令来执行添加、修改和删除命令。该命令不返回任何行，只是返回执行该命令所影响到的表的行数。

（2）ExecuteScalar()：用来执行查询命令，但返回的是一个单值，多用于利用聚合函数进行查询。

（3）ExecuteReader()：用来执行查询命令，返回的是一个 DataReader 对象，通过 DataReader 对象可以读取数据库中的内容。

三、使用 SqlCommand 对象直接更新数据

当建立好与数据源的连接之后，可以使用 SqlCommand 对象来执行命令并从数据源中返回结果。

```
通过 SqlCommand 对象来直接更新数据的一般方法如下：
SqlConnection 数据库连接对象=new SqlConnection("数据库连接字符串");
SqlCommand cmd=new SqlCommand("SQL 语句",数据库连接对象);
cmd.Parameters.Add("参数名称",参数类型)
cmd.Parameters("参数名称").Value=参数值
int result=cmd.ExecuteNonQuery()
```

> **说明：**
>
> （1）这里的 SQL 语句主要包括用来对表中数据进行更新的 insert、update 和 delete 语句。
>
> （2）参数名称要以“@”符号开头，参数类型要与对应表中字段的数据类型一致。
>
> （3）通过 ExecuteNonQuery 来执行 SQL 语句，返回值是一个整数，若该整数值大于 0，则表示执行成功，否则执行失败。

【任务实施】

（1）新建一个 Windows 应用程序，在左侧工具箱中选择按钮控件，向窗口中添加 Button、Label、TextBox、GroupBox 等控件。窗体界面如图 11–9 所示，各控件属性见表 11–6。

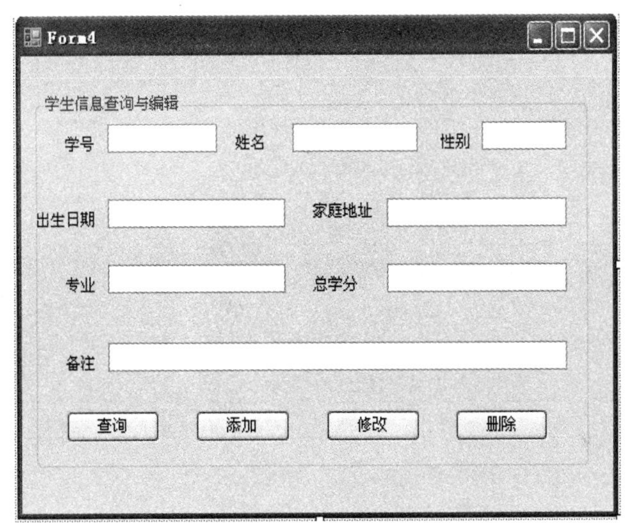

图 11–9　窗体界面

表 11–6　主要控件相关属性设置

序号	控件	属性	属性值	说明
1	TextBox1	Name	txtSid	显示学号
2	TextBox2	Name	txtName	显示姓名
3	TextBox3	Name	txtSex	显示性别
4	TextBox4	Name	txtBirthday	显示出生日期
5	TextBox5	Name	txtAddress	显示家庭地址
6	TextBox6	Name	txtSpecialty	显示专业
7	TextBox7	Name	txtSumcredit	显示总学分
8	TextBox8	Name	txtNote	显示备注
9	Button1	Text	查询	根据学号查询学生信息
10	Button2	Text	添加	添加学生信息
11	Button3	Text	修改	修改学生信息
12	Button4	Text	删除	删除学生信息

（2）进入后台代码编辑区，首先引入命名空间 System.Data.SqlClient，定义一个全局 SqlConnection 对象：“SqlConnection con=new SqlConnection();”，然后在窗体 Load 事件中编写如下代码：

```
    string conString="Data Source=(local);Initial Catalog=STUDY;integrated security=
true";
    con.ConnectionString=conString;
```

在“查询”按钮的 Click 事件中编写如下代码：

```
    con.Open();
    string sid=txtSid.Text;
    //定义 SqlCommand 对象
    SqlCommand cmd=new SqlCommand("select * from tb_student where studentid=
'"+sid+"'",con);
    //执行读取命令,将结果存储在 SqlDataReader 对象中
    SqlDataReader sdr=cmd.ExecuteReader();
    //读取数据
    if(sdr.Read())
    {
        txtName.Text=sdr["name"].ToString();
        txtSex.Text=sdr["sex"].ToString();
        txtBirthday.Text=sdr["birthday"].ToString();
        txtAddress.Text=sdr["address"].ToString();
        txtSpecialty.Text=sdr["specialty"].ToString();
        txtSumcredit.Text=sdr["sumcredit"].ToString();
        txtNote.Text=sdr["note"].ToString();
    }
    else
    {
        MessageBox.Show("该学生不存在!");
    }
    sdr.Close();
    con.Close();
```

在“添加”按钮的 Click 事件中编写如下代码：

```
    con.Open();
    SqlCommand cmd=new SqlCommand("insert into tb_student values (@studentid,
@name,@sex,@birthday,@address,@specialty,@sumcredit,@note)",con);
    //添加参数
    cmd.Parameters.Add("@studentid",SqlDbType.Char);
    cmd.Parameters.Add("@name",SqlDbType.Char);
    cmd.Parameters.Add("@sex",SqlDbType.Char);
```

```
    cmd.Parameters.Add("@birthday",SqlDbType.DateTime);
    cmd.Parameters.Add("@address",SqlDbType.Char);
    cmd.Parameters.Add("@specialty",SqlDbType.Char);
    cmd.Parameters.Add("@sumcredit",SqlDbType.Int);
  cmd.Parameters.Add("@note",SqlDbType.Char);
  //设置参数的值
    cmd.Parameters["@studentid"].Value=txtSid.Text;
    cmd.Parameters["@name"].Value=txtName.Text;
    cmd.Parameters["@sex"].Value=txtSex.Text;
    cmd.Parameters["@birthday"].Value=Convert.ToDateTime(txtBirthday.Text);
    cmd.Parameters["@address"].Value=txtAddress.Text;
    cmd.Parameters["@specialty"].Value=txtSpecialty.Text;
    cmd.Parameters["@sumcredit"].Value=Convert.ToInt32(txtSumcredit.Text);
    cmd.Parameters["@note"].Value=txtNote.Text;
    try
    {
        if(cmd.ExecuteNonQuery()>0)
        {
            MessageBox.Show("添加成功!");
        }
    }
    catch(Exception ex)
    {
        MessageBox.Show("添加失败!"+ex.Message);
    }
    con.Close();
```

在“修改”按钮的 Click 事件中编写如下代码：

```
    con.Open();
    SqlCommand cmd=new SqlCommand("update tb_student set name=@name,sex=@sex,
birthday=@birthday,address=@address,specialty=@specialty,sumcredit=@sumcredit,
note=@note where studentid=@studentid",con);
    cmd.Parameters.Add("@studentid",SqlDbType.Char);
    cmd.Parameters.Add("@name",SqlDbType.Char);
    cmd.Parameters.Add("@sex",SqlDbType.Char);
    cmd.Parameters.Add("@birthday",SqlDbType.DateTime);
    cmd.Parameters.Add("@address",SqlDbType.Char);
    cmd.Parameters.Add("@specialty",SqlDbType.Char);
    cmd.Parameters.Add("@sumcredit",SqlDbType.Int);
    cmd.Parameters.Add("@note",SqlDbType.Char);
```

```
    cmd.Parameters["@studentid"].Value=txtSid.Text;
    cmd.Parameters["@name"].Value=txtName.Text;
    cmd.Parameters["@sex"].Value=txtSex.Text;
    cmd.Parameters["@birthday"].Value=Convert.ToDateTime(txtBirthday.Text);
    cmd.Parameters["@address"].Value=txtAddress.Text;
    cmd.Parameters["@specialty"].Value=txtSpecialty.Text;
    cmd.Parameters["@sumcredit"].Value=Convert.ToInt32(txtSumcredit.Text);
    cmd.Parameters["@note"].Value=txtNote.Text;
    try
    {
        if(cmd.ExecuteNonQuery()>0)
        {
            MessageBox.Show("修改成功!");
        }
    }
    catch(Exception ex)
    {
        MessageBox.Show("修改失败!"+ex.Message);
    }
    con.Close();
```

在“删除”按钮的 Click 事件中编写如下代码：

```
    con.Open();
    SqlCommand cmd=new SqlCommand("delete from tb_student where studentid=
@studentid",con);
    cmd.Parameters.Add("@studentid",SqlDbType.Char);
    cmd.Parameters["@studentid"].Value=txtSid.Text;
    if(MessageBox.Show("确认删除吗?","删除对话框",MessageBoxButtons.YesNo)==
DialogResult.Yes)
    {
        try
        {
            if(cmd.ExecuteNonQuery()>0)
            {
                MessageBox.Show("删除成功!");
            }
        }
        catch(Exception ex)
        {
            MessageBox.Show("删除失败!"+ex.Message);
```

```
        }
    }
    con.Close();
```

（3）执行应用程序，分别通过“查询”“添加”“修改”和“删除”按钮完成对学生信息的条件查询和数据编辑操作。

【任务总结】

本任务通过一个实例，完成了对学生的基本信息进行条件查询和添加、修改、删除等操作。本任务主要是要求掌握 SqlDataReader 对象和 SqlCommand 对象的使用。

项目总结

本项目通过几个应用程序实例，示范了如何在 VS 中对数据库进行操作，包括数据库的连接与断开，数据的查询、添加、修改和删除等操作。这些是最基本的，也是最重要的数据库操作，需要重点掌握，为后面的数据库应用程序系统开发奠定基础。

项目二十三 “学生成绩管理系统”的开发

项目需求

利用数据库应用程序的开发工具 VS 创建一个数据库应用程序，将应用程序与数据库接口、数据库管理系统和数据库有机地结合起来，开发一个简单的“学生成绩管理系统”。

完成项目的条件

（1）安装好 SQL Server 2008 数据库管理系统，使其处于运行状态，且数据库 STUDY 中的几个表已齐备；

（2）安装好数据库应用程序的开发工具 VS。

方案设计

开发数据库应用系统，首先要对该数据库应用系统进行功能需求分析，其次要进行数据库分析设计，然后对系统进行设计，包括功能详细设计与界面设计等，最后完成编码以及测试等。

相关知识和技能

一、功能需求分析

一个完整的“学生成绩管理系统”主要包括 3 个模块：学生基本信息管理、课程管理和成绩管理。本项目主要针对学生成绩进行管理，包括成绩查询、成绩录入、成绩修改和成绩删除。

本系统的主要功能如下：

（1）成绩查询：查询所有成绩、根据学号查询成绩、根据课程查询成绩，同时能够进行简单的统计汇总。

（2）成绩录入：单个学生成绩录入、批量学生成绩录入。

（3）成绩修改：根据学号和课程修改学生成绩。

（4）成绩删除：根据学号和课程删除学生成绩。

二、数据库设计

“学生成绩管理系统”主要需要 3 张表：学生表 tb_student、课程表 tb_course 和成绩表 tb_score。前面章节已经对此作过详细叙述，在此略过。

三、功能模块设计

本系统的功能模块设计如图 11–10 所示。

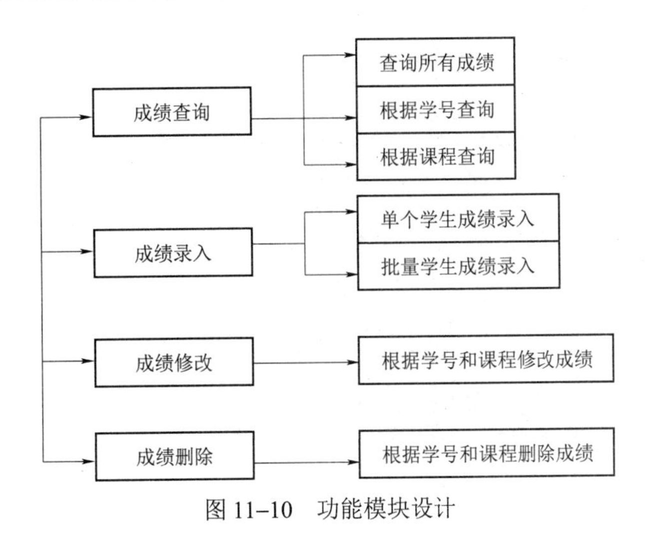

图 11–10　功能模块设计

四、全局模块设计

在“学生成绩管理系统”中经常需要进行数据库访问，可以将经常使用的访问数据库的代码放在一个单独的模块当中。这样不但可以降低代码的冗余度，而且可以提高系统模块的独立性。

在项目中添加一个公共类 Common.cs，在其中编写访问数据库操作的公共代码，代码如下：

```
using System;
using System.Collections.Generic;
using System.Text;
using System.Data;
using System.Data.SqlClient;

namespace 学生成绩管理系统
{
    public class Common
    {
        static string conString="Data Source=(local);Initial Catalog=STUDY;
integrated security=true";
        static SqlConnection con;
        //返回数据库连接
        public static SqlConnection getConnection()
        {
            con=new SqlConnection(conString);
            return con;
        }
        //根据查询字符串,返回数据集
```

```
        public static DataSet getDataSet(string selectString,string tableName)
    {
        SqlDataAdapter sda=new SqlDataAdapter(selectString,getConnection());
        DataSet ds=new DataSet();
        sda.Fill(ds,tableName);
        con.Close();
        return ds;
    }
    //根据查询字符串,返回汇总统计结果
    public static float cal(string selectString)
    {
        SqlCommand cmd=new SqlCommand(selectString,getConnection());
        con.Open();
        float result=Convert.ToSingle(cmd.ExecuteScalar());
        con.Close();
        return result;
    }
    //根据课程名称返回课程编号
    public static string getCourseidByCourseName(string courseName)
    {
        SqlCommand cmd=new SqlCommand("select courseid from tb_course where
coursename='"+courseName+"'",
        getConnection());
        con.Open();
        string courseid=Convert.ToString(cmd.ExecuteScalar
                    ());
        return courseid;
    }
    //根据学号判断学生是否存在
    public static bool checkStudent(string studentid)
    {
        SqlCommand cmd=new SqlCommand("select * from tb_student where
studentid='"+studentid+"'",getConnection());
        con.Open();
        SqlDataReader sdr=cmd.ExecuteReader();
        bool exists=sdr.Read();
        return exists;
    }
    //根据学号和课程号判断课程成绩是否存在
```

```
        public static bool checkScore(string studentid,string courseid)
        {
            SqlCommand cmd=new SqlCommand("select * from tb_score where
studentid='"+studentid+"' and courseid='"+courseid+"'",getConnection());
            con.Open();
            SqlDataReader sdr=cmd.ExecuteReader();
            bool exists=sdr.Read();
            return exists;
        }
        //添加学生成绩
        public static int insertScore(string insertString,string studentid,
string courseid,int score)
        {
            SqlCommand cmd=new SqlCommand(insertString,getConnection());
            con.Open();
            cmd.Parameters.Add("@studentid",SqlDbType.Char);
            cmd.Parameters.Add("@courseid",SqlDbType.Char);
            cmd.Parameters.Add("@score",SqlDbType.Int);
            cmd.Parameters["@studentid"].Value=studentid;
            cmd.Parameters["@courseid"].Value=courseid;
            cmd.Parameters["@score"].Value=score;
            int result=cmd.ExecuteNonQuery();
            con.Close();
            return result;
        }
        //修改学生成绩
        public static int updateScore(string updateString,string studentid,
string courseid,int score)
        {
            SqlCommand cmd=new SqlCommand(updateString,getConnection());
            con.Open();
            cmd.Parameters.Add("@studentid",SqlDbType.Char);
            cmd.Parameters.Add("@courseid",SqlDbType.Char);
            cmd.Parameters.Add("@score",SqlDbType.Int);
            cmd.Parameters["@studentid"].Value=studentid;
            cmd.Parameters["@courseid"].Value=courseid;
            cmd.Parameters["@score"].Value=score;
            int result=cmd.ExecuteNonQuery();
            con.Close();
```

```
            return result;
        }
        //删除学生成绩
        public static int deleteScore(string deleteString)
        {
            SqlCommand cmd=new SqlCommand(deleteString,
            getConnection());
            con.Open();
            int result=cmd.ExecuteNonQuery();
            con.Close();
            return result;
        }
    }
}
```

【项目实施】

一、创建主窗体

1. 窗体界面设计

在窗体中添加 4 个按钮，并设置窗体及控件相关属性，界面如图 11–11 所示。

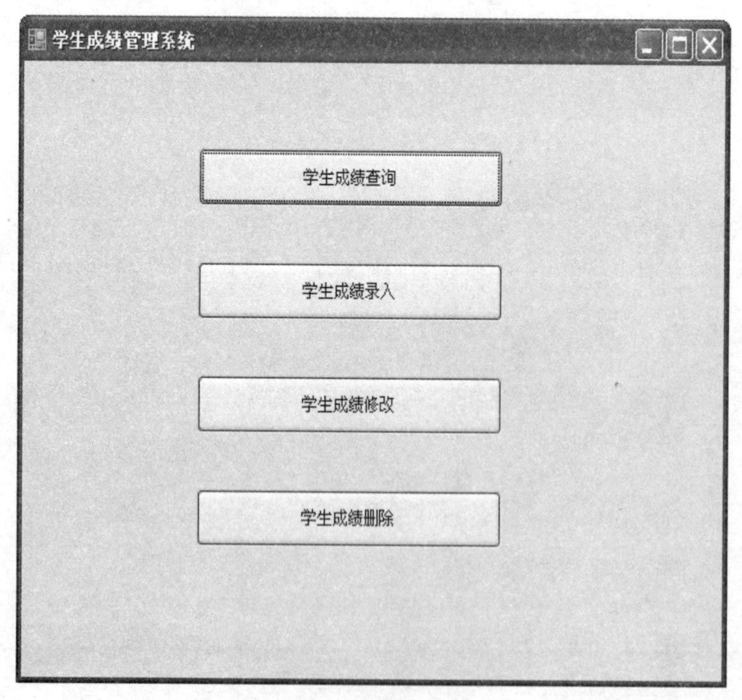

图 11–11　主界面

主窗体及加入到其中的控件的主要属性见表 11–7。

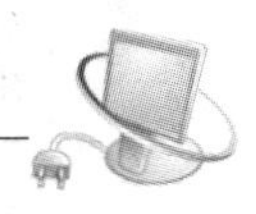

表 11–7　主窗体及其控件属性设置

序号	控件	属性	属性值	说　明
1	Form1	Name	Main	主窗体
		Text	学生成绩管理系统	
2	button1	Text	学生成绩查询	打开“学生成绩查询”窗体
3	button2	Text	学生成绩录入	打开“学生成绩录入”窗体
4	button3	Text	学生成绩修改	打开“学生成绩修改”窗体
5	button4	Text	学生成绩删除	打开“学生成绩删除”窗体

2. 窗体实现功能

单击该窗体中的按钮，将出现相应的窗口，执行相应的功能。

3. 编写窗体代码

```
//打开"学生成绩查询"窗体
private void button1_Click(object sender,EventArgs e)
{
      Query query=new Query();
      query.Show();
}
//打开"学生成绩录入"窗体
private void button2_Click(object sender,EventArgs e)
{

      Add add=new Add();
      add.Show();
}
//打开"学生成绩修改"窗体
private void button3_Click(object sender,EventArgs e)
{
      Update update=new Update();
      update.Show();
}
//打开"学生成绩删除"窗体
private void button4_Click(object sender,EventArgs e)
{
      Delete delete=new Delete();
      delete.Show();
}
```

二、“学生成绩查询”窗体 Query.cs

1. 窗体界面设计

在窗体中添加 3 个按钮，并设置窗体及控件相关属性，界面如图 11–12 所示。

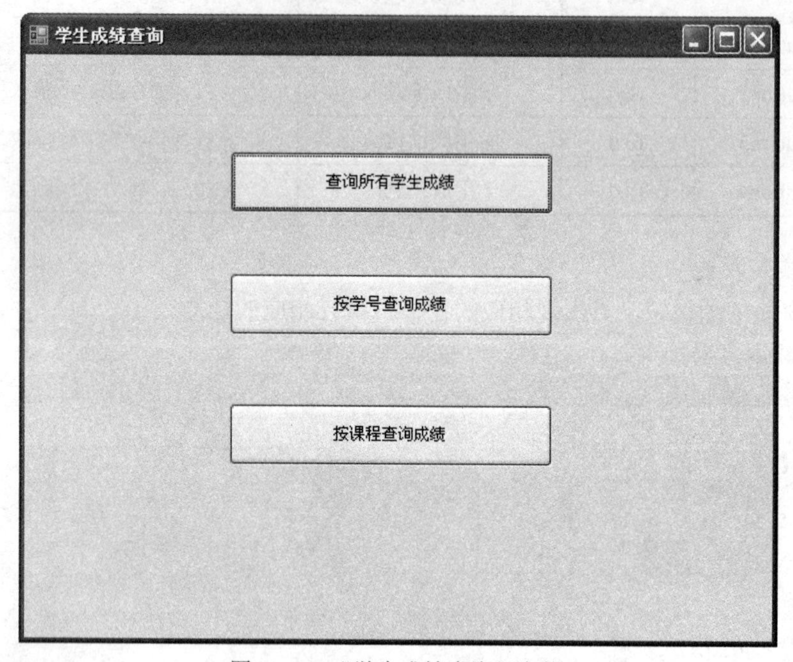

图 11–12 “学生成绩查询”窗体

“学生成绩查询”窗体及加入到其中的控件的主要属性见表 11–8。

表 11–8 “学生成绩查询”窗体及其控件属性设置

序号	控件	属性	属性值	说　明
1	Query (Form)	Name	Query	学生成绩查询窗体
		Text	学生成绩查询	
2	button1	Text	查询所有学生成绩	打开“查询所有学生成绩”窗体
3	button2	Text	按学号查询成绩	打开“按学号查询成绩”窗体
4	button3	Text	按课程查询成绩	打开“按课程查询成绩”窗体

2. 窗体实现功能

单击该窗体中的按钮，将出现相应的窗口，执行相应的功能。

3. 编写窗体代码

```
//打开"查询所有学生成绩"窗体
private void button1_Click(object sender,EventArgs e)
{
    QueryAll qa=new QueryAll();
```

```
        qa.Show();
    }
    //打开"按学号查询学生成绩"窗体
    private void button2_Click(object sender,EventArgs e)
    {
        QueryBySid qbs=new QueryBySid();
        qbs.Show();
    }
    //打开"按课程查询学生成绩"窗体
    private void button3_Click(object sender,EventArgs e)
    {
        QueryByCourse qbc=new QueryByCourse();
        qbc.Show();
    }
```

三、“查询所有学生成绩”窗体 QueryAll.cs

1. 窗体界面设计

在窗体中添加 1 个按钮和 1 个 DataGridView 控件，并设置窗体及控件相关属性，如图 11–13 所示。

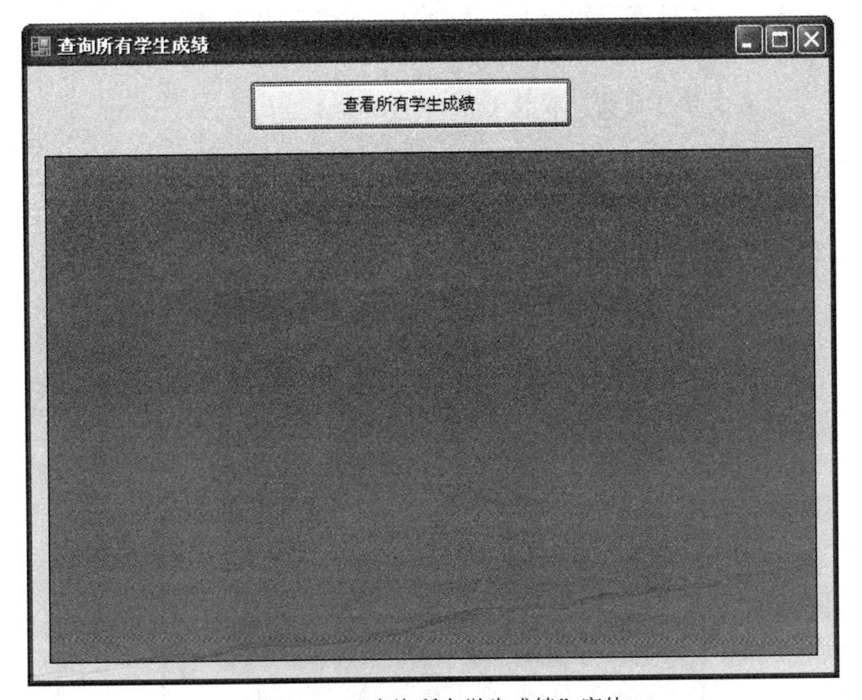

图 11–13 “查询所有学生成绩”窗体

“查询所有学生成绩”窗体及加入到其中的控件的主要属性见表 11–9。

表 11–9 “查询所有学生成绩”窗体及其控件属性设置

序号	控件	属性	属性值	说 明
1	QueryAll (Form)	Name	QueryAll	“查询所有学生成绩”窗体
		Text	查询所有学生成绩	
2	button1	Text	查看所有学生成绩	执行“查询所有学生成绩”命令
3	dataGridView1	Name	dataGridView1	显示所有学生成绩信息

2. 窗体实现功能

当单击“查看所有学生成绩”按钮时，在 dataGridView1 控件中以表格的形式显示所有学生成绩。

3. 编写窗体代码

```
private void button1_Click(object sender,EventArgs e)
{
  //查询字符串
  string selectString="select tb_student.studentid as '学号',name as '姓名',
coursename as '课程名称',score as '成绩' from tb_student,tb_course,tb_score where
tb_student.studentid=tb_score.studentid and tb_course.courseid=tb_score.courseid";
  //调用公共类 Common 中的方法,得到数据集
  DataSet ds=Common.getDataSet(selectString,"ds_score");
  //设置 dataGridView1 控件的数据源
  dataGridView1.DataSource=ds.Tables["ds_score"];
}
```

四、“按学号查询学生成绩”窗体 QueryBySid.cs

1. 窗体界面设计

在窗体中添加 3 个 Label 控件、1 个 TextBox 控件、1 个 Button 控件和 1 个 DataGridView 控件，并设置窗体及相关控件属性，如图 11–14 所示。

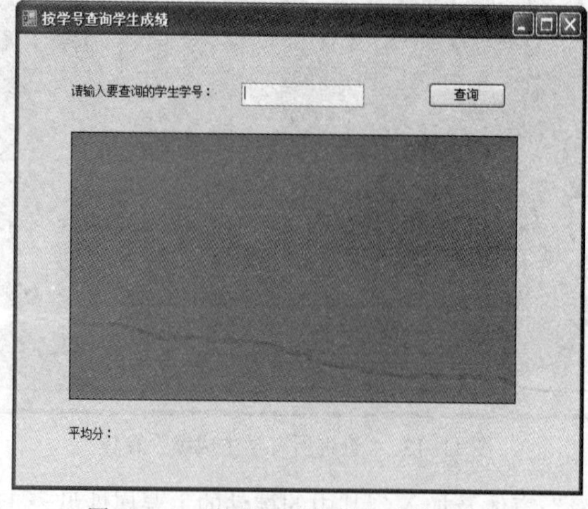

图 11–14 “按学号查询学生成绩”窗体

“按学号查询学生成绩”窗体及加入到其中的控件的主要属性见表 11–10。

表 11–10　“按学号查询学生成绩”窗体及其控件属性设置

序号	控件	属性	属性值	说明
1	QueryBySid (Form)	Name	QueryBySid	“按学号查询学生成绩”窗体
		Text	按学号查询学生成绩	
2	button1	Text	查询	执行“按学号查询学生成绩”命令
3	dataGridView1	Name	dataGridView1	按学号显示学生成绩信息
4	textBox1	Name	txtSid	用于输入学生学号
5	label1	Text	请输入要查询的学生学号	—
6	label2	Text	平均分	—
7	label3	Name	lblAvg	显示平均分
		Text	—	

2. 窗体实现功能

在文本框中输入要查询的学生学号，单击“查询”按钮，在 DataGridView 中显示该学生的所有成绩，并在 lblAvg 中显示该学生的平均成绩。

3. 编写窗体代码

```
private void button1_Click(object sender,EventArgs e)
{
  string studentid=txtSid.Text;
  string selectString="select tb_student.studentid as '学号'
  ,name as '姓名',coursename as '课程名称',score as '成绩' from
  tb_student,tb_course,tb_score where tb_student.studentid=
  tb_score.studentid and tb_course.courseid=tb_score.courseid and tb_student.studentid=
'"+studentid+"'";
  DataSet ds=Common.getDataSet(selectString,"ds_score");
  dataGridView1.DataSource=ds.Tables["ds_score"];

  //计算平均成绩
  selectString="select avg(score)from tb_student,tb_course
  ,tb_score where tb_student.studentid=tb_score.studentid and
  tb_course.courseid=tb_score.courseid and tb_student.studentid
  ='"+studentid+"'";
  float avg=Common.cal(selectString);
  lblAvg.Text=avg.ToString();
}
```

五、“按课程查询成绩”窗体

1. 窗体界面设计

在窗体中添加 7 个 Label 控件、1 个下拉列表 ComboBox 控件、1 个按钮控件和 1 个 DataGridView 控件，并设置窗体及相关控件属性，如图 11–15 所示。

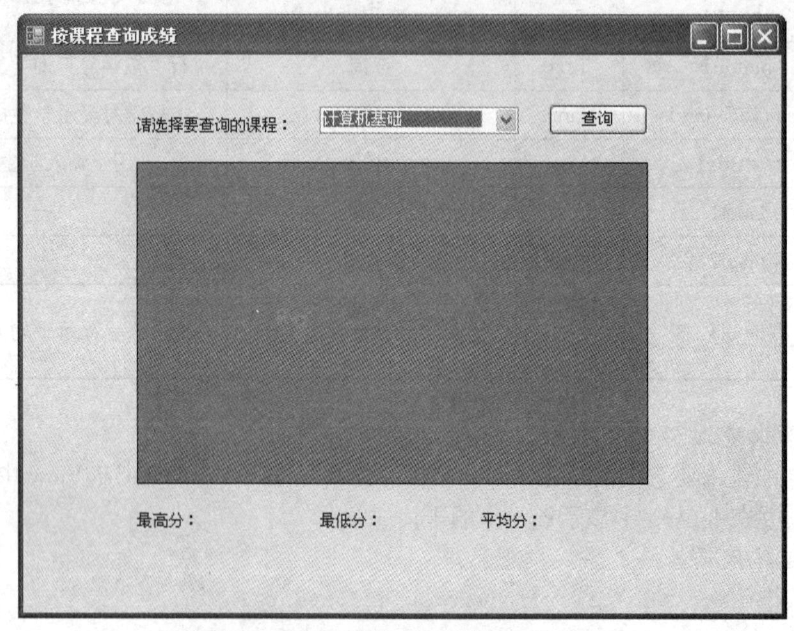

图 11–15 “按课程查询成绩”窗体

“按课程查询成绩”窗体及加入到其中的控件的主要属性见表 11–11。

表 11–11 “按课程查询成绩”窗体及其控件属性设置

序号	控件	属性	属性值	说 明
1	QueryByCourse (Form)	Name	QueryByCourse	“按课程查询学生成绩”窗体
		Text	按学号查询学生成绩	
2	button1	Name	button1	执行“按课程查询学生成绩”命令
		Text	查询	
3	dataGridView1	Name	dataGridView1	按课程显示学生成绩信息
4	comboBox1	Name	ComboBox1	下拉列表，用于选择课程名称
5	label1	Text	选择要查询的课程	—
6	label2	Text	最高分	—
7	label3	Name	lblMax	显示最高分
		Text	—	
8	label4	Text	最低分	—

续表

序号	控件	属性	属性值	说　明
9	label5	Name	lblMin	显示最低分
		Text	—	
10	label6	Text	最高分	—
11	label7	Name	lblAvg	显示平均分
		Text	—	

2. 窗体实现功能

在下拉列表中选择要查询的课程名称，点击“查询”按钮，在 DataGridView 中显示该课程的所有学生成绩，并分别在 lblMax、lblMin 和 lblAvg 标签控件中显示该课程的最高分、最低分和平均分。

3. 编写窗体代码

```
private void QueryByCourse_Load(object sender,EventArgs e)
{
    string selectString="select * from tb_course";
    DataSet ds=Common.getDataSet(selectString,"ds_coursename");
    //设置显示的字段名称
    comboBox1.DisplayMember="coursename";
    comboBox1.DataSource=ds.Tables["ds_coursename"];
}
private void button1_Click(object sender,EventArgs e)
{
    string coursename=comboBox1.Text;
    string selectString="select tb_student.studentid as '学号',name as '姓名',
score as '成绩' from tb_student,tb_course,
    tb_score where tb_student.studentid=tb_score.studentid and
    tb_course.courseid=tb_score.courseid and tb_course.coursename
    ='"+coursename+"'";
    DataSet ds=Common.getDataSet(selectString,"ds_score");
    dataGridView1.DataSource=ds.Tables["ds_score"];
    selectString="select max(score)from tb_course,tb_score where tb_course.courseid=
tb_score.courseid and tb_course.coursename='"+coursename+"'";
    float max=Common.cal(selectString);
    selectString="select min(score)from tb_course,tb_score where tb_course.courseid=
tb_score.courseid and tb_course.coursename='"+coursename+"'";
    float min=Common.cal(selectString);
    selectString="select avg(score)from tb_course,tb_score where tb_course.courseid=
```

```
tb_score.courseid and tb_course.coursename='"+coursename+"'";
    float avg=Common.cal(selectString);
    lblMax.Text=max.ToString();
    lblMin.Text=min.ToString();
    lblAvg.Text=avg.ToString();
}
```

六、“学生成绩录入”窗体 Add.cs

1. 窗体界面设计

在窗体中添加 2 个按钮，并设置窗体及相关控件属性，如图 11–16 所示。

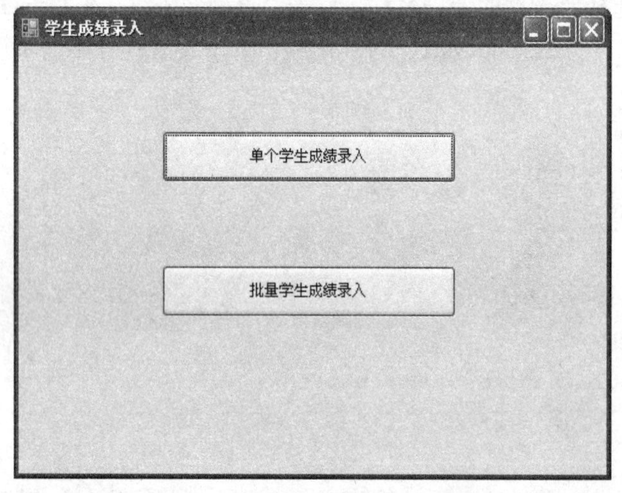

图 11–16 “学生成绩录入”窗体

“学生成绩录入”窗体及加入到其中的控件的主要属性见表 11–12。

表 11–12 “学生成绩录入”窗体及其控件属性设置

序号	控件	属性	属性值	说　明
1	Add (Form)	Name	Add	“学生成绩录入”窗体
		Text	学生成绩录入	
2	button1	Text	单个学生成绩录入	打开“单个学生成绩录入”窗体
3	button2	Text	批量学生成绩录入	打开“批量学生成绩录入”窗体

2. 窗体实现功能

单击该窗体中的按钮，将出现相应的窗口，执行相应的功能。

3. 编写窗体代码

```
//打开"单个学生成绩录入"窗体
private void button1_Click(object sender,EventArgs e)
{
```

```
        AddByStudent abs=new AddByStudent();
        abs.Show();
    }
    //打开"批量学生成绩录入"窗体
    private void button2_Click(object sender,EventArgs e)
    {
        AddByCourse abc=new AddByCourse();
        abc.Show();
    }
```

七、“单个学生成绩录入”窗体 AddByStudent.cs

1. 窗体界面设计

在窗体中添加 3 个 Label 控件、2 个 TextBox 控件、1 个 comboBox 控件和 1 个 Button 控件，并设置窗体及相关控件属性，如图 11–17 所示。

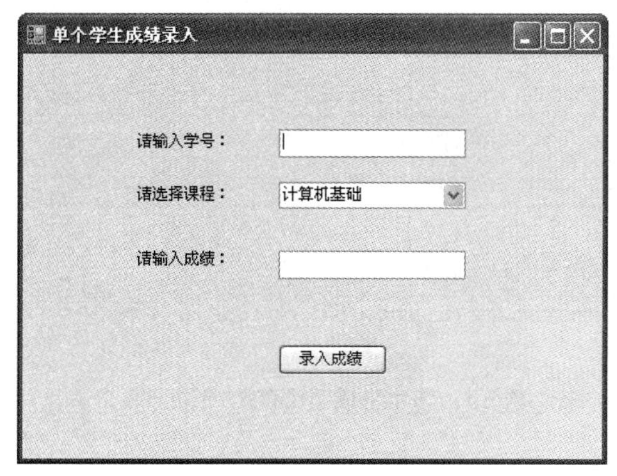

图 11–17 “单个学生成绩录入”窗体

“单个学生成绩录入”窗体及加入到其中的控件的主要属性见表 11–13。

表 11–13 “单个学生成绩录入”窗体及其控件属性设置

序号	控件	属性	属性值	说　明
1	AddByStudent (Form)	Name	AddByStudent	“单个学生成绩录入”窗体
		Text	单个学生成绩录入	
2	Label1	Text	请输入学号	—
3	Label2	Text	请选择课程	—
4	Label3	Text	请输入成绩	—
5	TextBox1	Name	txtSid	用于输入学号
6	TextBox2	Name	txtScore	用于输入成绩
7	comboBox	Name	cmbCourse	用于选择课程

2. 窗体实现功能

在下拉列表中选择要录入的课程名称，然后分别在文本框中输入学号和成绩，单击“录入成绩”按钮，判断该学生是否存在以及该学生的课程成绩是否已存在，若该学生存在并且该学生课程成绩不存在，则成功完成成绩录入，否则显示相应错误信息。

3. 编写窗体代码

```
private void AddBySingler_Load(object sender,EventArgs e)
{
    string selectString="select * from tb_course";
    DataSet ds=Common.getDataSet(selectString,"ds_coursename");
    cmbCourse.DisplayMember="coursename";
    cmbCourse.DataSource=ds.Tables["ds_coursename"];
}
private void button1_Click(object sender,EventArgs e)
{
    string studentid=txtSid.Text;
    string coursename=cmbCourse.Text;
    string courseid=Common.getCourseidByCourseName(coursename);
    int score=Convert.ToInt32(txtScore.Text);
    if(Common.checkStudent(studentid))//判断该学生是否存在
    {
        //判断该学生成绩是否已存在
        if(Common.checkScore(studentid,courseid))
        {
            MessageBox.Show("该学生成绩已存在!不可重复插入!");
        }
        else
        {
            string insertString="insert into tb_score values(@studentid,
            @courseid,@score)";
            try
            {
                int result=Common.insertScore(insertString,studentid,courseid,
                score);
                if(result>0)
                {
                    MessageBox.Show("添加成功!");
                }
            }
            catch(Exception ex)
            {
```

```
                    MessageBox.Show("添加失败!"+ex.Message);
                }
            }
        }
        else
        {
            MessageBox.Show("该学生不存在,请输入正确的学号!");
        }
}
```

八、“批量学生成绩录入”窗体 AddByCourse.cs

1. 窗体界面设计

在窗体中添加 1 个 Label 控件、1 个 ComboBox 控件、1 个 DataGridView 控件和 1 个 Button 控件，并设置窗体及相关控件属性，如图 11–18 所示。

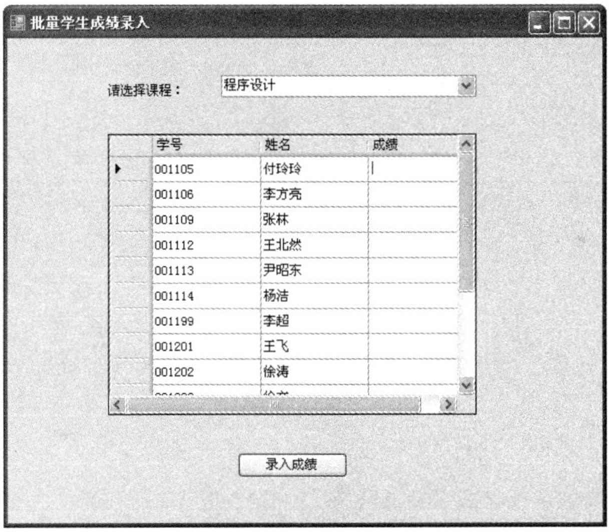

图 11–18 “批量学生成绩录入”窗体

“批量学生成绩录入”窗体及加入到其中的控件的主要属性见表 11–14。

表 11–14 “批量学生成绩录入”窗体及其控件属性设置

序号	控件	属性	属性值	说　明
1	AddByCourse (Form)	Name	AddByCourse	“批量学生成绩录入”窗体
		Text	批量学生成绩录入	
2	Label1	Text	请选择课程	—
3	ComboBox1	Name	cmbCourse	用于选择课程
4	DataGirdView1	Name	DataGridView1	按课程进行批量成绩录入
5	Button1	Text	录入成绩	执行“批量成绩录入”命令

2. 窗体实现功能

在下拉列表中选择要录入的课程名称，会在 DataGridView 中显示尚未录入该课程成绩的所有学生，在 DataGridView 中添加一列用于输入学生成绩，然后单击“录入成绩”按钮，完成学生成绩录入。

3. 编写窗体代码

```
private void AddByCourse_Load(object sender,EventArgs e)
{
    string selectString="select * from tb_course";
    DataSet ds=Common.getDataSet(selectString,"ds_coursename");
    cmbCourse.DisplayMember="coursename";
    cmbCourse.DataSource=ds.Tables["ds_coursename"];
}
private void button1_Click(object sender,EventArgs e)
{
    string coursename=cmbCourse.Text;
    string courseid=Common.getCourseidByCourseName(coursename);
    int count=0,result=0;
    try
    {
        //循环 DataGridView 中的每一行
        foreach(DataGridViewRow dgr in dataGridView1.Rows)
        {
            //根据列号取得每一行中相应的值
            string studentid=dgr.Cells[0].Value.ToString();
            string name=dgr.Cells[1].Value.ToString();
            int score=Convert.ToInt32(dgr.Cells[2].Value);


            string insertString="insert into tb_score values
            (@studentid,@courseid,@score)";
            count++;
            result+=Common.insertScore(insertString,studentid,courseid,
            score);
        }
        if(count==result)
        {
            MessageBox.Show("成绩添加成功!");
        }
    }
    catch(Exception ex)
```

```
        {
            MessageBox.Show("成绩添加失败!"+ex.Message);
        }
}
private void comboBox1_SelectedIndexChanged(object sender,EventArgs e)
{
    dataGridView1.Columns.Clear();//清空 DataGridView 中的所有列

    string coursename=cmbCourse.Text;
    string courseid=Common.getCourseidByCourseName(coursename);
    string selectString="select  studentid as '学号',name as '姓名' from
    tb_student where studentid not in(select studentid from tb_score where
    courseid='"+courseid+"')";
    DataSet ds=Common.getDataSet(selectString,"ds_student");
    dataGridView1.DataSource=ds.Tables["ds_student"];
    //在 DataGridView 中添加一列,用于输入成绩
    DataGridViewTextBoxColumn tc=new DataGridViewTextBoxColumn
    ();
    tc.HeaderText="成绩";
    dataGridView1.Columns.Add(tc);
}
```

九、“学生成绩修改”窗体 Update.cs

1. 窗体界面设计

在窗体中添加 3 个 Label 控件、2 个 TextBox 控件、1 个 ComboBox 控件和 1 个 Button 控件，并设置窗体及相关控件属性，如图 11–19 所示。

学生成绩修改

请输入要修改学生的学号：

请选择要修改的课程：　请选择课程

成绩：　0

修改

图 11–19　“学生成绩修改”窗体

“学生成绩修改”窗体及加入到其中的控件的主要属性见表 11–15。

表 11–15 “学生成绩修改”窗体及其控件属性设置

序号	控件	属性	属性值	说　明
1	Update (Form)	Name	Update	学生成绩修改窗体
		Text	学生成绩修改	
2	Label1	Text	请输入要修改的学生的学号	—
3	Label2	Text	请选择要修改的课程	—
4	Label3	Text	成绩	—
5	ComboBox1	Name	cmbCourse	用于选择课程
6	TextBox1	Name	txtSid	用于输入学号
7	TextBox2	Name	txtScore	用于输入成绩
8	Button1	Text	修改	执行“学生成绩修改”命令

2. 窗体实现功能

在文本框 txtSid 中输入要修改成绩的学生的学号，然后选择要修改的课程名称，若该学生存在，且该学生成绩也存在，会在文本框 txtScore 中显示该学生该门课程的成绩，在 txtScore 中重新输入成绩，单击“修改”按钮，如成功，则显示“修改成功!”，否则显示相应错误信息。

3. 编写窗体代码

```
private void Update_Load(object sender,EventArgs e)
{
       string selectString="select * from tb_course";
       DataSet ds=Common.getDataSet(selectString,"ds_coursename");
       cmbCourse.DisplayMember="coursename";
       cmbCourse.DataSource=ds.Tables["ds_coursename"];
       cmbCourse.Text="请选择课程";
}

private void button1_Click(object sender,EventArgs e)
{
       string studentid=txtSid.Text;
       string coursename=cmbCourse.Text;
       string courseid=Common.getCourseidByCourseName(coursename);
       int score=Convert.ToInt32(txtScore.Text);


       string updateString="update tb_score set score=@score where studentid=
```

```
    @studentid and courseid=@courseid";
    if(Common.checkStudent(studentid))
    {
        if(Common.checkScore(studentid,courseid))
        {
            try
            {
                int result=Common.updateScore(updateString,
                studentid,courseid,score);
                if(result>0)
                {
                    MessageBox.Show("修改成功!");
                }
            }
            catch(Exception ex)
            {
                MessageBox.Show("修改失败!"+ex.Message);
            }
        }
        else
        {
            MessageBox.Show("该学生成绩不存在!不可修改!");
        }
    }
    else
    {
        MessageBox.Show("该学生不存在!请重新输入学号!");
        txtSid.Focus();
    }
}
private void cmbCourse_SelectedIndexChanged(object sender,EventArgs e)
{
        string studentid=txtSid.Text;
        string coursename=cmbCourse.Text;
        string courseid=Common.getCourseidByCourseName
        (coursename);

        string selectString="select score from tb_score where
        studentid='"+studentid+"' and courseid='"+courseid+"'";
```

```
            int score=Convert.ToInt32(Common.cal(selectString));
            txtScore.Text=score.ToString();
    }
```

十、“学生成绩删除”窗体 Delete.cs

1. 窗体界面设计

在窗体中添加 2 个 Label 控件、1 个 TextBox 控件、1 个 ComboBox 控件和 1 个 Button 控件，并设置窗体及相关控件属性，如图 11–20 所示。

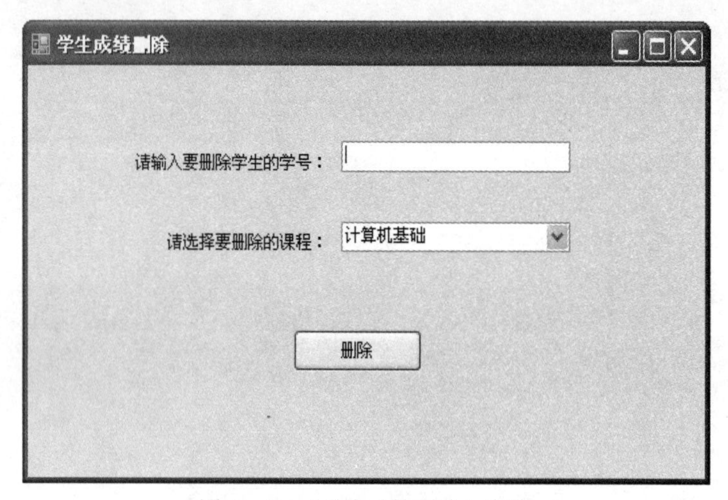

图 11–20 “学生成绩删除”窗体

“学生成绩删除”窗体及加入到其中的控件的主要属性见表 11–16。

表 11–16 学生成绩删除窗体及其控件属性设置

序号	控件	属性	属性值	说　明
1	Delete (Form)	Name	Delete	“学生成绩删除”窗体
		Text	学生成绩删除	
2	Label1	Text	请输入要删除的学生的学号	—
3	Label2	Text	请选择要删除的课程	—
4	ComboBox1	Name	cmbCourse	用于选择课程
5	TextBox1	Name	txtSid	用于输入学号
6	Button1	Text	删除	执行“学生成绩删除”命令

2. 窗体实现功能

在 txtSid 文本框中输入要删除成绩的学生的学号，然后选择要删除的课程成绩名称，单击“删除”按钮，若成功，则显示“成功删除”，否则显示相应错误信息。

3. 编写窗体代码

```
private void button1_Click(object sender,EventArgs e)
{
    string studentid=txtSid.Text;
    string coursename=cmbCourse.Text;
    string courseid=Common.getCourseidByCourseName(coursename);

    string deleteString="delete from tb_score where studentid=
    '"+studentid+"' and courseid='"+courseid+"'";
    try
    {
        int result=Common.deleteScore(deleteString);
        if(result>0)
        {
            MessageBox.Show("成功删除!");
        }
        else
        {
            MessageBox.Show("该课程成绩不存在!无法删除!");
        }
    }
    catch(Exception ex)
    {
        MessageBox.Show("删除失败!"+ex.Message);
    }
}
private void Delete_Load(object sender,EventArgs e)
{
    string selectString="select * from tb_course";
    DataSet ds=Common.getDataSet(selectString,"ds_coursename");
    cmbCourse.DisplayMember="coursename";
    cmbCourse.DataSource=ds.Tables["ds_coursename"];
}
```

项目总结

本项目通过开发一个小型“学生成绩管理系统”，使学生了解数据库应用程序开发的一般步骤，包括系统功能需求分析、数据库设计、界面设计、功能详细设计、编码等操作，让学生掌握如何使用开发工具 VS 访问和操作数据库。由于该系统主要用于教学，功能不够完善，存在许多不足，并不具有实际应用意义，但对于本课程主要内容和知识点的掌握并无太大影响。

小结与习题

本章介绍了如下内容：

（1）System.Data.SqlClient 命名空间；

（2）使用 SqlConnection 对象连接数据库；

（3）简单数据绑定与复杂数据绑定；

（4）DataGridView 控件的使用；

（5）SqlDataAdapter 对象和 DataSet 对象的基本概念以及如何使用 SqlDataAdapter 对象填充 DataSet 对象；

（6）SqlDataReader 对象与 SqlCommand 对象的含义；

（7）使用 SqlDataReader 对象与 SqlCommand 对象对数据库进行查询、添加、修改和删除操作。

一、填空题

1. 在 VS 中，如果需要连接 SQL Server 数据库，必须引入的命名空间是______________。
2. 在连接 SQL Server 时，有两种认证方式，分别是____________和____________。
3. 常见数据绑定类型有__________和__________。
4. 执行 SqlCommand 对象的方法有__________、__________和__________。

二、选择题

1. 在 VS 中，使用__________类进行数据库连接。

A. SqlCommand　　B. SqlConnection　　C. SqlDataAdapter　　D. SqlDataReader

2. 下列控件不可以进行复杂数据绑定的是_______。

A. DataGirdView　　B. ListBox　　C. TextBox　　D. ComboBox

3. 下列哪个对象充当数据库与数据集之间的桥梁？__________

A. SqlCommand　　B. SqlConnection　　C. SqlDataAdapter　　D. SqlDataReader

4. 下列 SqlCommand 对象中的参数书写正确的是__________。

A. ¶m　　B. #param　　C. @param　　D. $param

三、简答题

1. 如何填充数据集并将数据集绑定至控件？
2. 简述使用 SqlDataReader 对象访问数据库的一般步骤。
3. 如何使用 SqlCommand 对象更新数据？

附　　录

“学生成绩管理系统”中使用的数据库（文件名为 STUDY.mdf）见附表 1～附表 3。

附表 1　学生表 tb_student

studentid	name	sex	birthday	address	specialty	sumcredit	note
001101	李超	–1	1994–10–03	银城东苑 9–702	通信工程	56	已提前修完一门课
001102	刘丽	0	1993–03–12	长巷 200 号 506 室	计算机软件	48	
001103	朱京伟	–1	1993–12–08	博雅居 15–1101	计算机软件	51	
001104	周泽亚	0	1993–07–24	清新家园 21–407	图形图像	49	
001105	付玲玲	0	1994–02–20	银城东苑毓秀园 7–805	网络工程	52	
001106	李方亮	0	1993–08–26	钟山花园城博雅居 5–404	计算机软件	62	
001107	王奕桥	–1	1993–09–11	康定里 10 幢 3–507	网络工程	54	已提前修完一门课
001108	黄涛	–1	1994–02–06	小卫街216号美树苑9幢202	计算机软件	50	
001109	张林	–1	1993–05–18	四方新村 1 村 5 幢 106 室	网络工程	50	
001110	汪雅丽	0	1994–05–09	友谊河路 8 号	网络工程	47	
001111	何玉婷	0	1993–09–23	康定里 10 幢 3–406	网络工程	52	
001112	王北然	–1	1993–04–02	苜蓿园东街 1 号 61 幢 401	计算机软件	44	
001113	尹昭东	–1	1993–09–27	紫金城小区 22 幢 104	计算机软件	48	
001114	杨洁	0	1993–02–17	银城东苑 85 幢 402 室	计算机软件	47	
001201	王飞	–1	1993–12–19	中山门半山花园 11–301	通信工程	38	有一门课不及格，待补考
001202	徐涛	–1	1994–03–16	理工大学 4–403	通信工程	53	已提前修完一门课
001203	徐文	–1	1993–11–13	江南明珠 9–901	图形图像	55	提前修完“数据结构”
001204	周慧	0	1993–04–21	城开家园 8–304	图形图像	52	
001205	张翼	–1	1993–06–19	万达新村 2–701	通信工程	50	

附表 2　课程表 tb_course

courseid	coursename	term	classhour	credit
101	计算机基础	1	80	5
102	程序设计	2	68	4
206	离散数学	4	68	4
208	图形图像	5	68	4
209	操作系统	6	68	4
210	计算机原理	5	85	5
212	数据库原理	7	68	4
301	计算机网络	7	51	3
302	软件工程	7	51	3

附表 3　成绩表 tb_score

id	studentid	courseid	score
1	001101	101	82
2	001101	102	78
3	001101	206	80
4	001102	102	76
5	001102	206	64
7	001103	102	75
8	001103	206	77
9	001104	101	68
10	001104	102	60
11	001106	101	82
12	001106	206	86
13	001107	101	80
14	001107	102	76
15	001107	206	86
16	001108	101	88
17	001108	102	90
18	001109	101	89
19	001110	101	66
20	001110	102	80
21	001111	101	83
22	001111	102	85

续表

id	studentid	courseid	score
23	001202	101	91
24	001203	101	90
25	001204	101	87
26	001205	101	88